JN154807

放射線の生体影響と物理

―原発事故後の周辺住環境問題を考える―

西嶋茂宏 著

大阪大学出版会

はじめに

福島原子力発電所事故から丸8年になろうとしているが、まだまだ事故が終息したとは思えない。避難を続けている方々が33,000人程度（平成30年12月11日現在、「ふくしま復興ステーション」ホームページより）居られるからである。避難状況（平成24年3月22日現在、62,700人）はかなり改善されてきたとは言え、事故前の状況に復帰するまでには、まだ時間が必要と思われる。その原因は、除染が進んでいないことが挙げられるが、今一つの理由として人々の放射線に対する理解が必ずしも十分でないことも考えられる。

「福島のためにできることは何か？」の問いの答えの一つが、「放射線を理解すること」との結論に行きついた。福島に対するわれわれの誤解や曲解を、冷静な客観的事実やこれまで積み上げられてきた知識を基に見つめなおすことも意義のあることであろうとの思いである。この思いが本書に結実したと言っても良いだろう。

本書の想定している読者は、①一般の方々、②中高の理科の先生方、③高校3年生から大学の4年生である。それぞれの方々に対して本書の利用の仕方の一例を挙げておく。

まず、①一般の方々である。各章の問題提起（新聞記事をベースにした）を読んでいただき、その問題に対してどう対処するか自分で考えていただきたい。その後、章末の「問題提起に対する考え方」をお読みいただければと思っている。各章の問題提起を読んでいけば、「福島の放射線に関する15の疑問」のような読み物ができるようになっている。特に第1章から第5章は、放射線の生体影響を中心にまとめてある。身近な放射線の疑問に答えることができるのでないかと自負している。

次に②中高の理科の先生であるが、一般の方々の読み方に加えて章末問題を見て欲しい。巻末に章末問題の解答がつけてある。解答を参照しつつ章末問題を考えることをお勧めする。こうすることにより各章が俯瞰できるようになっている。

最後に③高校3年生から大学生である。基本は本書を通して読んで欲しいのであるが、目次を見て、興味ある章を中心に勉強していくのはどうであろうか。本書は大学の講義を想定して15の章を立てている。教科書として使用する場合は、第1章から章を追って授業することも可能である。

本書を2017年の3月に書き上げ、2年間、大学（福井工業大学および大阪大学）で使用してきた。思いの外、好評であったように思われる。原発事故後、事故の問題を整理したいという思いがあった。その観点から参考書を探してみたが適切なテキストを見つけることができなかった。その理由は、従来の整理の方法では、各分野で基礎から知識を積み上げた後、各分野の膨大な知識を統合して福島の問題に向き合う必要があるからであると思われた。そこで新聞記事を中心に問題提起として取り上げ、その背景にある基本的な事項をまとめることにした。いわば、分野横断的に福島で起きている問題を中心に放射線に関する知見を再配列したと言えるかもしれない。

本書の一部を市民講座として何度か講演を行った。その会場には福島出身の方も居られて、次のような感想をうかがった。「言われなき風評被害で苦しんできた。今回の講演で、どのように考えたら良いのかが理解できた」。このような感想を頂いたことは、本書で取り上げたような知見をまとめて書物にしておくことの大切さを改めて教えていただいた気がした。ここにも本書の存在意義があるのだろう。

本書では最新の情報は必ずしも反映されていない。事故直後の事象や執筆時の新聞記事等をベースにしているからである。機会があれば最新情報に置き換え、本書を成長させていければと考えている。本書が最終的に福島の復興の一助になれば望外の喜びである。

浅学菲才の著者としては、あらぬ思い違いから、間違いを犯しているかもしれない。その場合は、是非、ご一報をお願いしたい。改訂版を作る機会があれば、反映させていただきたいと思っている。福島問題は、まだまだ流動的で、収束までは時間がかかると思われる。問題そのものも時代とともに変遷していくだろうが、放射線関連の問題もそれとともに変わっていくだろう。そのような問題も取り入れながら、当該テキストも成長を遂げればと思っている。

本書の執筆を志したのは、豊田放射線研究所の豊田亘博氏の強い勧めがあったこと、大河原賢一氏（元日本アイソトープ協会放射線安全取扱部会近畿支部長）の献身的な校閲によるところが多い。また、大阪大学出版会の栗原佐智子氏の適切な指導があったことを記して謝意を表したい。

2019 年 1 月

福井工業大学教授、大阪大学名誉教授　　　西嶋茂宏

発刊にあたって

福島原子力発電所事故後、6年が経過しているが、その除染や汚染物の処理が遅々として進んでいない。これは中間貯蔵施設の土地収用が計画通り進んでいないことが大きな原因と考えられる。このため、福島帰還も計画通りではない。このような現状に鑑みると、放射線の基本的な考え方をあらためて整理しておくことも意義があることと思われた。帰還が進まないのは、人々の放射線に対する誤解や曲解があるのではなかろうか。もしそうなら、それらを解き、福島の問題を見つめなおし、冷静な判断の一助にすることも有意義なことであろうとの思いである。そこで、その観点からの参考書を探してみたのであるが、手ごろなテキストを見つけることができなかった。これまでの放射線管理は、施設の中での管理を目的としていたのであるが、福島のように大規模で広範囲に放射性物質が拡散した場合について想定していなかったのが理由であると思われた。

実際、福島が直面している問題について考えてみると、いろいろな要素が絡み合い、従来の枠組みのような、整然とした解説は困難であることに気がついた。つまり分野を横断した説明が必要となっていた。従来の整理の仕方では、各分野で基礎から知識を積み上げて、それぞれの分野を理解し、さらにそれらを総合して福島問題を見つめなおす手順が必要で、あまりにも膨大な知識量が必要となってしまう。そこで、このテキストでは、基本を福島で起きている事象を、新聞記事を題材に取り上げることにより紹介し、その背景にある学問あるいは知識を説明することにした。いわば分野横断的な説明を心がけたと言える。さらに、全体のまとめ方は従来の整理の方法と整合性が取れるように章立てを組み立てている。

さて、このテキストは筆者が大阪大学工学部環境エネルギー工学科の3年生に行った、「量子線物理学」の講義を基にしている。この講義の枠は15回であり、そのため15章に分けて記載している。このテキストの想定している読者は、高校3年生から大学4年生程度の理系の学生であるが、第1〜5章（人体への影響や管理はどう考えたらよいか）は、一般の読者にも理解できるように心がけている。この範囲については、公共投資ジャーナル社の「環境施設」に掲載させていただいた。出版社のご厚意により、再掲を許可いただいていることを付け加えておきたい。

2017年3月

西嶋　茂宏

目　次

参考文献の閲覧日の記載のないものは 2017 年までに確認したものである。

第1章

放射線の単位と許容被ばく限度

―汚染食品を食した場合の被ばく―

1－1　はじめに

東日本大震災にともなって起きた福島第一原子力発電所の事故以来、放射線に関する関心は高まっている。しかしながら放射線についての知識は必ずしも十分とは言えず、誤解や混乱もあると思われる。理解を難しくしている理由として、放射線の単位が一つではないうえ、それぞれが何を意味しているのか直感的に理解しづらい点が挙げられる。しかしながら、それらを理解しておくことは、被ばくを考えるうえで重要である。

ここでは放射性セシウムで汚染した食品を食した場合の被ばくの評価を取り上げる。この問題を理解するうえで必要な放射線の単位を整理するとともに、その危険性を評価することにする。

問題提起　「汚染牛肉の影響は？」

2011年7月、食用の牛肉から放射性セシウムが検出され耳目を集めた（たとえば、2011年7月12日(火)1時31分配信の時事通信社）。この牛肉は、南相馬市の農家から出荷されたものであり、一部は市場に出回り、消費者が食した可能性が指摘された。放射能濃度は2200 Bq/kgあるいは3400 Bq/kgであった。これら牛肉を食した人達は大丈夫なのであろうか？

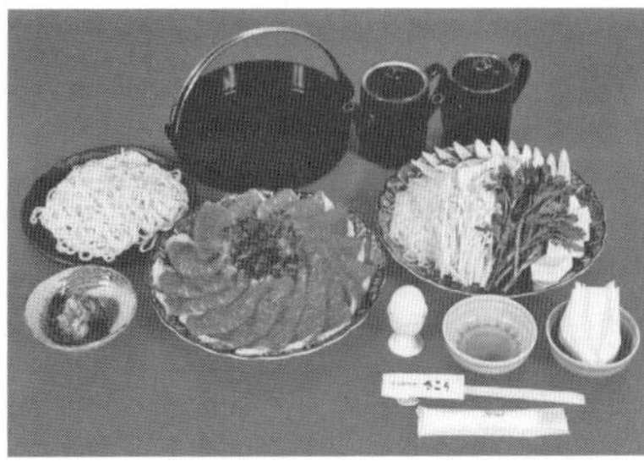

■ 出荷された牛肉からセシウムが検出されたが、その影響はどうなったか……

（飯舘村役場提供）

この事件は「汚染牛肉を食していた場合はどうなるのか」と大きく取り上げられた。またこのニュースは、時事通信社のみならず多くの新聞社により配信された経緯がある。本章ではこの問題に答えることを目的にするが、以下の順序で整理していくことにする。

まず、「吸収線量（Gy）ー等価線量（Sv）ー実効線量（Sv）」の関係を説明する。そして実効線量を物差しとして、われわれが日常生活で被ばくする線量レベルについて整理するとともに実効線量限度について述べる。1 ミリシーベルト/年（mSv/年）という値は実効線量で表した一般公衆に許容される線量限度である。さらにこの限度を超えて被ばくした際の人体への影響についても触れる。そして最後に牛肉を食した際の被ばく（内部被ばく）を議論するが、内部被ばくの評価には放射能強度である「ベクレル（Bq）」についての知見が必要である。このため放射能強度を説明し、その後、内部被ばくを評価する方法について述べる。そして最後に、上記汚染牛肉を食した際の被ばく量を計算することにする。

1－2　実効線量（Sv）ー放射線の人体影響を評価する指標

放射線の人体影響を評価する指標は実効線量であり、その単位はシーベルト（Sv）である。実効線量を理解するには、吸収線量を理解することが出発点となる。

放射線がある物質に入射した状況を考えよう。放射線はその物質に何らかの影響を与えるであろうが、その影響の大きさを評価するためには対象の物質が吸収したエネルギーを指標とすることが妥当であろう（他の線量評価法については第 15 章で議論する）。対象物質の量も関係するであろうから、単位質量当たり吸収したエネルギーで評価することにする。この量のことを吸収線量と呼び、グレイ（Gy）の単位で表される。下に示した式のように、1 Gy[注1] とは、放射線を照射された物質が 1 kg あたり 1 ジュール（J）のエネルギーを吸収したことを意味する。

$$1\ \mathrm{Gy} = 1\ \mathrm{J/kg}$$

この単位は照射される物質や放射線の種類については問題としない。つまりどんな物質や放射線に対しても定義できる単位である。人体に対してもこの単位は利用され、治療や事故時の線量評価に用いられている。

しかしながら一般に人体への影響を評価する時には、特別な単位であるシーベルト（Sv）が用いられる。この単位が必要となるのは次の理由による。

第 2 章で説明するが、放射線はいくつかの種類に分ける分け方が定義されている。たとえば、複数の種類の放射線を同時に被ばくした場合を考えよう。このような状況は福島でも実際に起こっている。ベータ（β）線とガンマ（γ）線を同時に被ばくすることがあり得るのである（放射性セシウムからは β 線、γ 線の両者が放出されている）。この場合も吸収線量"Gy"で評価したら良いように思えるが、同じ吸収線量でも放射線の種類によって生体への影響が異なることが予想されるからやっかいである。たとえば、アルファ（α）線はイオンなので物質の原子核と直接相互作用するが、γ線は電磁波なので電子と相互作用する。その結果、同じ吸収線量でも人体への影響も異なるものになるだろう。このような場合はどうしたら良いであろうか。

そこで放射線の種類による人体への影響（γ線を基準にして何倍の影響があるかを評価したもの）の相違を考慮に入れた線量単位を「等価線量」と定義するのである。具体的には、その放射線による吸収線量に放射線荷重係数を乗ずることで求める。放射線の種類が複数ある場合は、それらの総和（Σ）を求めることで等価線量が導出される。その際、放射線荷重係数は、おのおのの放射線の値を使用する。つまり以下の式である。

$$\text{等価線量} = \Sigma\,(\text{吸収線量} \times \text{放射線荷重係数})$$

放射線荷重係数とは、放射線の人体に対する影響の観点から、γ線を基準として、それぞれの放射線に対して重み付けしたものである。この放射線荷重係数の値を表1-1に示す[1)]。この値が高い放射線ほど、人体への影響が大きいことを意味する。つまり吸収線量が同じであっても人体への影響が大きいことを意味している。この表からα線や高エネルギー（100 keV～2 MeV）の中性子ではγ線より20倍も人体への影響が大きいことが示されている。また光子（X線、γ線）と電子線は同程度の影響を人体におよぼすことが理解できる。このように等価線量の導入で、複数の放射線が混在する場合にも、「詳細はとにかく、どれくらい生体に影響があるのか？」について答えられるようになったのである。

表1-1　放射線荷重係数[1)]

放射線の種類とエネルギーの範囲	放射線荷重係数
光子、すべてのエネルギー	1
電子およびミュー粒子、すべてのエネルギー	1
中性子、エネルギーが10 keV未満のもの	5
エネルギーが10 keV以上100 keVまで	10
エネルギーが100 keVを超え2 MeVまで	20
エネルギーが2 MeVを超え20 MeVまで	10
エネルギーが20 MeVを超えるもの	5
反陽子以外の陽子、エネルギーが2 MeVを超えるもの	5
アルファ粒子、核分裂片、重原子核	20

＊文献1）を参考に著者作成。

さらに、被ばくする部位（人体の器官・組織）についても注意を払っておくべきであろう。同じ等価線量であっても、被ばくする部位によってその影響は異なることが予想されるからである。たとえば四肢と生殖腺では影響は異なることが予想される。歯科医でレントゲン撮影する場合、鉛のエプロンをつけるのは、放射線に対する感受性の高い生殖腺を被ばくから防ぐためである。このような考えのもと、被ばくする部位の放射線の感受性の相違を考慮した線量が「実効線量」である。具体的な算出式を示すと以下になる。

実効線量 ＝ Σ（等価線量 × 組織荷重係数）

この実効線量を計算するときの合計は被ばくした各器官（臓器）・組織に対して行われ、それぞれの器官・組織の放射線に対する感受性に対して重み付けをする。この重み付けする係数が組織荷重係数で、すべての値を合計すると 1 となり、全身に一様に放射線を受けた場合に相当する。組織荷重係数は放射線に対して感受性の高い組織に高い値が与えられている（表 1-2[1]）。生殖腺、骨髄（造血器官）、消化器官は高い値となっており、放射線感受性が高いことを示している。この表では生殖腺は皮膚より 20 倍の感受性があるとされている。つまり同じ等価線量（あるいは吸収線量）でも生殖腺に被ばくした場合は皮膚に被ばくした場合の 20 倍の影響があると評価されるのである。放射線の人体への影響を総合的に判断する場合は、この実効線量を利用する。なお、これらの荷重係数は 1990 年の ICRP（国際放射線防護委員会：The International Commission on Radiological Protection）勧告に基づくものであり、2007 年に見直されていることを指摘しておく（法令上は 1990 年版を使用する）。

表 1-2　組織荷重係数[1]

器官・組織	組織荷重係数
生殖腺	0.2
骨髄（赤色）	0.12
結腸	0.12
肺	0.12
胃	0.12
膀胱	0.05
乳房	0.05
肝臓	0.05
食道	0.05
甲状腺	0.05
皮膚	0.01
骨表面	0.01
残りの器官・組織	0.05

＊文献 1）を参考に著者作成。

注意すべきは、等価線量と実効線量の単位、両者とも“Sv”であることである。若干わかりにくい表現なので、福島の場合を例にとって考えよう。セシウム 137（^{137}Cs）の場合、線源から若干離れると γ 線のみを全身に一様に被ばくすると考えられるので、放射線荷重係数は 1 である。また全身への一様な被ばくなので、組織荷重係数が 1 となり吸収線量（Gy）がほぼ実効線量（Sv）となる（単位を読み換えるだけで良いという意味）。

注 1：非荷電粒子や電磁波に関してはカーマ（kinetic energy released in material）が使われる。単位は吸収線量と同じく Gy である。しかしながら 0.1〜10 MeV の光子（γ線）では実効線量（吸収線量）と（空気）カーマはほぼ等しいので、福島の問題を考えるうえでは、吸収線量をベースにした線量で議論を進めても構わない。カーマについての詳細は第 15 章で議論する。

1－3　平均被ばく線量と線量限度―日常生活の被ばく

実効線量の定義が明らかになったので、これを指標にして、日常生活の被ばくについて考えてみることにする。われわれは、日常の生活の中で放射性物質に直接接することがなかったとしても、自然環境から放射線を受けている。これらの放射線を自然放射線と呼び、自然環境に存在している放射性物質からの放射線や宇宙線からの被ばくである。また医療行為による診断や治療のために放射線に被ばくすることがある。これらの被ばくを医療被ばくという。たとえば、検査に用いられる X 線による被ばくなどがそれである。

世界と日本の 1 年間における自然被ばく量と医療被ばく量とその内訳を図 1-1、図 1-2 に示す[2)]。世界と日本とで被ばく量を比較すると、自然放射線による被ばく量は世界平均が 2.4 ミリシーベルト（mSv）に対して、日本平均が 2.1 mSv である（注：新版「生活環境放射線（国民線量の算定）」平成 23 年 12 月による。以前は約 1.5 mSv とされていた）。医療被ばくに関しては世界平均が 0.6 mSv に対して、日本平均が 3.9 mSv と高くなっている。結局、自然被ばくと医療被ばくの合計は、世界平均で約 3.0 mSv、日本で約 6.0 mSv である。これらの値は福島で問題となっている被ばくの線量限度（1 mSv/年：後述）より高くなっている。

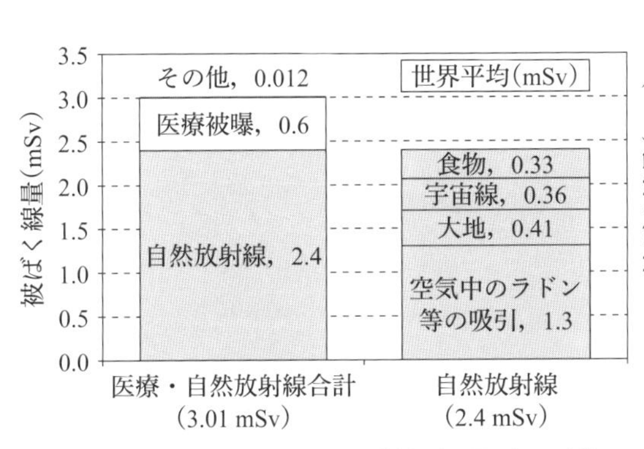

図 1-1　世界の年間自然・医療被ばく量（mSv）[2)]
＊文献 2）を参考に著者作成。

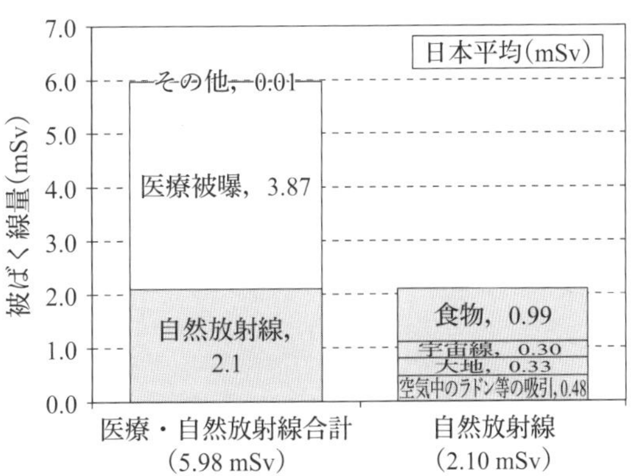

図 1-2　日本の年間自然・医療被ばく量（mSv）[2)]
＊文献 2）を参考に著者作成。

日常生活における被ばく量の詳細について見てみよう。日常生活における被ばく量の目安を図1-3に示す[3)]。自然放射線による被ばくでは、ブラジルのガラパリの年間の被ばく量は10 mSvにも達すると言われている。これは自然に存在するモナザイト岩石（リン鉱石の一種）にトリウムやウランが含まれているからである。また航空機を利用した際には東京とニューヨークの往復で0.2 mSv程度の被ばくをするとされている。それは高度が高い場所では、地上に比べて宇宙線の影響を受けやすくなるためである。この観点からは、宇宙飛行士の被ばくは大きいものとなり、宇宙に長期滞在（若田光一さんは2013年11月7日〜2014年5月13日の188日間）した場合、被ばく量は、合計90 mSvと見積もられている。また、医療被ばくでは、胸部X線CTの被ばく量が高く、1回検査を受けると約7 mSvの被ばくを受けるとされている。

次に許容される被ばく量を定めた基準について述べることにする。これらの基準は、国際放射線防護委員会（ICRP）による勧告に準拠したものである。現在の基準とされているものは、1990年に勧告されたものである。被ばく線量の基準値には、大きく分けて二つある。一つは一般公衆に対する被ばくの線量限度であり、もう一つは放射線業務従事者に対する職業被ばくによる線量限度である。一般公衆の実効線量限度は、年間1 mSvとされており、これには医療被ばくや自然放射線による被ばくは含まれない。福島の場合は、これらの医療被ばくや自然放射線による被ばくを除いた被ばく（追加被ばくと呼ばれる）を年間1 mSv以下にするという意味である。これらの基準値を表1-3

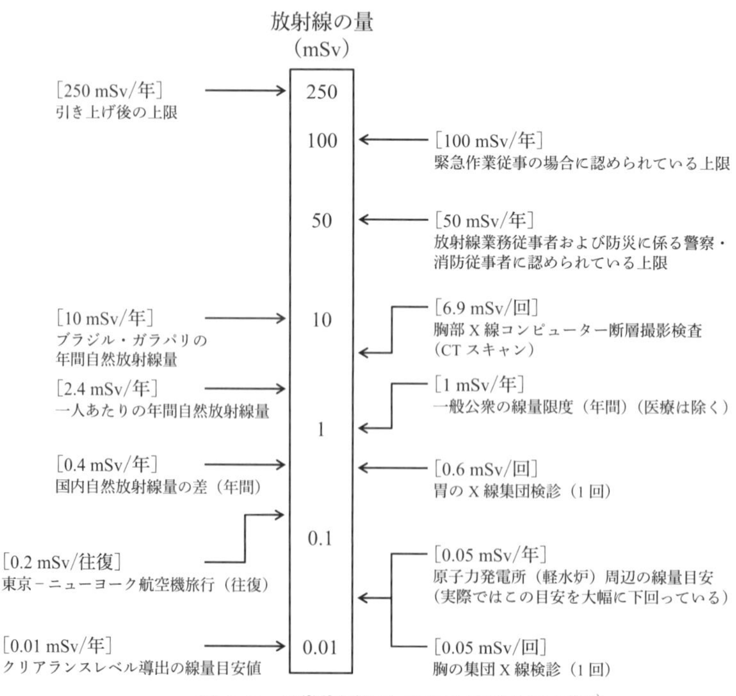

図1-3　日常生活にともなう被ばく量の例[3)]

＊文献3）を参考に著者作成。

表 1-3　一般公衆の線量限度[4)]

実効線量限度	1 mSv/年
等価線量限度	①目の水晶体　15 mSv/年 ②皮膚　50 mSv/年

＊文献 4）を参考に著者作成。

表 1-4　放射線業務従事者の線量限度[4)]

実効線量限度	① 100 mSv/5 年 ②最大 50 mSv/年。ただしその前後 5 年間で 100 mSv を超えてはならない ③女子について　5 mSv/3 月 ④妊娠中である女子　1 mSv （管理者が妊娠と知った時から出産までの期間）
等価線量限度	①目の水晶体　150 mSv/年 ②皮膚　500 mSv/年 ③妊娠中である女子の腹部表面　2 mSv（上記④の期間中）
緊急作業に係る線量限度	放射線業務従業者（女子*を除く）の線量限度は実効線量は 100 mSv、目の水晶体の等価線量は 300 mSv、皮膚の等価線量については 1 Sv （女子*：妊娠不能と判断されたものおよび妊娠の意思のない旨を使用者等に書面で申し出たものを除く）

＊文献 4）を参考に著者作成。

に示す[4)]。

また、職業被ばくによる線量限度を表 1-4 に示す[4)]。この値（実効線量限度）は、全就労期間中（18 歳から 65 歳までの 47 年間）、毎年一様に連続して被ばくしたとして、被ばく線量の総量が 1 Sv を超えないように（20 mSv/年の連続被ばく）考慮された値である。職業被ばくについては、女性については異なった基準を定めているが、妊娠不能または妊娠の意思のない女性については、男性と同じ基準値が適用される。また、この表には等価線量限度も示されている。

ここで吸収線量、等価線量と実効線量の使い分けについて若干述べておく。実効線量は人体総体として、発がん、遺伝的影響（確率的影響）について評価する。等価線量は、皮膚や眼に関する、水泡、潰瘍等あるいは水晶体混濁、白内障等（確定的影響）を防御するために用いられる[(注 2)]。一方、医療被ばくのような確定的影響を評価するための線量は、吸収線量（Gy）が利用される。ここでは確率的影響、確定的影響を理解する必要はない。

注 2：等価線量も本来は確率的影響を反映した量であるが、目と皮膚の確定的影響を防護するために使われる。

1－4　放射線の人体への影響―どれだけでどのような症状がでるのか

線量限度については理解できたが、いったい放射線を浴びると、どのような症状が出てくるのであろうか。ここではこの点を整理することにする。放射線を浴びると、その線量に応じて影響が現れることが知られている。生体影響の全体像を図 1-4 に示す[5]。生体影響は被ばくした本人に影響が現れる身体的影響と子孫に現れる遺伝的影響に分けられる。身体的影響の中でも被ばく後、影響が現れるまでの時間で分けられ、数時間から数十日以内に症状が現れるものを急性影響、長期の潜伏期間後に発症する場合を晩発影響という。

またこの分類とは異なった分け方があり、症状が現れる被ばく線量にしきい値が存在するものを確定的影響といい、しきい値が存在しないと考えられているものを確率的影響という。図 1-5 にその様子を示す[5]。確定的影響では、ある線量までは発生確率はゼロであり、①しきい値の線量を超えると症状が発生する。また、②症状の重篤度は大きな線量ほど高くなる。この二つが特徴である。ただし、しきい値を超えた線量で急に発症率が 100％になるわけではなく、S 字型を示しながら増加していく。このため、しきい値の定義は影響が現れる最低の線量であるが、実際上は、被ばくを受けた人の 1～5％に症状が現れる線量とされている[4]。

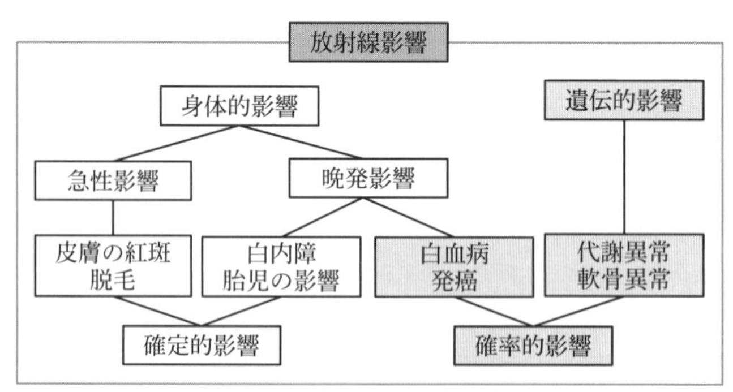

図 1-4　放射線影響の分類[5]

＊文献 5）を参考に著者作成。

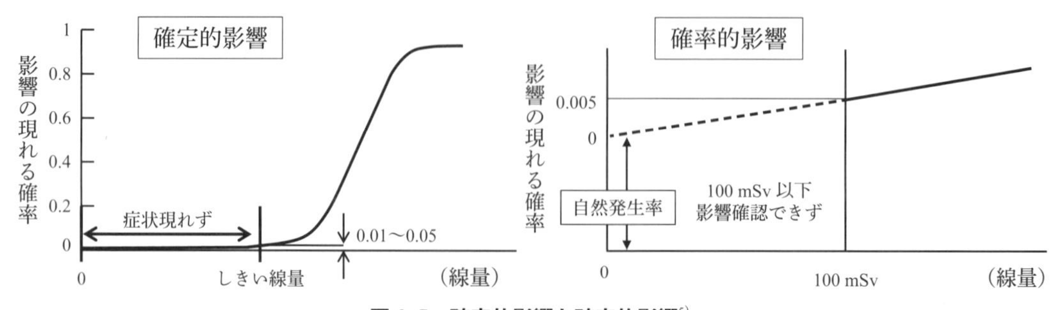

図 1-5　確率的影響と確定的影響[5]

＊文献 5）を参考に著者作成。

一方、確率的影響では、③しきい値がないとされており、④線量が増加すると発症頻度が増加する。また、⑤線量が増大しても症状の重篤度は変化しないという特徴を有する。しきい値がないとされているため、どんなに低い被ばく線量でも影響の現れる確率が存在することになる。ここが低線量被ばくを評価する際の論点となるところである。このモデルをLNT（linear no-threshold）モデルと呼ぶ。図1-5の右図でもわかるように、このモデルでは、障害が発症する確率は線量に比例しており、線量がゼロの場合に限り発症の確率がゼロになる（自然発生率となるという意味）。発がんや白血病、遺伝的影響が確率的影響で、それ以外の身体的影響はすべて確定的影響と言われている（図1-4参照）。

確定的影響による症状の例と、そのしきい値を図1-6に示す[6)]。この図から、全身への被ばくの影響は1 Sv（1000 mSv）以上の高線量被ばくの際に顕著に現れることがわかる。1 Svで嘔吐などの症状が起き、3～5 Svで50％の人が30日以内に死亡する（半致死量：$LD_{50/30}$）。これらの高線量被ばくについての影響は確認されているが、100 mSv以下の低線量被ばくについての影響については明らかにされていないことが多く評価が難しい。

確率的影響である発がんリスクについては、ICRP Publ.60ではがんによる生涯死亡リスクの増加は5％/Sv（過剰絶対リスク）とされ、100 mSvの被ばくでは0.5％の死亡リスクの増加となり、これ以下の線量についてのリスクの上昇は確認されていない。なお、日本人の追加被ばくがない場合のがんによる生涯死亡リスクは約30％と言われており、被ばくによるリスクの増加分をどのように考えるかは、判断が分かれている。低線量被ばくについては、福島第一原子力発電所事故の後に大きな問題になっているた

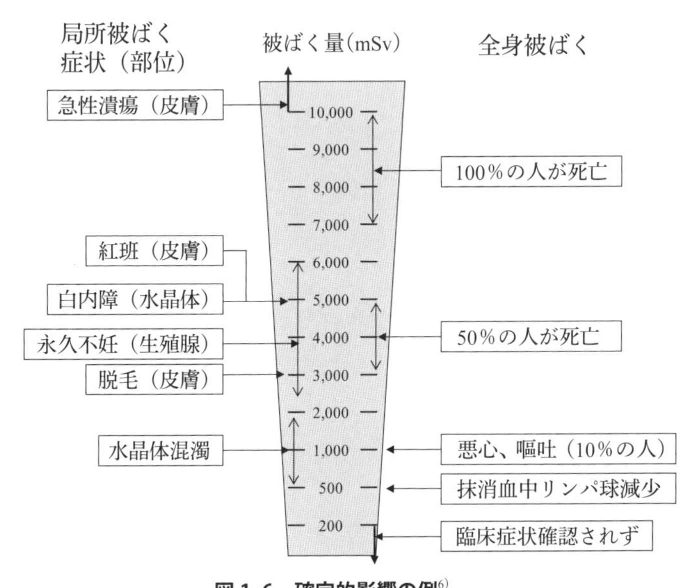

図1-6　確定的影響の例[6)]

＊文献6）を参考に著者作成。

め、さらなる研究が必要であろう。

1－5　放射能強度（Bq）―内部被ばく評価のための重要な概念

内部被ばくを評価するためには、もう一つ重要な概念が必要である。放射能強度を表すベクレル（Bq）という単位である。冒頭の新聞記事にもあるように“3400 Bq/kg”と示されているが、この値から内部被ばくを示す実効線量への換算が必要となる。このため、ここでは、まず放射能強度（Bq）について説明する。

そもそも放射能とは、不安定な元素（放射性同位元素）が単位時間に壊変する数、あるいは放射線を出す能力を表している。「放射能を浴びる」との表現を散見するが、定義からするとこれは誤用である。「放射線を浴びる」あるいは「被ばくする」というのが正しい。

さて、その単位である“Bq”は、放射性同位元素が1秒間に崩壊（壊変）する原子核の数を意味している。ここで少し複雑なことは、原子核が崩壊する時には通常放射線を放出するが、1個の原子核が崩壊するときに1個のγ光子（γ線）が放出されるとは限らないことである。β線や他の放射線あるいは複数のγ線を放出することもある。このため、それぞれがどれくらいの割合で放出されるのかを考慮してBq数を算出する必要がある。詳細は後の章にゆずるが、セシウム137が崩壊した場合、85.1％の割合でγ線（0.66 MeV）が放出される。Bq数にこの割合を乗じた値が、一秒間に放出されるγ線の数（光子の数）となる。通常、γ線を測定して対象となる物質のBq数を推定するが、その際にはこの割合を考慮する必要があることになる。セシウム137では割合が0.851なので、Bq数は単位時間あたり放出されるγ線の数とほぼ等しいと言える。

あらためて、Bqの定義を考えよう。Bqは単位時間あたり崩壊する原子核の数であるので、以下の式で表される。ただしNは放射性同位元素の原子核数、tは時間である。（正しくは減少するので$-\frac{dN}{dt}$と書く）

$$\mathrm{Bq} = \frac{dN}{dt}$$

ここで、γ線を放出する割合をイプシロン（ε）で表すと、単位時間あたり放出されるγ線の数は以下の式で表されることになる。

$$\varepsilon \frac{dN}{dt}$$

一般に、Bq数が高いほど放出されるγ線の数が多く、またBq数の高い方が放射性同位体元素の核子数が多いということを意味する。

Bqに対応する単位としてキュリー（Ci）がある。これはキュリー夫人（マリ・キュリー）にちなんで付けられた単位であり、1 Ci = 3.7 × 10^{10} Bq である。ラジウム（^{226}Ra）1 グラムの放射能を 1 Ci と定めたために大きな数字が割り当てられることになった。さらに dps（decay/disintegration per second）という単位が時々出てくるが、Bq に等しい。また、dpm（decay/disintegration per minute）も使われるが、容易に理解できるであろう。

1－6　内部被ばく

これまで被ばくによる人体への影響について述べてきたが、暗黙のうちに体外に存在する放射性物質から受ける外部被ばくを想定していた。しかしながら、いままでの議論は、外部被ばくであろうが、内部被ばくであろうが区別なく成り立つ。ただし、外部被ばくによる被ばく量の評価は、計測器により評価することができるが、内部被ばくについては、それとは異なる方法での評価が必要である。

内部被ばくの場合は、一度、放射性核種を体内に摂取してしまうと、その代謝や排泄の速度のコントロールが難しいため、摂取後の核種の体内分布（すなわち被ばく線量の体内分布）あるいは摂取後の時間で積分した被ばく線量は、放射性核種の種類によって一意的に決まってしまうと考えられる（たとえばヨウ素は甲状腺に、セシウムは筋肉に、ストロンチウムは骨に沈着されやすいことが知られている）。このため、各核種における（内部）被ばく線量の時間積分を求めておけば内部被ばく評価に便利である。積分する時間は、成人については 50 年間、子供や乳幼児に対しては摂取時から 70 歳までとされている。この実効線量の時間積分を預託実効線量と呼び、単位は Sv である。内部被ばくの評価は、この預託実効線量と線量限度を比較することによりなされる。つまり今後 50 年間内部被ばくする放射線の量（預託実効線量）を、放射性物質を摂取した当該の 1 年間で被ばくしたと考え、実効線量限度と比較するのである。

具体的に評価してみよう。実は、ある核種 1 Bq を体内に取り入れた時に、今後 50 年間に被ばくする実効線量はすでに評価されている。この値を実効線量係数と呼ぶが、これを利用するのである。前述したように、ある核種を摂取した場合、その後の体内動態は核種によって決まってしまうので、この計算が可能となる。表 1-5 に実効線量係数を示した[7)]。経口摂取と吸入摂取で値が異なることに注意しておく。特にプルトニウム（^{239}Pu）で両者が大きく異なる。

この表を使って預託実効線量を求めることにしよう。2013 年 4 月 27 日の NHK の放送によると、福島第一原発の地下水の汚染、48 Bq/kg が検出されたということである。これがそのまま井戸水の飲料水とはなることはないし、すべてがセシウム 137 ではないが、以下の仮定で被ばく線量を検討してみることにする。

表 1-5　実効線量係数[7)]

放射性物質の種類		吸入摂取した場合の実効線量係数 (mSv/Bq)	経口摂取した場合の実効線量係数 (mSv/Bq)
核種	化学形態　等		
^{3}H	水	1.8×10^{-8}	1.8×10^{-8}
^{60}Co	酸化物、水酸化物及び無機化合物　［経口摂取］		2.5×10^{-6}
^{60}Co	酸化物、水酸化物及び無機化合物以外の化合物　［経口摂取］		3.4×10^{-6}
^{60}Co	酸化物、水酸化物、ハロゲン化物及び硝酸塩	1.7×10^{-5}	
^{60}Co	酸化物、水酸化物、ハロゲン化物及び硝酸塩以外の化合物	7.1×10^{-6}	
^{90}Sr	チタン酸ストロンチウム	7.7×10^{-5}	2.7×10^{-6}
^{90}Sr	チタン酸ストロンチウム以外の化合物	3.0×10^{-5}	2.8×10^{-5}
^{131}I	蒸気	2.0×10^{-5}	
^{131}I	ヨウ化メチル	1.5×10^{-5}	
^{131}I	ヨウ化メチル以外の化合物	1.1×10^{-5}	2.2×10^{-5}
^{137}Cs	すべての化合物	6.7×10^{-6}	1.3×10^{-5}
^{239}Pu	硝酸塩　［経口摂取］		5.3×10^{-5}
^{239}Pu	不溶性の酸化物　［経口摂取］		9.0×10^{-6}
^{239}Pu	硝酸塩及び不溶性の酸化物以外の化合物　［経口摂取］		2.5×10^{-4}
^{239}Pu	不溶性の酸化物	8.3×10^{-3}	
^{239}Pu	不溶性の酸化物以外の化合物	3.2×10^{-2}	

＊文献 7）を参考に著者作成。

例題　放射性セシウム 137 を 1 kg あたり 50 Bq 含む井戸水を 1500 ml（成人一日の水分摂取量）飲んでしまった。これによる被ばくは問題となる線量であろうか？

【解答例】

経口摂取によるセシウムの実効線量係数は、1.3×10^{-5} mSv/Bq であり、摂取したセシウムの量は $\frac{50\ \mathrm{Bq}}{1000\ \mathrm{g}} \times 1500\ \mathrm{g} = 75\ \mathrm{Bq}$ である。

したがって、預託実効線量は　$1.3 \times 10^{-5}\ (\mathrm{mSv/Bq}) \times 75\ \mathrm{Bq} = 0.98\ \mu\mathrm{Sv}$ となる。

この線量が、今後 50 年間にわたって被ばくする線量である。

預託実効線量は約 1 μSv なので 1 mSv に比較して十分低いレベルと考えられる。

この例で内部被ばくの評価の概略は理解できたであろう。ここで本章の最初に記載した例である牛肉を食した場合について評価してみよう。

練習問題 1.1

3400 Bq/kg の放射性セシウム 137 が含まれていた牛肉を 200 g 摂取した。この場合の内部被ばくはどのくらいか。

上の問題の結果は、今後 50 年間にわたって被ばくする実効線量である。しかし、放射線管理の立場からは、この預託実効線量を当該年度に被ばくしたと考え、求めた預託実効線量と一般公衆の被ばく線量限度の 1 mSv と比較して評価するのである。つまり当該年度のみの被ばくとして管理する。このため次年度においての線量限度は 1 mSv となる。50 年間にわたり、線量限度を少しずつ減らしていくわけではない。線量限度を減らして管理する場合の作業は大変複雑になることが予想される。当該年度のみに被ばくしたとする考え方であれば管理上、大変容易になるし、安全側でもある。

1－7　有効半減期

実効線量係数はどのように求められるのであろうか。50 年間を考えた場合、放射性核種は減衰していくし、体内からは排出されていくであろう。これら両者を考慮する必要がある。減衰していく過程は半減期という概念で理解する。放射性物質が最初の量の 2 分の 1 になるまでの時間を半減期と呼ぶ。内部被ばくの場合は、物理学的半減期と生物学的半減期がある。物理学的半減期とは、放射性物質が崩壊することにより減少し、最初の量の 2 分の 1 になるまでの時間を表している。生物学的半減期とは、摂取した放射性物質の一部が代謝・排泄によって身体の外に出て、最初の量の 2 分の 1 になるまでの時間と定義される。実際は両者の重ね合わせで体内の放射性物質は消失していくが、両者を考慮した半減期が有効半減期（実効半減期）と言われるもので、物理学的半減期を T_p、生物学的半減期を T_b とすると、内部被ばくの評価に用いられる有効半減期（実効半減期）T_eff は以下のように示される。

$$\frac{1}{T_\mathrm{eff}} = \frac{1}{T_\mathrm{p}} + \frac{1}{T_\mathrm{b}}$$

この意味は、次式のようにすると理解できるであろう。左辺は物理的に減衰する項と生物学的に減衰していく項の積となっている（半減期等についての詳細は後の章で説明する）。

$$\mathrm{e}^{-0.693/T_\mathrm{p} \cdot t} \cdot \mathrm{e}^{-0.693/T_\mathrm{b} \cdot t} = \mathrm{e}^{-0.693/T_\mathrm{eff} \cdot t}$$

こうして求めた有効半減期を考慮して、摂取した放射性物質の量と被ばく線量の関係を表す係数である実効線量係数が求められるのである。

1−8　問題提起に対する考え方

汚染食品を食した場合の被ばくの評価について述べた。摂取した放射性物質の放射能強度（Bq 数）に実効線量係数を乗ずることで、今後、50 年間にわたる内部被ばくによる被ばく量が評価できるのである。これを預託実効線量と呼ぶ。各核種による預託実効線量係数は与えられており、これは核種に応じて新陳代謝による体外への排出速度が決まっているからである。

管理上の観点から述べると、計算された預託実効線量を線量限度（1 mSv/年）と比較する。この預託実効線量は、実際は、今後 50 年かけて被ばくするのであるが、その年度の被ばく量として考える。こうして来年度から 50 年後までの被ばくは、すでに今年度に被ばくしたこととして考慮されているので、考えなくてよくなるのである。管理上、大変簡便になるメリットがある。

さて、牛肉の問題であるが、練習問題でも示したが 200 g 食したとしても、今後 50 年で被ばくする線量は 8.84 μSv である。年間の被ばく限度は 1 mSv なので、問題となるレベルではないと言える。

1−9　おわりに

内部被ばくを評価することを目的とし、その評価に必要な放射線の単位とその定義について整理した。また実効線量を指標としてわれわれの日常生活にともなう被ばく線量について概観し、線量限度との関係を明らかにした。そして放射線の人体への影響を述べ、低線量被ばくの評価が困難であることに触れた。さらに放射能強度について述べ、内部被ばくの評価方法について説明を行い、内部被ばくの実例から預託実効線量を算出した。

本章で学んだ知識を基本として、次章以降でさらに発展的な内容を扱い、放射線に関する知識を深めていく。

参考文献

1）日本アイソトープ協会（訳）『ICRP Publication 60 国際放射線防護委員会の 1990 年勧告』（2006）
2）酒井一夫，米原英典「UNSCEAR 2008 年報告書」第 59 回原子力委員会資料第 1 号（2010）
3）文部科学省，日常生活と放射線，原子力損害賠償紛争審査会（第 16 回）配付資料　参考 3（2011）
4）辻本忠，草間明子『放射線防護の基礎 第 3 版』日刊工業新聞社（2001）
5）永嶋國雄『セシウムの基礎知識』e ブックランド社（2011）
6）文部科学省「国際放射線防護委員会（ICRP）の放射線防護の考え方」放射線安全規制検討会航空機乗務員等の宇宙線被ばくに関する検討ワーキンググループ（第 2 回）配付資料第 2-3 号（2004）
7）日本アイソトープ協会「科学技術庁告示第 5 号」『アイソトープ法令集 1（放射線障害防止法関係法令）2005 年版』（2005）

章末問題

次の（　　　）内の1～9に適切な言葉は何か。

1. 吸収線量（Gy）＝（　1　）：単位を問う。
   （　2　）（Sv）＝Σ（吸収線量 × 放射線荷重係数）
   （　3　）（Sv）＝Σ（吸収線量 × 放射線荷重係数 × 組織荷重係数）

2. 実効線量限度
   国際放射線防護委員会（ICRP）は「有害な確定的影響を防止し、また確率的影響を容認できると思われるレベルにまで制限する」ことを放射線防護の目的とし、このため個人が超えて被ばくしてはならない放射線の量を線量限度として勧告している。この線量は、一般公衆に対して年間（　4　）mSvである。

3. 被ばくの生体影響
   ・$LD_{50/30}$ ＝（　5　）Sv：30日以内に50％の確率で被ばくした人が死亡する線量
   ・発がんリスクの増加は100 mSvの被ばくで（　6　）％　増加する。
   ・低線量領域の確率的影響はLNT（linear no-threshold）モデルで説明されるが、このモデルの意味は（　7　）である。

4. 自然放射線による被ばく量と内部被ばく
   ・日本人の平均年間被ばく線量は年間6.0 mSvとされているが、自然放射線による被ばくは（　8　）mSv、医療被曝は3.87 mSvと見積もられている。
   ・内部被ばくを評価する線量で、摂取後50年間受ける被ばくの線量を（　9　）という。管理上ではこの線量を最初の1年で受けたとして管理する。
   ・実効線量係数は放射性核種の摂取量（Bq）から（　9　）を計算する時に利用する係数である。

第2章

放射線の種類と生体影響

―甲状腺被ばくの影響を考える―

2－1　はじめに

現在、福島で問題になっている放射線は、放射性セシウムから放出されるγ線であるが、それ以外にも多くの放射線が発生している。たとえばβ線である。放射性セシウムからはβ線も放出されているし、汚染水の中にはβ線を放出する元素が多く含まれている。このβ線に関してはあまり注目されていないが、汚染水中で発生したβ線は貯蔵しているタンクの素材と相互作用しX線を発生させ、周辺の放射線レベルを高いものにしている。また福島ではα線も存在することも知られている。α線は人体影響が大きく、放射線荷重係数の大きな放射線である。汚染水の中にはα線を放出する元素も含まれており管理が重要となる。

このように福島では現在、多種多様な放射線が発生しているため、それぞれの特徴を理解しておくことは、被ばくを避け、安全管理をする意味からも重要である。そこで、本章では、そもそも放射線とはどのようなものかを整理する。さらにその中でも福島で問題となっている放射線について注目し、それらの人体影響について言及する。まず、問題提起として、以下の記事の内容を見てみよう。

問題提起　「子供たちの甲状腺被ばくをどう考える？」

2012年2月21日の報道によると、事故後から積算した福島の子供たちの甲状腺被ばくは最高30 mSv台に達すると報告された。（たとえば、朝日新聞2月21日23時34分配信、毎日新聞 東京夕刊2012年2月21日配信など）この記事は現地の対策委員会が実施した検査結果をまとめた結果であるが、子供たちの健康を危惧する意見が続出した。

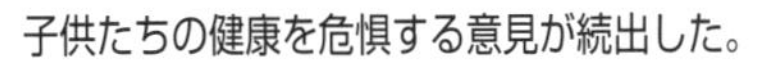

その最も高い線量は35 mSvに達する可能性があるものの、全身の被ばく線量に換算すると線量はこの25分の1になるという。子供たちの被ばくは許容できるのだろうか？

■ 甲状腺がんの検査、子供の甲状腺被ばく量が多くなっていると報告されたが……
（甲状腺超音波検査（エコー検査）：二田哲博クリニック提供）

子供の甲状腺被ばくは問題であると知られているが、最高で35 mSvの被ばくであったことが報告されている。前章でも述べたように、一般公衆の許容被ばく線量は年間1 mSvである。これを大幅に超えた被ばくがあったことを示しているが、どのように評価したらよいであろうか。また、25分の1になるとはどのような意味であろうか。この辺りを本章では理解できるようにする。そのために、放射線荷重係数、組織荷重係数を理解できるようにすることを目的とする（なお、2007年版のICRP勧告の翻訳では「加重係数」の漢字を充てている）。そこで本章では以下のように説明していく。

まず放射線とは何か、どのような種類が存在するのか、それぞれの特徴は何かを整理する。そしてそれらの放射線が人体に与える影響の大きさを評価するのであるが、放射線の人体への影響を理解するのに重要となる概念である、線エネルギー付与（LET）と生物学的効果比（RBE）について説明する。さらにこれらを参考にしつつ、放射線荷重係数と組織荷重係数について述べる。最後に、これを用いて吸収線量から実効線量を具体的に算出し、放射線による人体影響について考える。この算出のプロセスで問題提起の記事が理解できるようになるであろう。

2－2　放射線の定義とその種類—そもそも放射線とは何か

2-2-1　放射線の定義

福島で発生している放射線を説明する前に、そもそも放射線とは何かということを考えてみよう。放射線の定義は、法令を適用するかどうかを判断するうえで重要となる。法令で規定される放射線であれば、法令にしたがった取り扱いが必要である。一方、法令で規定されない放射線であっても、取扱いに注意を払う必要のあるものもある。その意味で、放射線の定義を明らかにしておくことは、重要であると考えられる。

まず物理的な定義からはじめよう。放射線とは、「運動エネルギーを有する荷電粒子、原子核、光子等（粒子あるいは電磁波）であり、かつ媒質を電離する能力をもつもの」である。電離とは、媒質をイオン化させる現象である。たとえば媒質が空気であれば、空気を構成する気体分子（酸素と窒素等）から電子を剥ぎとりイオン化させる現象である（空気を電離させる条件は、荷電粒子では34 eV（W値）程度以上、電磁波で10 eV程度以上と言われる[1,2]）。イオン化させるプロセスは、直接あるいは間接（この意味は後に述べる）であってもかまわない。また、広い意味では、媒質は空気とは限らない。また、放射線として定義できる電磁波の低エネルギー側のしきい値は明確なものではないが、目安として紫外線のエネルギーの高いレベル（真空紫外：10 eV）以上を指すと考えてよいだろう。

一方、法令上の定義はこれと異なるので、やっかいである。管理する立場からすると、物理上の定義よりも、この法令上の定義の方が重要になる。原子力基本法によると、放射線とは「電磁波又は粒子線のうち、直接又は間接に空気を電離する能力をもつもの」でかつ以下のものが定められている（実際上は、以下に定められるものに限られると解釈してよい)(注1)。

（1）アルファ線、重陽子線、陽子線、その他重荷電粒子線およびベータ線
（2）中性子線
（3）ガンマ線及び特性エックス線（軌道電子捕獲に伴って発生する特性エックス線に限る）
（4）1メガ電子ボルト以上のエネルギーを有する電子線及びエックス線

放射線業務従事者の安全については別の法令（労働安全衛生法）に基づいて行われる。ここでは電離放射線障害防止規則（電離則）があり、上述の原子力基本法とほぼ同じであるが、上記（4）の1 MeV以上という制限がないことが異なっている。つまり低エネルギーのX線も被ばく管理の対象となっている。実際、最近では1 MeV以下のエックス線でも管理を行う方向で動いている。

注1：原子力基本法の総則第3条第5号で「放射線」とは、「電磁波又は粒子線のうち、直接又は間接に空気を電離する能力をもつもので、政令で定めるものをいう。」とされており、ここでいう政令とは「核燃料物質、核原料物質、原子炉及び放射線の定義に関する政令」（政令第325号）のことで、その第4条で放射線として、上記の（1）〜（4）が定義されている。

2-2-2　放射線の分類[3, 4]

放射線にはいろいろな種類のものがあるのがわかったと思われるが、それぞれの放射線についてその性質に応じた管理（ある場合は遮蔽）を行う必要がある。それぞれの特徴を把握しておくことが大切であろう。そこで、ここではそれぞれの放射線の特徴を抽出しつつ分類することにしよう。ただし、管理上重要となるのは、法令上の定義であることに注意しておこう。

現在、福島で問題となっている放射線はγ線であり、場合によっては冒頭紹介したようにβ線も問題となる。原子炉の中の溶融燃料（通称デブリ）ではα線も問題となる。いずれも法令上、放射線と定義されるものである。

放射線の種類には、よく知られているように、α線、β線、γ線、さらに電子線、陽子線、X線、中性子線がある。また最近がん治療で知られるようになった、質量1以上（陽子や中性子以上の質量）の重粒子線、さらには原子炉内のデブリの存在場所の検出に利用されようとしている中性微子（ニュートリノ）、また紫外線、赤外線といった電磁波を挙げることができる。ただし、紫外線や赤外線は非電離放射線と呼ばれ法令が規定する放射線ではない。放射線の物理的定義は「空気（媒質）を電離する能力（エネルギー）をもっている粒子あるいは電磁波」と前述したが、この意味からすると「非電離放射線」という言葉は奇異な感じがする。文字通りの意味からすると「電離能力のない放射線」となるからである。しかしながら、国際非電離放射線防護委員会（ICNIRP）

という国際的な組織があり、ここでは、「非電離放射線」を「原子や分子を電離するに足るエネルギーをもっていない電磁放射線」と定義し、周波数 3 × 10^{15} Hz（3000 THz）以下、波長で 100 nm 以上、エネルギーで 12 eV 以下のものとしている[1)]。一方、放射線の定義としては、アメリカの連邦通信委員会（FCC）の電子工学エンジニアオフィス（OET）は、10 eV 以上の光子を電離放射線と呼んでいる[2)]。

結局、両者の定義ではエネルギーの範囲はオーバーラップしており、10 eV 以上を電離放射線と呼んだり、12 eV 以下を非電離放射線と呼んだりしており、定義上のあいまいさが存在する。実際上は、この辺りのエネルギーから W 値の 34 eV 程度が電離放射線と非電離放射線の境となっている。水素原子のイオン化エネルギーが 13.6 eV であるから、この値に近い値で定義しているとも考えられる。また、W 値がこれらに比較して大きいのは、空気を電離するプロセスでは、空気が単一の分子ではないため、電離まではいかない励起エネルギーなども含まれてしまうことが理由である。

非電離放射線を含めてこれらを分類すると、図 2-1 に示すようになり[5)]、まず、大きく電離放射線と非電離放射線に分けることができる。電離放射線とは、前述したように、入射する物質中の原子、分子との相互作用の結果、それをイオン化させるだけのエネルギーをもつものである。γ 線や X 線がこれに相当する。この意味においては、紫外線のうち波長の短い（エネルギーが約 10 eV 以上）ものも電離放射線に含まれることになる（エネルギーの低い紫外線には電離能力は無い）が、紫外線は法令上、放射線とは定義されていない。

一方、非電離放射線とはイオン化するだけのエネルギーをもたないもの、すなわち図 2-1 に示しているように、（近）紫外線、赤外線等である。名前の通り電離するだけのエネルギーをもたないので、これらの非電離放射線を放射線と考えない立場もある。

さらに電離放射線は、波からなる電磁波と粒子からなる粒子線に分けられる。図中の γ 線、X 線は（通常、空気を）電離する以上のエネルギーをもつ電磁波である。粒子線は電荷をもつ荷電粒子線と、電荷をもたない非荷電粒子線に分けられる。β 線、α 線、電子線、陽子線、重粒子線は荷電粒子線である。一方、中性子、中性微子（ニュートリノ）等は電荷をもたない非荷電粒子線である。

電荷をもつ放射線は、媒質中の電子とクーロン相互作用を起す。その結果、媒質の原子との間で直接エネルギーの授受を起こし物質を電離するため、直接電離放射線と呼ばれる。一方、電荷をもたない放射線は、媒質中の電子あるいは核と相互作用をし、その結果はじき出される荷電粒子（電子あるいは原子核）が十分高いエネルギーをもっている場合に限り、媒質を電離する。つまり電荷をもたない放射線は、電子や原子核との相互作用の結果放出される二次粒子により間接的に媒質を電離することになる。このためこれらの放射線は間接電離放射線と呼ばれる。図 2-1 中の電磁波である γ 線、X 線は間接電離放射線である。これらの電磁波は物質中の電子と相互作用をする。また中性子線も間接電離放射線であり、原子核と相互作用する。

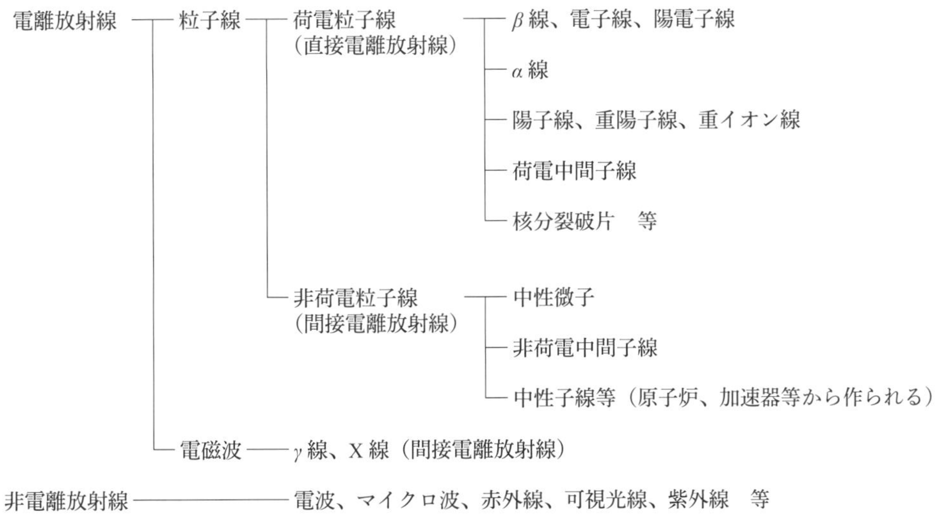

図 2-1　放射線の分類[5)]

＊文献 5）を参考に著者作成。

2-2-3　放射線の種類と性質

ここでは代表的な放射線としてα線、β線、γ線、X線、中性子線の特徴と物質との相互作用について述べておくことにする。というのも、放射線と物質との相互作用の理解は、放射線遮蔽あるいは被ばくを考えるうえで基礎となるからである。透過力の強い放射線は逆にいうと遮蔽し難いということになる。被ばくする側からいうと、生体にエネルギーを与えず通り抜けることを意味している。

一方、遮蔽しやすい放射線はそのエネルギーを遮蔽物に移しやすいことを意味しており、被ばくした場合問題になると考えられる。遮蔽しやすいが被ばく後の影響が大きいことになり、とくに内部被ばくが問題となる放射線である。

表 2-1 に各放射線の特徴を示した。表でもわかるが、α線とβ線は荷電粒子、γ線とX線は電磁波、中性子線は電荷をもたない粒子線である。その種類によって物質との相互作用が異なっている。以下、それを整理してみよう。

表 2-1　代表的な放射線の種類と性質

種　類	特　徴
α線	ヘリウムの原子核である。このため正電荷を帯びており物質中の飛程は短い。
β線	原子核から放出される電子あるいは陽電子である。物質中の飛程は短い。
γ線	原子核から放出されるエネルギーの高い電磁波。
X線	エネルギーの高い電磁波。電子のエネルギー準位の遷移によって放出される特性X線と電荷粒子（電子の場合が多い）が加速度を受けて放出する制動X線がある。
中性子	（原子核内の）中性子が運動エネルギーをもってビーム状になったもの。電荷をもたないために透過力が高い。

表2-1を参考にしつつ、各放射線の特徴について以下に述べる。図2-2に、各放射線の種類による透過力の概略を示した[6]。これは放射線により物質との相互作用が異なることを意味している。

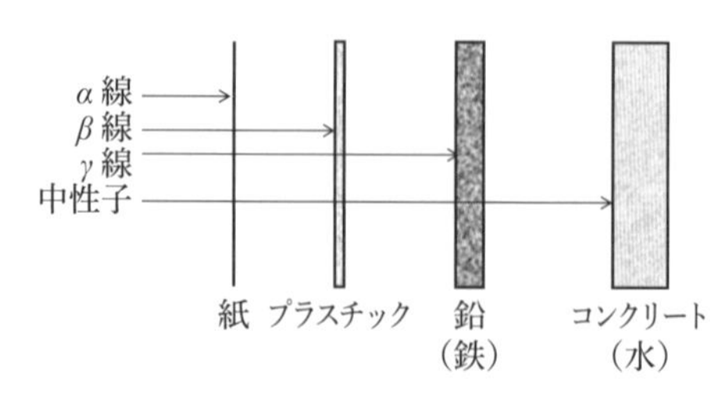

図2-2　放射線の透過力と物質[6]

まず、α線である。これは、ヘリウムの原子核で、陽子と中性子それぞれ2個からなる質量数4の粒子である。ラザフォードが1911年、α線と物質（金箔）の相互作用を調べていて、原子核の存在を実証した。この発見で、ラザフォードは「ラザフォードの原子模型」を提唱したが、これは1903年に長岡半太郎が提唱した「土星型原子モデル」に似たモデルであった。現在ではこの現象は、「ラザフォード後方散乱分光法（RBS）」として元素の種類の同定に利用されている。α粒子の物質の透過力は小さく空気中でも数cmで止まる。遮蔽の際は図2-2で示すように紙一枚で遮蔽できる。このことはもっているエネルギーを効果的に物質に与えることを意味しており、高い電離能力を有している。つまり、外部被ばくの場合は体内までは侵入しづらいが、内部被ばくした場合局所的にエネルギーを付与し、大きな生体影響を与えることを意味する。このため放射線荷重係数（後述）が大きな放射線である。

次にβ線である。原子核の壊変にともなって原子核から放出される電子のことである。負の電荷をもつもの（陰電子あるいは単に電子）と正の電荷をもつもの（陽電子）がある。注意しておきたいことは、熱電子や光電子、加速器から放出される電子はβ線とは呼ばないことである。つまり発生機構が原子核の壊変にともなうものをβ線と呼ぶのである。透過力はα線より強いが、後述するγ線より弱い。エネルギーにもよるが、アルミニウム板やプラスチックで遮蔽することができる。このためβ線とγ線が混在する場合の放射線計測は、アルミニウム板で計測器を遮蔽して計測する。こうするとβ線が遮蔽されγ線のみが計測でき、遮蔽の無い場合と比較してβ線の有無を確かめる。また、β線は原子番号の大きい材料に吸収されると、制動X線を発生する（荷電粒子、この場合はβ線がクーロン力で軌道を曲げられた場合、接線方向に電磁波を放出する現象）。このため、制動X線を発生させずにβ線を遮蔽するためには、まずプラスチック等でβ線を遮蔽する。その後、発生した制動X線を鉄や鉛などで遮蔽することがなされる。本章冒頭で紹介した、汚染水の貯蔵タンクからのX線の発生はこのメカニズムで発生している。

その次はγ線である。これは福島でもっとも問題となっている放射線である。γ線は原子核の壊変にともなって原子核から放出される電磁波のことである。X線との相違においてγ線をエネルギーの高い電磁波と考える場合もあるが、基本的には発生機構の相違によるものである。核のエネルギー準位の差のエネルギーをもって放出されるので線スペクトルとなる。γ線の透過力は高く、遮蔽をするためには鉛板やコンクリートの壁が必要となる。放射線荷重係数を決める際の基準となる放射線である。物質の透過力は高い。

そして、X線である。エネルギーの高い電磁波をX線と呼ぶが、発生機構は、電子の（加速度運動による）軌道変化にともなうかあるいは原子内の電子のエネルギー準位の移動に伴う電磁波である。前者を制動放射（制動X線）と呼び、後者を特性X線と呼ぶ。前者は連続スペクトルを示すが、後者は線スペクトルとなる。高エネルギーのX線を遮蔽するには、γ線と同じく鉛板やコンクリート壁が必要である。レントゲンが1895年に発見したのであるが、発見当時、未知の放射線であったため、数学の未知を現す“X”に由来して命名したそうである。

特徴的なのは中性子である。中性子は原子核を構成する素粒子で電荷をもたないものである。中性子は電荷をもたないので、透過力が高く遮蔽が困難である。遮蔽するためには、通常、水やコンクリート（場合によってはプラスチック）のような水素原子を多く含む物質を利用し水素の原子核と衝突させて減速させ、その後、中性子を吸収しやすい元素と核反応を起こさせて遮蔽する。γ線やX線が原子や分子中の電子と相互作用を起こすのと対照的である。中性子の速度が十分遅くなり、運動エネルギーが周囲の熱エネルギーと同程度（～0.025 eV）となった中性子を熱中性子と呼び、高エネルギーの中性子（～1 MeV以上）のものを（高）速中性子と呼ぶ。熱中性子といえどもその速度は、約2000 m/秒にも達する。速中性子による被ばくを受けた時は、生体中の水分子の水素と衝突し陽子をはじき出す。このはじき出された陽子を反跳陽子と呼ぶが、この反跳陽子が生体に影響を与える。陽子は電荷をもった粒子であるので、生体影響の観点からはα線と同じような特徴をもつと考えてよい。

それぞれの放射線と物質との相互作用がかなり異なっていることが理解できる。このことは同じエネルギーの放射線が同じ量、同じ物質と相互作用したとしても、相互作用機序が異なるため放射線から受け取るエネルギー量が異なることを意味する。すなわち放射線が通過する材料や生体側の立場から見ると、同じエネルギーの同じ量の放射線を受けたとしても放射線の種類によってその影響が異なることになる。これを半定量的に表したものが放射線荷重係数と考えることができる。

それぞれの放射線の空気中で到達できる距離を粗く比較してみよう（表2-2）。それぞれの放射線と空気分子に対する衝突の素過程が違うため同じ土俵で比較することは困難であるが、それぞれの放射線の全体像を把握するためには有効であると思われる。中性子を除いてエネルギーは1 MeVとし、β線とα線は飛程を、γ線においては半価層（半分になる距離）、中性子については0.5 MeVの平均自由行程を比較した。

表 2-2　各放射線の空気中の到達距離の目安

	到達距離	代表特性	エネルギー（MeV）
α 線	5.6 mm	飛程	1
β 線	3.4 m	飛程	1
γ 線	91 m	半価層	1
中性子	220 m	平均自由行程	0.5

α 線については第 12 章で、β 線については第 11 章で、γ 線に関しては第 8 章で、それぞれ上記代表特性を計算する。中性子については、文献[7]を参照されたい。

γ 線の代表特性として半価層とした。γ 線はある距離を進んでも同じエネルギーをもち続けるという特徴がある。減衰するのは空気分子との相互作用をした光子が散乱されたり吸収されたりするためである。光子の数が 2 分の 1 になるまでの距離を半価層という。したがって、91 m 以上離れても半数の入射エネルギーをもった光子が存在することに注意しよう（1 MeV の γ 線の場合）。福島で除染範囲を軒下から 20 m としているが、γ 線の半価層と比較して短い距離しか除染していないと言える。

中性子の代表特性として平均自由行程を選んだ。γ 線と同様、中性子は物質との相互作用が少ない放射線である。ここでいう平均自由行程とは空気分子と衝突せずに到達する距離の平均値である。平均値であるから、これよりも長い距離を走る中性子も短い中性子も存在することになる。

これらの到達距離が遮蔽の難しさの指標となる。実際にこれらの放射線を遮蔽するための基本的考え方は図 2-2 に示した。α 線は紙で止めることができる。β 線はプラスチックでも止めることができる。γ 線を遮蔽しようとすると鉛あるいは鉄の厚い遮蔽体が必要となる。中性子は遮蔽しにくい放射線で、基本的に水素原子と衝突させて遮蔽する。構造材として利用できる材料はコンクリートである。これはコンクリートの含水率が数パーセントと高いためである。

練習問題 2.1

下表は放射性物質から放出される放射線の一覧である。表の 1〜10 に適切な放射線を下記の語群から選択せよ。

［語群］ 電子線、高速中性子、熱中性子、ガンマ線、エックス線、陽子線、アルファ線、重粒子線、赤外線、紫外線、ベータ線

<table>
<tr><td rowspan="6">粒子線</td><td rowspan="4">荷電粒子</td><td rowspan="2">軽粒子</td><td>1</td><td rowspan="8">電離放射線</td></tr>
<tr><td>2</td></tr>
<tr><td rowspan="2">重粒子</td><td>3</td></tr>
<tr><td>4</td></tr>
<tr><td rowspan="2">非荷電粒子</td><td>高速</td><td>5</td></tr>
<tr><td>低速</td><td>6</td></tr>
<tr><td colspan="2" rowspan="4">電磁波</td><td rowspan="2">短波長</td><td>7</td></tr>
<tr><td>8</td></tr>
<tr><td rowspan="2">長波長</td><td>9</td><td rowspan="2">非電離放射線</td></tr>
<tr><td>10</td></tr>
</table>

2－3　人体に与える影響を理解するための重要な概念—LET と RBE

2-3-1　LET

放射線にさらされた生物に与えられるエネルギーは吸収線量で評価されることは前章で述べたが、そのエネルギーの吸収機構は基本的には電離と励起である。電離と励起の量が同じであれば吸収されるエネルギーは同じであり吸収線量は同じになる。しかしながら生体への影響を考えた場合、同じ吸収線量であっても、その電離と励起の空間分布が異なると生体への影響が異なることが知られている。図 2-2 で示したように放射線の種類により物質との相互作用が異なるが、これはとりもなおさず、放射線の種類によっては同じ吸収線量でも生体への影響が異なることを示唆する。たとえば、α 線の透過力は小さいことを知ったが、これは見方を変えると、材料の中で放射線の飛跡にそって高い密度の電離や励起が引き起こされることを意味する（図 2-3（b））[8]。一方、X 線や γ 線では材料との相互作用が小さいので（間接電離放射線であった）、電離された分子（イオン）は、低い密度で疎に分布しているであろう（図 2-3（a））[8]。電離が高い密度で発生することは生体の局所に与えられるエネルギー密度が高いことを意味し、細胞が異常

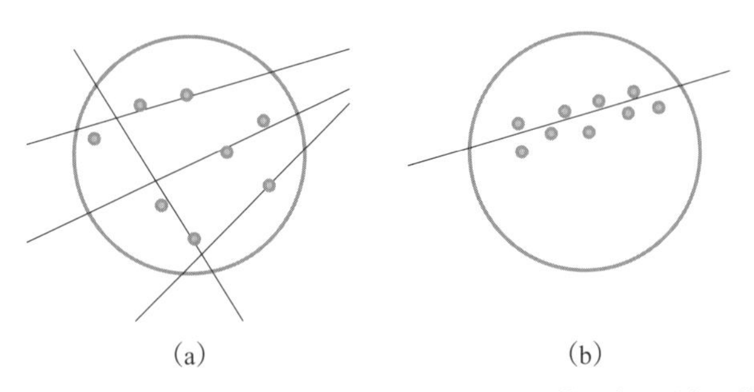

図 2-3　γ 線（a）と α 線（b）の照射によりできる電離の空間分布の模式図[8]

＊文献 8）を参考に著者作成。

をおこす確率が高くなると考えられるのである。

この材料中に与えられるエネルギー密度を評価する指標が線エネルギー付与（LET：linear energy transfer）である。LETの定義は荷電粒子の飛跡（飛跡のごく近傍）に沿って単位長さ当りに局所的に与えられるエネルギー量で定義され、単位はkeV/μmである。

この定義のみで局所に与えられるエネルギーが定義できそうに思えるのであるが、実は荷電粒子の入射エネルギーが高くなってくると、二次電子の運動エネルギーが大きくなってきて、飛跡の近傍という前提が成り立たなくなってくる。つまり二次電子が遠くまで到達するようになるのである。そこで飛跡から二次電子が到達する距離をLETの定義の中に組み込むようなった。図2-4に示すようにΔの領域を考え、LET（$L_\Delta = (\mathrm{d}E/\mathrm{d}x)_\Delta$）で定義する。実際はΔは距離ではなくエネルギーで定義される[9]。よく利用されるのはΔ = 100 eVであり、約5 nmに相当する。

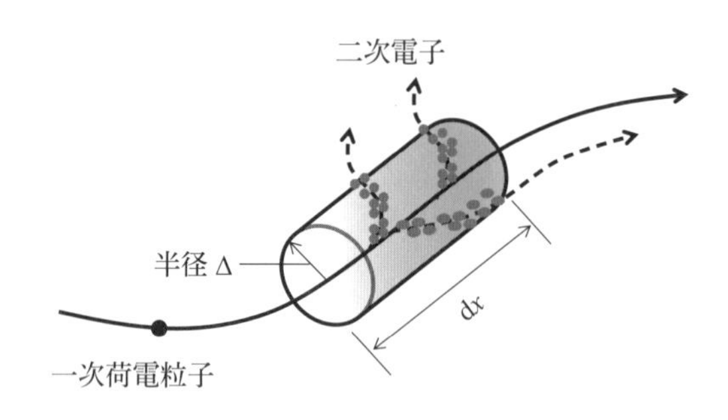

図2-4　LETの定義とL_ΔとしてΔの考え方（Δは実際はエネルギーで与えられる）[9]
＊文献9）を参考に著者作成。

非荷電粒子や電磁波の場合は、間接電離放射線であるので疎にしか物質を電離しないため荷電粒子のようには定義はできない。この場合は、間接電離放射線が単位距離進む間に発生させた二次電子、あるいははじき出した核の初期の運動エネルギーの総和としておけば荷電粒子と同様に定義できる。つまりΔに制限をつけない場合に相当し、図2-4でL_∞とすることである。通常このL_∞をLETと呼ぶことが多い。またこれは衝突阻止能に等しい。前項のL_Δも実際は測定が困難で、計算で導出する。そのため生物影響の場合は、L_∞を利用する事が多い。そこで以降、本書ではL_∞をLETと呼ぶことにする（なおL_∞は制限のない線エネルギー付与と呼ばれる）。問題を提起しておいて（Δを定義することを提起した）結局元に戻ってしまったが、他の解説にはL_Δの記述があるものが多い。この辺りを理解しておくと、本書では十分である。

水中のα線のLET（L_∞）は50〜250 keV/μm、^{60}Coのγ線は0.2 keV/μm程度である（表2-3）[10, 11]。電磁波に比較してα線のLETは大きなものであることがわかる。また電子のエネルギーとLETを比較すると、エネルギーの低い方がLETは大きい。これは直感的には、速度が遅い方が物質と相互作用をする確率が高くなると解釈すると理解できる。表2-3からもわかるように、入射放射線の種類、エネルギーによってLETが異なる。とくにα線が大きな値を示し、LETが放射線の線質の違いを知る指標となる。

表2-3　放射線の種類ごとによる水中のLET[10, 11)]

放射線の種類	エネルギー［MeV］	水中のLET［keV/μm］
電子線	0.01	2.3
	0.1	0.4
	1	0.2
^{60}Co　γ線	（1.17/1.33）	0.2
α線	1	264
	10	56

＊文献10，11）を参考に著者作成。

あらためて図2-3を見てみよう。γ線、X線、電子線のように低密度にしか電離（生体分子の場合はラジカル）を生成しない放射線を低LET放射線、α線、（中性子線）、陽子線、重粒子線のように高密度に電離（ラジカル）を生成する放射線を高LET放射線と呼ぶ。高LET放射線の方が生体への影響は大きいことが予想される。（高速）中性子は間接電離放射線であるので基本的に低LETと考えられるが、実は、前述した反跳陽子が大きなLETを示すので、高LET線に分類される。

練習問題2.2

以下は線エネルギー付与の説明である。(　　　)内の1～5に適切な言葉を入れよ。

線エネルギー付与（LET：linear energy transfer）とは、エネルギーをもった粒子あるいは荷電した粒子が物質中を通過する際、飛跡に沿って（　1　）のことであり、単位は（　2　）などが用いられる。一般に線エネルギー付与は放射線の荷電の2乗に比例して増加し、粒子の速さにほぼ反比例する。

X線やガンマ線のように（　3　）で物質との相互作用の程度が小さくLETの小さいものを（　4　）放射線といい、中性子線やアルファ線のように粒子の質量が大きくて物質と相互作用しやすくLETの大きいものを（　5　）放射線という。（　4　）放射線には、ガンマ線、X線、電子線などがあり、（　5　）放射線には、陽子、重陽子、アルゴンやネオンなどの重イオン、負π中間子、中性子線などがある。

2-3-2　RBE

LETの大小で対象に与える影響が異なることがわかったが、生物に対する影響は、実際に生体に対しての評価を行う必要があるであろう。その観点から定義されるのが生物学的効果比（RBE：relative biological effectiveness）である。基準となる放射線と同じ生物学的効果を与える（対象としている）放射線の線量とその時の基準となる放射線の線量の比がRBEと定義される。すこし複雑な言い回しであるが下の定義式を見れば理解できるであろう。

$$\mathrm{RBE} = \frac{\text{ある生物効果を引き起こすに必要な基準放射線の吸収線量}}{\text{問題としている放射線で同じ効果を引き起こすに必要な吸収線量}}$$

注目している放射線の生体影響が大きいと、上式の分母が小さくなるので、RBEとしては大きくなる。RBEとLETが正の相関をもっているならば、LETが生体効果の本質と考えてもよいだろう。

RBEを決める基準放射線としては、250～500 keVのX線あるいはコバルト60（^{60}Co）のγ線が用いられることが多い。これらの放射線は基準放射線源であるため、それらのRBEは“1”である。上式のRBEの定義からわかるように、どんな生物学的効果に注目するかによってRBEは異なることもあり得る。後ほど説明する放射線荷重係数は、低線量被ばくがもたらす健康影響に関するRBEである。ICRPの1990年の勧告によると、「放射線荷重係数」は低線量被ばくにおける確率的影響（がんの発症率等）のRBEに基づいて定めたとのことである。

ここでLETとRBEの関係に述べることにする。一般に高LET放射線のRBEは1よりも大きくなると言われる。図2-5にRBEとLETの関係を示す[12)]。このRBEは細胞の生存率10%の効果で評価している（マウス乳がん細胞、ヒト腎臓T_1細胞等8種類の細胞によるデータ）。LETが低い領域ではLETが高くなるにつれてRBEは大きくなっている。表2-3からすると、われわれが注目するγ線やβ線はこの領域であるため、一般に高LET放射線のほうがRBEは大きくなると言える。つまりLETとRBEは正の相関をもつことがわかる（なお本図は参考文献を再プロットしたものであるが、抽出した点は範囲を示すのみのため省略している点も多い。詳細は参考文献を参照のこと）。

しかしLETが大きくなり過ぎると（300 keV/μm以上の領域）RBEは逆に小さくなっ

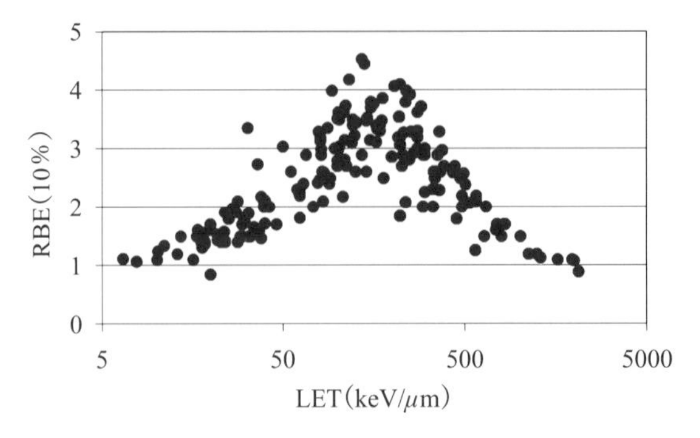

図2-5　RBEとLETの関係[12)]
＊文献12）を参考に著者作成。

ている。ここを理解しておかないと納得できないように思える。

まずRBEの定義を見てみると吸収線量の比で与えられている。吸収線量はマクロな対象物に平均として与えられるエネルギーを意味しており、対象物が1 J/kgのエネルギーを放射線から吸収した時、1 Gyであった。一方、LETはミクロなエネルギーの移動である。この差があることが高LET側でのRBEの低下をもたらす。

対象臓器が1 Gyの線量を吸収したとする。LETが高くなるとどんな事が起こるであろうか。対象臓器に入射する放射線の個数（粒子線や光子を考えて）が少なくなっても1 Gyの吸収線量に到達することができることになる。たとえばLETが10倍の放射線になったとすると、単純計算で入射放射線の個数が10分の1となっても対象臓器への1 Gyの吸収線量が実現できることになる。このことは、極論すると、対象臓器の全細胞の10分の9は放射線を受けなくても1 Gyの吸収線量が実現しまうということである(実際には起こり得ないだろうが理解のために極端な条件で説明をしている)。放射線が当たった10分の1の数の細胞は、死滅する以上のエネルギーが付与されていることになる（Overkill効果)。この場合は、臓器の10分の1の細胞の死では組織の死につながらないことがあると考えられ、臓器の全細胞を死滅させるには、さらに多くの放射線の個数が必要となる。このことは臓器の死滅には、平均的にはさらに高い吸収線量が必要となると理解できる。このような理由でRBEは高LET領域で低下するのである。図2-5は生存率10%のRBEであったが、マウスの臓器の重量低下や細菌の致死、植物の染色体異常などでも同様なデータが得られている[13)]。最も効果的に生物影響を与えるLETが存在するということを示唆する。

2－4　放射線の人体影響

2-4-1　放射線荷重係数（放射線加重係数）

前節で放射線の種類により生体への影響が異なることが理解できた。しかしながら、それぞれの放射線による人体への影響を同じ土俵で比較できなければ、どれくらい危険なのか、あるいは安全なのかを判断できない。そこで放射線の種類によって、どれくらい危険なのかをRBEにベースを置いて、比較できるようにすると便利である。つまりγ線による被ばくと中性子による被ばくを吸収線量で比較するのではなく、その「人体への影響がどれくらい甚だしいのか」を判断基準にするのである。そのためには、基準となる放射線が必要である。その放射線による影響と比較して、どれくらい危険なのかを評価することにする。基準とする放射線はγ線が良いだろう。というのも、RBEを定義するための基準放射線としてγ線を選択しているのであるから、この場合もγ線を選ぶのは妥当であろう。その結果、「γ線の被ばくと比較して何倍危険か」あるいは「γ線に置き換えたらどれくらいの被ばくをしたか」を示す指標が等価線量（Sv）である。定義は以下に示すが、吸収線量に放射線荷重係数を乗じて求める。

等価線量（Sv） ＝ 吸収線量（Gy） × 放射線荷重係数

上記でもわかるように、放射線荷重係数は放射線の種類の違いによる人体への影響の違いを評価・算出するために定められた係数である。管理の観点から、人体への影響を放射線の種類やそのエネルギーを考慮に入れた被ばく量として等価線量を求めるのである。γ線やX線を基準としているので、「γ線やX線に換算するとどれくらいの被ばく量であろうか」という意味で等価線量である。等価線量の単位はシーベルト（Sv）である。表2-4に各種放射線荷重係数を示した[14]。γ線やβ線のように低LETの放射線は値が小さく（基準としている）、α線のように高LETの放射線は値が大きくなり、同じ吸収線量であっても放射線の違いによって人体への影響は異なることがわかる。中性子はエネルギーによって放射線荷重係数は変化する。表からわかるように中性子の放射線荷重係数はエネルギーの関数で与えられている。これまではエネルギー範囲を定め、定数で与えられていたが、より実状に合わせるため関数形で与えられるようになった。ちょっとわかりにくいので、ICRPの1990年勧告の値を示そう。それによると、En < 10 keVの時5、10 keV ≦ En ≦ 100 keVの時10、100 keV < En ≦ 2 MeVの時20、2 MeV < En ≦ 20 MeVの時10、En > 20 MeVの時5である。表2-4で表された値も、これらの値に近いと考えてよい。

また、γ線やX線を基準としているが、これらの放射線に被ばくしても放射線荷重係数"1"を吸収線量に乗じてSvの単位に換算する。

ただし注意しておくことは、この放射線荷重係数は、低線量における確率的影響のRBEで選ばれていることである[14]。上で述べたように、RBEは注目する生物学的効果（図2-5では10%の生存率であった）を選定する必要があるが、放射線荷重係数は、確率的影響を生物学的効果として考えているのである。

表2-4　放射線荷重係数[14]

放射線の種類とエネルギーの範囲	放射線荷重係数
光子	1
電子およびミュー粒子	1
中性子、En（中性子エネルギー）	
En < 1 MeV	$2.5 + 18.2 \exp\{-[\ln(En)]^2/6\}$
1 MeV ≦ En ≦ 50 MeV	$5.0 + 17.0 \exp\{-[\ln(2En)]^2/6\}$
En > 50 MeV	$2.5 + 3.25 \exp\{-[\ln(0.04En)]^2/6\}$
陽子と荷電パイ中間子	2
アルファ粒子、核分裂片、重イオン	20

＊文献14）を参考に著者作成。なお、2007年版ICRP勧告の翻訳では「加重係数」の漢字を充てている（表2-5も同じ）。

2-4-2 組織荷重係数（組織加重係数）

被ばくする部位による生体への影響を考慮した係数である。細胞分裂の頻度の高い部位が被ばくすると影響が大きいことが知られている。このため、ある組織あるいは臓器に被ばくを受けたとした場合、同じ等価線量でも生体全体への影響は異なる。その部位による放射線による生体全体への影響を評価するため、その臓器の感受性を表した係数である。たとえば造血器官とか生殖腺等は感受性が高いことが知られている。また、成人よりも子供の方が放射線に対して敏感であることが知られているが、子供の方が細胞分裂の頻度が高いからである。

さて、組織荷重係数の決め方であるが、全身に均等に被ばくを受けた時を“1”としている。また、ここで言う感受性とは確率的影響（がん、白血病および遺伝的影響等）についての相対感受性である。各器官の等価線量にこの組織荷重係数を乗じて、ある器官のみが被ばくした場合でも、体全体が被ばくした場合と、たとえばがんの発症率という観点から直接比較することができるようになったのである。複数の器官が被ばくした場合は合計することになる。表2-5の組織荷重係数を合計すると“1”になる。こうやって求められた線量が実効線量（Sv）である。表2-5に組織荷重係数を示した[14)]。以下に実効線量の求め方を示したが、臓器が複数同時に被ばくした場合は、それぞれの臓器の実効線量を加算する。

実効線量（Sv） ＝ 等価線量（Sv） × 組織荷重係数
　　　　　　　 ＝ 吸収線量（Gy） × 放射線荷重係数 × 組織荷重係数

等価線量と実効線量の両者とも単位はSvであり、前後の文脈からどちらであるかを判断する必要がある。福島の場合は、通常、γ線による全身被ばくであるので、放射線荷重係数は“1”、組織荷重係数も“1”である。すなわち、吸収線量の単位を読み替えて実効線量としてもよいことになる。この組織荷重係数がそもそも確率的影響をベースに各器官の相対感受性を表したものであるので、求められる実効線量は確率的影響を評価する指標であることに注意しておこう。

なお、組織荷重係数の「残りの組織」であるが、表2-5下に示した14の臓器の平均

表2-5 組織荷重係数[14)]

組織・臓器	組織荷重係数
骨髄（赤色）、結腸、肺、胃、乳房、残りの組織*	0.12
生殖腺	0.08
膀胱、食道、肝臓、甲状腺	0.04
骨表面、脳、唾液腺、皮膚	0.01

残りの組織：副腎、胸郭外（ET）領域、胆嚢、心臓、腎臓、リンパ節、筋肉、口腔粘膜、膵臓、前立腺（男）、小腸、脾臓、胸腺、子宮/頸部（女）

＊文献14）を参考に著者作成。

線量に対して0.12を組織荷重係数とする。

以下に、若干の計算をして、上記の事項を整理してみよう。

練習問題 2.3

頭部のみエックス線で5 mGyの被ばくをした。この時の実効線量を求めよ。また、全身に5 mGyの被ばくした時はどうなるか。

ただし、頭部の組織は、以下の論文に示しているとおり、甲状腺、脳、唾液腺、骨髄（10%）、皮膚（15%）とする。（　）内は頭部における全身に対する組織の割合である。

酒井一夫、米原英典、医療被ばくをめぐる動向と線量の単位、Innervision 25（2010）42-45「図8　実効線量の計算例（部分照射の場合）」より

上記の問題で、実効線量の求め方が理解できたと思われる。福島の新聞記事でよく目にするのは、実効線量である。では、最初の新聞記事に戻ってみよう。これまでの背景の知識をもてば、本章の問題提起の記事が理解できる。周辺知識を含めて、このことを説明することにする。

2－5　甲状腺被ばくに関する記事について

まず注意するのは、35 mSvが実効線量であるかないかである。実効線量であるなら、年間1 mSvの線量限度を考慮する必要がある。記事を見てみると、「甲状腺の被ばくが35 mSv」とあるので、これは実効線量ではない。つまり、等価線量と考えてよいだろう。しかし、一般公衆の等価線量限度は目の水晶体か皮膚でしか定義されていない。つまり、甲状腺のみの被ばくの線量限度は定義されていないのである。

そこで、実効線量に換算しよう。甲状腺の組織荷重係数が0.04なので、実効線量にはこの値を乗ずる。すると、35 mSvは実効線量に換算すると、1.4 mSvとなる。記事でいう、25分の1というのは、組織荷重係数を乗ずるという意味である。

この計算の前提に触れておく必要があるだろう。①この甲状腺被ばくは放射性ヨウ素131による被ばくと考えること、②体内に取り込まれたヨウ素はほとんどが甲状腺に取り込まれてしまい、他の臓器には被ばくがほぼないこと、である。また、安定ヨウ素剤（^{127}I：非放射性）の服用であるが、前もって内服しておき甲状腺内に非放射性のヨウ素を取り込んでおけば、その後の放射性ヨウ素の取り込みが阻害され、体外に排出されることで放射線障害の予防となることが背景にある。

最後に、表記記事での子供の実効線量が1.4 mSvと線量限度を超えていることをどう考えるかである。これには二つの考え方がある。まず緊急時被ばく状況であるとの考え方である。新聞報道の状況は事故直後であり、普通の状況での被ばく（計画被ばく状況）

ではなく、緊急時の被ばく（緊急時被ばく状況）である。この場合は、異なる考え方があり、ICRP の「緊急時被ばく状況における人々の防護のための委員会勧告の適用[15)]」によると、参考レベル（20〜100 mSv）の基準が別途設けられている（次章で説明する）。この参考レベルの範囲であれば、その国の実情にあった数値を設定できることになっている。当時、文部科学省は参考レベルの下限値（20 mSv）の適用をすることとしていた[16)]。こうすることで、法令上の問題はクリアされる。

二つ目の考え方は、ICRP の勧告（Publ.103）の特殊状況とすることである。この勧告には特殊状況に関する注釈があって、「特別な事情の下では、単年度における実効線量のより高い値が許容されることもあり得るが、ただし 5 年間にわたる平均が年 1 mSv を超えないこと[14)]」となっている。これを適用する場合は、当該年度を含めた 5 年間の合計の被ばく線量を 5 mSv 以下にすることで、線量限度を守ることができることになる。

注意しておきたいことは、これらの基準が「安全と危険の境界」を示すものではなく、低いリスクレベルを扱っていることである。

2－6　甲状腺がんに関する記事

最後に、甲状腺がんに関するメディア記事について記載しておこう。岡山大学の教授が 2015 年 10 月 8 日に記者会見を行った。福島の中通地区における小児甲状腺がんの発生率が他の都府県の 50 倍と高いことを報告したのである。またこの案件については雑誌 *Epidemiology* の 2016 年 5 月 27 日号に掲載された。ここでもあらためて、福島の小児甲状腺がんについての議論が巻き起こったのである。

実は甲状腺がんについては雑誌 *Science* の 2016 年 5 月 4 日号に“Mystery cancers are cropping up in children in aftermath of Fukushima”と題した記事が掲載されており、その中で韓国の小児がんの騒動が報告されている。記事によると、1999 年から韓国では、がん検診が無料あるいは低価格で受診できることになった。甲状腺がんはこれに含まれていなかったが、低価格の追加負担で超音波検診を受けることができるようになったのである。この結果何が起こったかというと、2011 年には小児甲状腺がんの発症率は 15 倍となったのである。しかるに小児における甲状腺がんによる死亡者数は変化が無かった。

また、環境省は本件に関し、青森県、山梨県、長崎県の 3 県で行った甲状腺がん検査の結果を踏まえ、甲状腺がん発生率だけを見れば、福島と他県で変わらなかったとしている。サイエンスの記事、あるいは環境省の見解は、感度の高い超音波検査を大規模の集団で行うことで、本来なら治療の必要のないほど小さながんまでも見つけられるようになったことを示唆している。

2−7　問題提起に対する考え方

放射線被ばくの単位であるSv（シーベルト）は、何種類も定義があり、文脈から何を意味しているかを把握する必要がある。通常意味するのは実効線量であるが、これは放射線の種類や被ばくした臓器によって、その評価を変えて計算する。まず基本は吸収線量であり、1 kgあたり1 J吸収した場合を1 Gy（グレイ）と定義する。これに放射線の種類による危険度を乗ずる。ガンマ線を基準として、何倍危険かを示した放射線荷重係数である。放射線荷重係数を乗じた線量単位が等価線量（Sv）である。ガンマ線は基準なので“1”を乗じる。こうすることにより、放射線の種類による影響を同じ土俵で比較できるようになる。さらに被ばくする部位の感受性を考慮して人体への影響を評価するのが、実効線量（Sv）である。これは各臓器の等価線量（吸収線量に放射線荷重係数を乗じたもの）に各臓器の感受性（組織荷重係数）を乗じて求める。複数の臓器が被ばくした場合は、それぞれを加え合わせて、実効線量とする。1 mSv/年は実効線量で見た時の線量限度なのである。間違いやすいのは、等価線量も実効線量も単位は、Svであり、前後関係からどちらを意味しているかを判断する必要がある。記事では甲状腺被ばくが35 mSvとなっており、これは等価線量と解釈できる。実効線量に換算するには、甲状腺の組織荷重係数、0.04を乗じて実効線量に換算するのである。この0.04を乗ずることを、記事では25分の1になると記述していると考えられる。

子供の甲状腺被ばくであるが、実効線量に換算すると1.4 mSvとなり、一般公衆の線量限度である1 mSv/年を超えている。しかしながら連続する過去5年間の平均が1 mSv/年を超えていないならば問題はない。この考え方の是非はいろいろあるが、詳しくは本章2-5を参照されたい。

2−8　おわりに

本章では、放射線の種類、性質について説明し、放射線がその種類に応じて人体に与える影響について説明した。その基礎となる特性が、LETでありRBEであった。

また、それを反映させた形で、放射線荷重係数が導入された。それを使うと、等価線量（Sv）として異なる放射線間での比較が可能となった。また、被ばくを受ける部位によって、生体に与える影響を考慮するため組織荷重係数が導入された。それを利用すれば、実効線量（Sv）が求められ、線量限度と比較することで被ばく管理が可能になった。実効線量も等価線量も、単位が“Sv”であるため、その区別は前後の文脈から行う必要があった。本章冒頭の新聞記事は、この辺りを意識して執筆されていないようであり、読者に混乱を与える恐れがあると思われる。

参考文献

1）ICNIRP, Guidelines for limiting exposure to time-varying electric and magnetic fields（1 Hz–100 kHz）, *Health Physics*, Vol. 99, No. 6, pp. 818-836（2010）

2）Robert F. Cleveland, Jr. and Jerry L. Ulcek, Questions and Answers about Biological Effects and Potential Hazards of Radiofrequency Electromagnetic Fields, Federal Communications Commission, Office of Engineering & Technology OET Bulletin 56 4th edition（1999）

3）伊沢正実（他）『放射線の防護　改訂2版』丸善株式会社（1972）

4）原子力安全技術センター『原子力防災基礎用語集』（2012）

5）環境省「放射線の基礎知識と健康影響」『放射線による健康影響等に関する統一的な基礎資料（平成29年度版）上巻』

6）Gregor Omahen, Ionising radiation at workplaces, OSHwiki, http://oshwiki.eu/wiki/Ionising_radiation_at_workplaces（2018年6月13日）

7）岡本良治，九州工大工学部　原子力概論, http://rokamoto.sakura.ne.jp/education/nuclearpower/nuclearpower.html（2018年6月13日）

8）放射線影響研究所，放射線が細胞に影響を及ぼす仕組み, http://www.rerf.jp/radefx/basickno/radcell.html（2018年6月13日）

9）森内和之『ポピュラー・サイエンス 151　放射線ものがたり』裳華房（1996）

10）早川恭史「放射線量の概念と放射線防護」平成23年度日本大学理工学部放射線障害防止講習会（2011）

11）放射線医学総合研究所『医療教育における被ばく医療関係の教育・学習のための参考資料』放射線医学総合研究所教材資料

12）Sørensen BS, Overgaard J, Bassler N., In vitro RBE-LET dependence for multiple particle types, Vol. 50, No. 6, pp. 757-62, *Acta Oncol.*（2011）
https://www.researchgate.net/publication/51500297_In_vitro_RBE-LET_dependence_for_multiple_particle_types

13）近藤宗平『分子放射線生物学』東京大学出版会, p. 174（1972）

14）日本アイソトープ協会（訳）『ICRP Publication 103 国際放射線防護委員会の2007年勧告』（2007）

15）日本アイソトープ協会（訳）『ICRP Publication 109 緊急時被ばく状況における人々の防護のための委員会勧告の適用』（2008）

16）文部科学省「福島県内の学校の校舎・校庭等の利用判断における暫定的考え方について」, http://www.mext.go.jp/a_menu/saigaijohou/syousai/1305173.htm（2018年6月13日）

章末問題

次の（　　）内の1〜19に適切な言葉や数字を入れよ。

1. 放射線の定義

放射線の物理的定義は、運動エネルギーを有する荷電粒子、原子核、光子等であり、かつ（　1　）をもつものである。具体的には約（　2　）eV以上の電磁波や（　3　）eV以上の荷電粒子である。一方、法令上の定義はこれと若干異なり、α線、重陽子線、陽子線、その他重荷電粒子線、β線、中性子線、γ線、特性X線、および（　4　）MeV以上のエネルギーを有する電子線およびX線である。

2. 放射線の分類

放射線は物質との相互作用の観点から直接媒質を電離するものと間接的に電離するものがある。前者を直接電離放射線と呼び、基本的には（　5　）である。一方、後者を間接電離放射線と呼び、(　6　) と (　7　) が存在する。

3. 放射線の種類と性質

一般的に言って、α線、β線、γ線、中性子線を物質との相互作用が小さい順に並べると (　8　) になる。

4. LET と RBE

放射線の線質を議論する場合、対象に与える電離と励起の総量のみならず、そのエネルギー密度が重要となることがある。これを評価する指標が (　9　) である。これは (　10　) の飛跡に沿って単位長さ当たり局所に与えられるエネルギーで定義される。一方、間接電離放射線の場合は、単位長さ進む間に発生させた (　11　) あるいは原子核の初期の運動エネルギーの総和として定義される。

注目している放射線の生物学的効果を定量化したい場合、基準となる放射線による生物学的効果と同じ効果を発生させる吸収線量を評価し、基準となる放射線の吸収線量との比を求める。これを (　12　) と呼ぶ。生物学的効果が基準となる放射線より大きい場合、(　12　) は (　13　) なる。

5. 放射線荷重係数と組織荷重係数

いずれも (　14　) 的影響を評価するために導入されたものである。放射線荷重係数は、種類の異なる放射線の被ばくを基準となる放射線である (　15　) の被ばくと比較するための (　16　) を求める時に使用する。一方、組織荷重係数は (　17　) を求める際に利用する係数であるが、組織の放射線に対する感受性を反映したものである。組織荷重係数を合計した値は (　18　) となる。(　16　)、(　17　) ともその単位は (　19　) であるので、文脈からどちらであるかを判断することは重要である。

第 3 章

被ばくの影響

—帰還基準 20 mSv/年の意味—

3－1　はじめに

福島の除染に関する費用と時間が膨大なものになりつつある。それを背景にして、政府は住民が帰還するために必要と考えられる空間線量を、1 mSv/年から 20 mSv/年に引き上げることにした。これにともない早期の住民の帰還の実現や除染費用の大幅削減が可能となることが期待された。しかしながら、これに対しての反対の意見として、法令上の問題を指摘したり、生体影響を危惧するものが出された。両者は本質的に問題点が異なるので、それぞれの立場で答える必要があろう。この 20 mSv/年は法令上、許されるのであろうか。あるいは住民の健康被害は大丈夫なのであろうか。この章では、この点に注目して議論していくことにする。まず、問題提起として政府の方針（原子力規制委員会）とそれに対する意見を見てみよう。

問題提起　「20 mSv/年で帰還してよいのか？」

2013 年 12 月 7 日、政府が除染基準の空間線量を 20 mSv/年（それまでは 1 mSv/年）に緩和する方針を固めた（読売新聞　2013 年 12 月 7 日 22 時 51 分配信）。この方針の波及効果について主として次の異なる観点からの議論が巻き起こった。それは、

①東電の除染費用が低減される（5 兆円超から 1.3 兆円）
②被ばく線量限度を緩和することによる被ばくの影響
（帰還の線量限度を緩和したという意味になる）

①に関しては、東電の優遇ではないかとの意見、あるいは費用分担が明確になり東電の経営基盤がしっかりし除染がはかどるといった意見が出された。また、②に関しては「法令では 1 mSv/年が基準なので 20 mSv/年は違法である」とか、「20 mSv/年は危険である」とか、「子供は大人に比較して放射線感受性が高いのでさらに危険である」との意見が出された。20 mSv/年で帰還してよいのであろうか？

■ 除染作業により低下させる空間線量を年間 1 mSv から 20 mSv に緩和する方針が出されたが……

本章では問題提起の中の②の問題に答えることを目的とし、まず年間積算線量を見直すことの是非を考えることにする。そのため、線量限度の由来を考える。1 mSv/年の根拠はどこにあるのであろうか。また放射線業務従事者では 100 mSv/5 年であった。この差は、どうして出てくるのであろうか。そこを踏まえたうえで、今回の 20 mSv/年の意味について考えていく。次いで、それにともなう放射線管理について触れ、福島でのその制限が作られた背景について整理する。さらに、そもそもヒトはどれくらいの放射線環境下で影響を受けるのかについても考えていき、上記の問題をどのように考えたらよいのかを説明する。

3－2　被ばく実効線量限度[1,2]—どれくらいの線量が許容されているか

まず職業被ばく（放射線業務従事者等）の実効線量限度について整理しよう。放射線業務従事者がどれくらいの線量が許容されているかを理解することは、われわれ一般公衆の許容線量を理解するうえでも重要である。というのも、万が一被ばく事故が起きた場合、放射線業務従事者であれば許容できるレベルかどうかを判断できれば、一般公衆にとっての危険性も類推し得るからである。表 1-4 に放射線業務従事者の線量限度を整理したが、これは ICRP1990 年勧告を取り入れてこのような線量限度が決められたのである。この表によると実効線量限度については、放射線業務従事者に関しては、通常作業では 100 mSv/5 年。（生涯被ばく線量 1 Sv。年あたり 20 mSv の連続被ばくで 47 年間を考えた[3]）。ただし 1 年間では 50 mSv を超えるべきでないとなっている。表中の記載はこのような意味である[4]。

このような値になった理由は以下のようなものである。まず、基本的な考え方として、放射線業務従事者においても他の産業に従事している者と同程度以下の死亡リスクになるべきだとの考えがある。この考えの下、ICRP は放射線業務従事者が生涯連続して被ばくしたとき、放射線誘発がんによる死亡の確率 5%、18 歳における平均余命損失 0.5 年、および 65 歳における年間死亡確率 10^{-3} を容認できるリスクの境界とした[1,2]。

こうした条件を設定した後、18 歳から 65 歳までの年間の被ばく量を 10～50 mSv とした場合について年間死亡確率を計算した[5]。その結果、10^{-3} を超えないレベルが 20 mSv/年以下の線量（生涯被ばく線量は 1 Sv 以下）であったことによる（Pub.60（1990 年勧告））。100 mSv/5 年とあるのは、管理上の便宜のためである。また、年間の線量限度が 50 mSv となっているのは、同じ計算で年間の被ばく線量が 50 mSv の場合、65 歳での年死亡確率は 10^{-3} を超え、18 歳の平均余命損失は 1.1 歳、死亡生涯確率は 8.6% となり、許容レベルを超えてしまった（表 3-1）[2]。このため、任意の一年間において 50 mSv を超えてはならないという条件がついている[4]（ここでの一年間は年度ごとであり、4 月から翌年の 3 月末をいう）。

それぞれの境界が、日常生活のリスクと比較してどの程度かについて見てみよう。まず放射線誘発がんによる死亡率は 5% である。平成 20 年度の厚労省のデータによると、

日本人のがんによる生涯死亡確率は30%、心疾患が15.9%、脳血管疾患が11.1%、肺炎で10.1%である[6)]。5%がどの程度か理解できるであろう。次に平均余命損失0.5年である。これはどの程度平均余命が短縮されるかを示したものであり、2004年における日本での男性の損失余命は、悪性新生物（がん）で2.86年、心疾患で1.22年、脳血管疾患で0.97年、肺炎で0.76年である[7)]。また、年間死亡確率10^{-3}についてである。わが国の他の産業従事者の年間の死亡リスクは鉱業で1.3×10^{-3}、製造業、電気・ガス・水道・熱供給事業で5.0×10^{-5}〜6.0×10^{-5}、平均で1.4×10^{-4}である[8)]。判断は分かれるだろうが、ほぼ妥当な値であろう。

あらためて確認しておこう。上記計算は、18歳から65歳まで連続して一様に被ばくした時のリスクである。

表3-1　放射線業務従事者集団の年実効線量と障害の諸特性[2)]

年実効線量（mSv）	20	50
生涯線量（Sv）	1.0	2.5
死亡の生涯確率（%）	3.6	8.6
死亡による時間損失（年）	13	13
18歳の平均余命損失（年）	0.5	1.1

＊文献2）を参考に著者作成。

3-2-1　一般公衆

一般公衆に関しての実効線量限度は1 mSv/年である。この値は業務従事者と同様に、①放射線による危険性が公衆にとって容認されるレベルであること以外にも、②自然放射線源からの被ばく線量が考慮されている。

まず、前者の条件である。一般公衆に対しては、生涯年齢を70歳とし、年齢別死亡率が1×10^{-4}以下になる線量とした。その結果、おおよそ年間1 mSvを超えないとされた[3)]。また後者に関しては、自然放射能の世界の地域差（変動が大きいラドンを除いて）を考え、その差分程度を容認されるレベルとしたのである。たとえば日本では約1.5 mSv/年（最近2.1 mSvに改訂）であるが、世界平均は2.4 mSv/年であるので、その差分、1 mSv/年は許容レベルであろうとしたのである。これらのことを総合的に判断して、公衆の年線量限度として1 mSvを勧告したのである。さらに特例として、5年間の平均が年1 mSvを超えなければ、単一年にはこれより高い線量が許されるとしている[1)]。（前回の問題がここに相当する。）注意すべきは上述の議論からわかるように、1 mSv/年の線量限度は生物学的な影響が出現する線量ではなく、放射線防護や放射線管理の目安の線量限度であることである。

職業被ばくと公衆の被ばくとで線量限度の差が大きいことが気になる。これは、一般公衆の中には、妊婦、胎児、乳幼児のように放射線感受性の高い集団が属していること、また、業務者は自分で作業時間を含め被ばく管理ができるが、一般公衆は自己管理も難しいし、被ばく期間も長くなる可能性があることが理由とされている。また、上述のように、業務者のリスクを他の産業生活のリスクと同程度にしたため職業被ばくの限度が大きくなっている。

3－3　被ばく状況

前節で記したように放射線業務従事者（を含む職業人）の線量限度は、50 mSv/年あるいは 100 mSv/5 年である（表 1-4）。しかしながら、これは計画被ばく状況の場合に限った話なのである。ICRP は被ばくを受ける状況を三つに区分している。それらは、「計画被ばく状況」、「緊急時被ばく状況」、「現存被ばく状況」である。それぞれによって、被ばくの限度が決められている。つまり被ばく限度を変えて設定しているのである。区分名からわかるように、緊急時被ばく状況とは事故時の時であり、通常の場合とは異なるのでその被ばく限度も高くしていることは容易に想像できるであろう。事故の収束を試みるような際には、50 mSv を超えて被ばくするような時もあるに違いない。一方、「計画被ばく状況」とは、何か目的の作業があって、被ばくする場合であろうと想像できる。この場合が、前節の 20 mSv/年である。しかし、「現存被ばく状況」とはどんな場合であろうか？　「現存被ばく状況」とは、すでに存在している線源がもたらす被ばくである。福島の場合はこれにあたる。整理しておこう。「計画被ばく状況」とは計画的に線源を導入または操業することによる被ばく状況、「緊急時被ばく状況」とは不測の事態または悪意の行為から生じる予期せぬ被ばく状況、「現存被ばく状況」とは自然放射線による被ばくや過去の行為の結果として存在する被ばく状況をいう[9]。このような定義であるので、テロなどによる被ばくは、緊急時被ばく状況、福島の現状は現存被ばく状況となる[10]。

それぞれの被ばく状況での線量限度はどうなっているのであろうか。表 1-4 に示しているように、業務従事者の緊急作業に関わる線量限度は 100 mSv である。（福島事故を契機に平成 23 年 3 月 14 日より 250 mSv に引き上げられた。またこの値は、平成 23 年 11 月 1 日より 100 mSv に戻されている）。緊急被ばくは平常被ばくと区別して取り扱われることがわかる。緊急時被ばく状況では「参考レベル」として設定された管理目標値がある。これは上述の 100 mSv あるいは一時的な 250 mSv のことである。その経緯を表 3-2 に示した[11]。

次に業務従事者の復旧時における線量限度である（現存被ばく）。現存被ばくに関しては、参考レベルは定められておらず、計画（職業）被ばくとして扱うことになっている。つまり、除染作業の線量限度は計画被ばくとして扱うのである。すなわち 100 mSv/5 年、かつ 50 mSv/年である。つまり除染の作業をしている放射線業務従事者は、通常の（計画被ばく状況の）線量限度が利用される。

一般公衆である。ICRP の勧告では、表 3-2 に示したように、一般公衆では、緊急時被ばく状況では 20～100 mSv/年の範囲で決めることになっている。今回の福島での事

表 3-2　事故時および復旧時の参考レベル[11)]

<table>
<tr><th></th><th colspan="2">国際放射線防護委員会 2007 年勧告</th><th>東電福島原発事故での対応</th></tr>
<tr><td rowspan="2">職業被ばく</td><td>救助活動（情報を知らされた志願者）</td><td>他者への利益が救命者のリスクを上回る場合は線量制限なし</td><td rowspan="2">厚生労働省電離放射線障害防止規則の特例
従来の 100 mSv から 250 mSv に引き上げ、平成 23 年 11 月 1 日意向、原則 100 mSv に戻すことが決められた</td></tr>
<tr><td>他の緊急活動</td><td>～500 mSv</td></tr>
<tr><td rowspan="2">公衆被ばく</td><td>緊急時被ばく状況</td><td>20～100 mSv/ 年の範囲で決める</td><td>例：計画避難地域での避難の基準：
20 mSv/年</td></tr>
<tr><td>復旧時（現存被ばく状況）</td><td>１～20 mSv/年の範囲で決める</td><td>例：土壌除染のための基準：1 mSv/年</td></tr>
</table>

＊文献 11）を参考に著者作成。

故では、日本の原子力規制委員会は、この ICRP の緊急時被ばく状況の参考レベルの中から、最も安全寄りの 20 mSv/年を基準に選び、政府はそれにしたがって避難等の対策を実施した。復旧時においては（現存被ばく状況）では、「1～20 mSv/年の範囲で決める」ことになっている。また長期的な目標として追加被ばく線量を年間 1 mSv としている。つまり、年間 1 mSv を目指して、除染していくことにしているのである。ここで、考えることは、「……の範囲で決める」との記述である。つまり、緊急時被ばく状態では、提示されている線量の範囲で適切に決めて良いのである。

さて、福島県の状況をどのように考えるかであるが、原子力規制委員会の認識では、福島県内は緊急時被ばく状況と現存被ばく状況に（事故直後緊急時被ばく状況だった地域が、その後現存被ばく状況になった地域もある）分かれ、福島県以外のすべての都道府県は計画被ばく状況であるとしている。このことは福島県では、緊急時被ばく状況から現存被ばく状況となった時点で、一般公衆の線量限度は年間 1～20 mSv の間で適切と判断される値を参考レベルとして定めて良いことになる。言い換えると、日本が 20 mSv と決定したら、汚染地の空間線量率が 20 mSv/年となった時点で住民は帰還して良いのである。しかしながらこのバンド（参考レベルの範囲をこう呼ぶ）の最低ラインの 1 mSv が強調されたため年間 1 mSv 達成が事実上の除染目標となっており、それが帰還の条件のようになっているのである。これを現実に即して 20 mSv/年にしようというのが冒頭の記事である[12)]。図 3-1 に除染の国の方針を示したが、この経緯がわかるであろう。

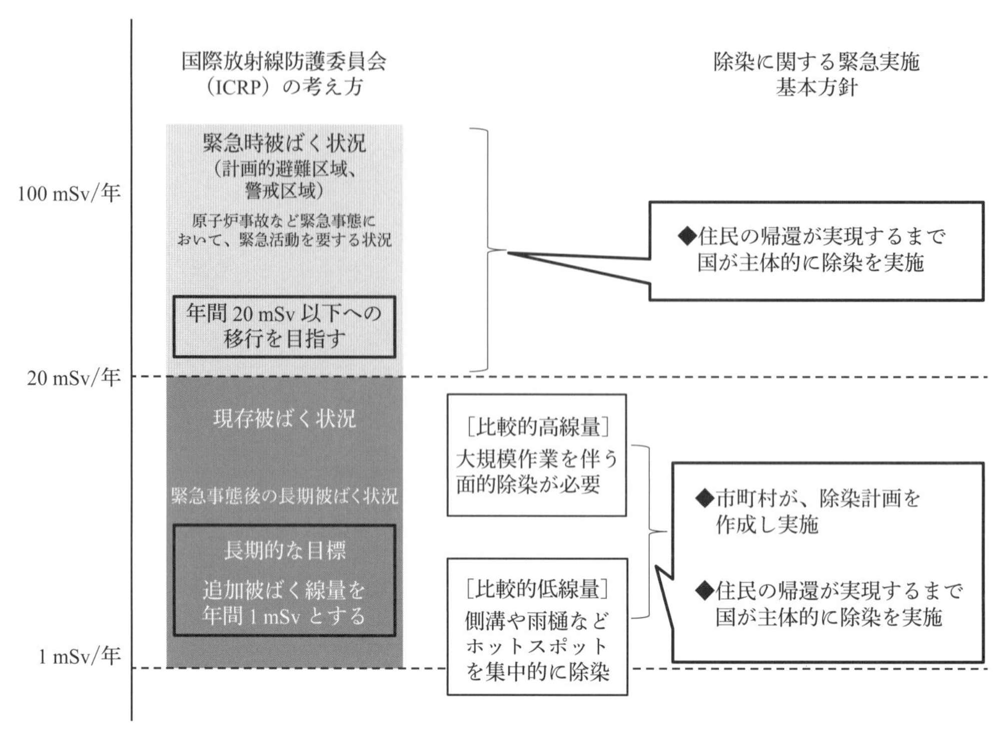

図 3-1　福島の除染実施に関する基本的な考え方[22)]

＊出典：大村卓「除染に関する環境省の取り組み（第 1 回環境放射能除染研究発表会）」（2012）
環境省福島環境再生事務所より転載。

練習問題 3.1

本章の最初に「問題提起」として政府の方針を示した。この方針について自分の感想を述べよ。ただし、「現存被ばく状況」「計画被ばく状況」「参考レベル」の言葉を使うこと。

3－4　緊急被ばく

我が国では、緊急作業に従事する者の被ばく線量の上限値として、実効線量で 100 mSv、目の等価線量で 300 mSv、皮膚のそれで 1 Sv を規定している（表 1-4）。ただし、緊急措置や人命救助に従事する人々については、状況に応じて、500～1000 mSv を制限の目安とすることもあり得るとしている[13)]。

ICRP は 1992 年、「救命活動を除くすべての措置に関して，重篤な確定的健康影響が起こるかもしれない線量すなわち実効線量 1 Sv、または皮膚に対して等価線量 5 Sv 以下に線量を抑えるよう、あらゆる努力を払うべきことを勧告する。」としている。さらに 2007 年の勧告（Pub.103）では緊急作業に従事する者に許容する線量の制限値として実効線量で 500 mSv または 1000 mSv となっている[13)]。つまり二つの参考レベルが提案されているが、「1000 mSv 以下の実効線量は重篤な確定的影響を回避できるはずであり、500 mSv 以下では他の確定的影響を回避できるはずである」とされており、緊急作業の便益に応じて使い分けるということである。これが根拠のひとつとなって、わが国でも緊急時被ばくの上限を 250 mSv に引き上げた（平成 23 年 3 月 14 日より）。また、一定以上の線量を受ける作業に従事する者の要件は以下のようになっている[14]。

① その活動に志願する者
② その活動に従事することで発生する可能性のある健康リスクを理解している者
③ 緊急業務に従事するための訓練を受けた者

ただし、救命活動のように緊急作業に従事する者の健康リスクより他の便益が上回る状況であれば、線量の制限値に上限は決められていない[13]。

では、緊急被ばくをした業務従事者はどうなるのであろうか。緊急作業者が高線量の被ばくを受けたときの扱いについて、「当該作業者が緊急作業により受けた線量は平常の線量と区別されるべきであり、事業者は、生涯線量 1 Sv と緊急作業で受けた被ばく線量との関係により当該作業者の将来の放射線取扱業務に大きな影響を与えないような措置を講ずるべきである」とされている。わかりにくい文章であるが、緊急作業による被ばくがあれば、それらを含めて生涯被ばく線量を 1 Sv とするという意味である。

3－5　被ばくの生体への影響

ここまでは、ヒトへの被ばくの影響がでないように定められている法令や勧告を見てきた。しかしながら、そもそもヒトへの放射線の影響はどのようなものであろうか。前節のリスクの考えの部分で若干触れたが、ここからは詳しく見て、法令等の意味を考えてみよう。

放射線のヒトへの影響を考える場合、重要なことは、確定的影響と確率的影響に分けて考える必要があることである[15]。それぞれで症例が違うからである。前者はたとえば、脱毛、不妊等があり、後者ではがんや白血病がある。

確定的影響とは症状が現れる最低限の線量が存在する放射線の影響のことで、その最低限の線量を「しきい値」という。しきい値を超えて被ばく線量を増加させていくと、症状の発生率と重篤度が増していく。しきい値は過去の多数の症例を基に決められており、被ばくした 1%（1～5%）の人に症状が出る線量で定義している。図 1-5 に示しているように、しきい値以下の線量であれば、症状は発現しない。

一方の確率的影響はしきい値が存在しないと考えられており、被ばくの線量が増加するにしたがって、発現確率が増加していく（図 1-5）。また症状の程度や重篤度は線量に関係ないという特徴を有する。

図 1-4 に確定的影響、確率的影響と急性障害、晩発障害の関係を示した。高線量を短時間に被ばくした後、数週間以内に現れる影響を「急性障害（急性効果）」といい、比

較的低線量の被ばく後、数か月から数年以上経過して現れる影響を「晩発障害（晩発効果)」と呼んでいる。通常、確率的影響は晩発性であり、特にがんでは潜伏期間は長く数十年といわれており、白血病でも数年から十年程度である。また、被ばく後、子孫に損傷が受け継がれる遺伝的影響がある。このため直接的な因果関係が不明な場合もあり、この症状を防ぐ意味からも防護が重要である。この目的で実効線量限度が決められている。等価線量に関連する放射線荷重係数も遺伝的影響から評価した係数として導入されたため、基本的に確率的影響に関連した係数で、白内障、皮膚、骨髄障害などが発生するしきい値を反映した係数ではない[16)]。

一方、確定的影響は急性障害と晩発障害があるが、基本的に身体的影響である。実効線量限度によってほとんどすべての組織や臓器は確定的影響を起さないことが明らかになっている。しかしながら、実効線量にあまり寄与しない眼の水晶体、局部被ばくとなる場合が多い皮膚は実効線量限度での管理では不十分なので、確定的影響に対する等価線量限度が定められている。なお、臓器の被ばくでも、確定的影響を問題とするような場合は臓器吸収線量（Gy）が用いられる。また、一般公衆の等価線量限度は以下のようなことを考慮して、職業被ばくの 10 分の 1 と定められている[4)]。

・被ばく期間が職業被ばくの約 2 倍である（生涯の被ばくを考えている）
・(妊婦、胎児、幼児など）感受性の高い個人が存在する可能性がある

ここで、線量の単位に対して注意しておこう。上記でもわかるように、確率的影響を考える際には Sv を使用し、確定的影響を示す場合は Gy を使用する。このため、医療事故の場合、Gy が使われることが多いのである。

練習問題 3.2

次の（　　　）内の 1〜4 に適切な言葉を補え。

放射線影響には潜伏期間、すなわち、放射線被ばくから臨床症状としての影響が出現するまでにある期間が存在する。この潜伏期間が数週間以内の影響を（　1　）、数ヶ月以上のものを（　2　）と呼ぶ。（　1　）は、被ばくした器官や組織の細胞が死ぬことによって起こる。一方、（　2　）は、被ばく後生き残った細胞内に修復不可能な「傷」（突然変異）が残ることによって起こる。（　2　）の代表的なものとして、（　3　）の誘発や寿命の短縮等が上げられる。放射線誘発（　3　）の潜伏期間は特に長く、数年の（　4　）から数十年の固形がんにおよぶ。

図 1-4 では被ばく線量と急性障害や晩発障害の関係については言及していない。そこで表 3-3 に被ばく線量で分類した影響を示した。高線量被ばくでは、急性で致死的影響が、中線量全身被ばく、あるいは高線量部分被ばくでは、組織・器官の急性障害あるいは晩発性障害、遺伝的影響が誘発される。また、低線量全身被ばくでは、発がん、遺伝的影響等が引き起こされる。図 1-4 と比較してほしい。また、表 3-4 に各種障害のしき

表 3-3　被ばく線量で分類した放射線の影響

高線量全身被ばく（数 Gy～数 10 Gy）	急性で致死的影響
中線量全身被ばく（数 100 mGy～数 Gy）および高線量部分被ばく	組織・器官の急性障害、晩発性障害、遺伝的影響、等
低線量全身被ばく（数 100 mGy 以下）	発がん（晩発性障害）、遺伝的影響、等

い値を示した。なお、低線量・低線量率とは一般に 0.2 Gy 以下程度の吸収線量および 0.1 Gy/時間以下程度の線量率での被ばくをいう[17]。

ここで確定的影響のしきい値の意味について考えておく。体内のさまざまな組織、器官は多数の細胞で構成されており、そのうちの少しが失われても周囲の細胞が増殖することで失われた細胞の機能を補てんするので、組織としての機能は失われることはない。しかしながら線量が高くなった場合、回復力を上回る損傷が起きることになるが、その時の組織や器官は機能や形態が失われ障害が現れることになる。この回復力を上回る損傷が起こる線量が、しきい値である。

表 3-4　ガンマ線急性吸収線量のしきい値[11]

障　害	臓器/組織	潜伏期	しきい値（グレイ）
一時不妊	精巣	3～9 週	約 0.1
永久不妊	精巣	3 週	約 6
	卵巣	1 週以内	約 3
造血能低下	脊髄	3～7 日	約 0.5
皮膚発赤	皮膚（広い範囲）	1～4 週	3～6 以下
皮膚熱傷	皮膚（広い範囲）	2～3 週	5～10
一時的脱毛	皮膚	2～3 週	約 4
白内障（視力低下）[注]	眼	数年	0.5

＊臨床的な異常が明らかな症状のしきい線量（1%の人々に影響を生じる線量）。
＊文献 11）を参考に著者作成。

注：白内障の潜伏期間は急性障害と言えないほど長いが、確定的影響でしきい値が存在する。白内障は例外的に潜伏期間が長い確定的影響である。

練習問題 3.3

2014 年春、福島での放射線被ばくによる鼻血の問題がクローズアップされた。福島を訪問した方が、鼻血が止まらなくなり、放射線被ばくの影響であろうというものである。福島民報は、その事象に対する読者の質問と専門家（長崎大教授高村昇）の解説を掲載した。

（福島民報 2014 年 5 月 4 日 12 時 9 分、放射線・放射性物質 Q&A アーカイブ
http://www.minpo.jp/pub/topics/jishin2011/2014/05/post_9912.html）
この件は、またたくまにネットで取り上げられ賛否両論の議論がなされた。

この鼻出血の問題について次の手順で説明せよ。
1）放射線被ばくが原因となる鼻出血（鼻血）は急性障害と考えられるが、急性障害の特徴について述べよ。
2）表 3-4 から鼻出血が引き起こされる線量はどれくらいと考えられるか。
3）朝日新聞（2012 年 2 月 20 日 13 時 54 分配信）によると、事故後 4 か月間で住民の被ばくは最大 23.0 mSv であったと報告された。この被ばく線量から判断して、鼻出血の原因は放射線障害と考えてよいか。
4）上記の論理とは別に、鼻出血をどのように考えるか。（自分の意見を尋ねる問題です）

3－6　ベルゴニー・トリボンドーの法則

放射線に敏感な生体の組織や器官はあるのであろうか。確かに生体を構成している組織や臓器はそれぞれ異なった放射線に対する感受性を示すことが知られている。その主な原因は、組織や臓器を構成する細胞の性質や生理状態によるものである。これらのことはベルゴニーとトリボンドーがラットを使った研究結果から 1906 年に発見し、「ベルゴニー・トリボンドーの法則」として知られている[18]。それは放射線の影響は、以下の特徴をもった組織や細胞ほど放射線に対して感受性が高いとされているものである。

（1）細胞分裂頻度が高い
（2）将来行う細胞分裂の数が多い
（3）形態および機能が未分化

放射線感受性の高い組織・臓器は、確定的影響に対しての感受性が高いだけでなく、一般に確率的影響に対するリスクも高いと考えられている。

図 3-2 に各臓器・器官の放射線感受性とその組織の細胞分裂の頻度を対比させて示した[11, 20]。まずこの図からわかることは、分裂が盛んな組織ほど放射線に対して感受性が高いということである。また、感受性の高い組織は、造血系、生殖器系、消化器系組織である。また、放射線に対して、比較的高い耐性を示すのは伝達系や支持系の組織である。これを参考に、急性放射線死について考えてみよう。

図 3-3 は哺乳類の全身照射後の生存期間を示したものである[19, 21]。全身あるいは身体の広い範囲に大量の放射線を短時間に受けた場合に発現する症状を急性放射線症という。線量が大きければ動物は死亡するが、図を見るとわかるが、生存期間の吸収線量依

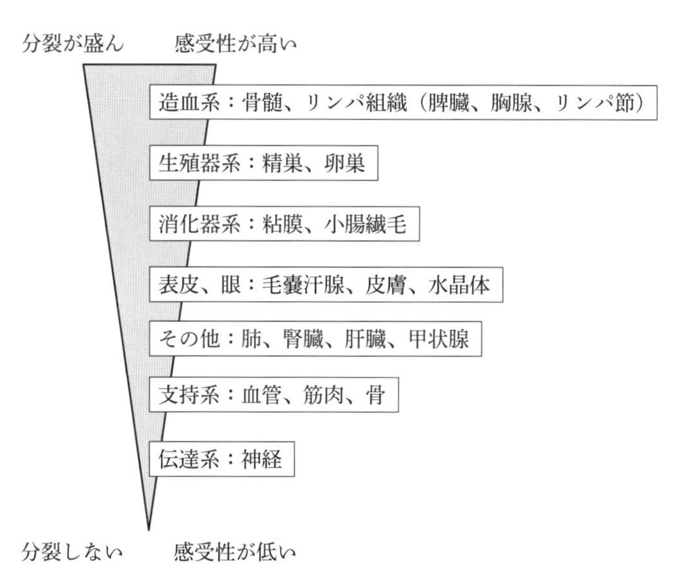

図 3-2　臓器・器官の放射線感受性と細胞分裂頻度の対比[20)]

＊文献 20）を参考に著者作成。

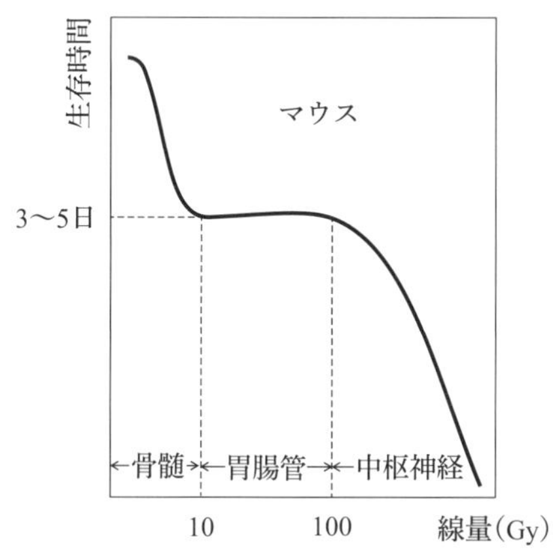

図 3-3　哺乳類の全身照射後の生存期間[21)]

＊文献 21）を参考に著者作成。

存性は、三つの領域からなっている。つまり 10 Gy 程度の低線量、10 Gy〜100 Gy および 100 Gy 以上である（ここで低線量という言葉を使用しているが、ヒトでは $LD_{50(60)}$ が 7〜8 Sv なので、人体影響の観点からは高線量である）。低線量では生存期間が長く、中線量域では線量が変化しても生存日数は一定である。また高線量では生存期間は短くなっている。それぞれでは死因となる臓器が異なっており、この死因となる臓器を決定臓器と呼ぶ。それぞれの線量領域での決定臓器は造血器官、消化管、中枢神経であり、このためそれぞれを骨髄死、腸死、中枢神経死と呼ぶ。

ヒトは猿に近いが、ヒトの場合は、骨髄死（造血器官）を起す期間が動物より長いため、観察期間を 60 日として $LD_{50(60)}$ を用いることが多い（半数致死線量）。

練習問題 3.4

図 3-2 および 3-3 を参照し以下の問いに答えよ。この図から死因となる決定臓器の違いから、中枢神経死、腸死、骨髄死に分けられることがわかる。この図を下の点に注意して説明せよ。

この図からは骨髄の方が放射線に対して敏感であるにもかかわらず、胃腸障害で死亡するより長寿命となっているその理由はなぜか考察せよ。また次の（　　　）内の 1～4 に適切な言葉を入れよ。

線量（全身急性被ばく）*	死亡に関連する影響	死亡までの期間
3～5 Gy	（　1　）	30～60 日
5～15 Gy	（　2　）**	10～20 日
＞ 15 Gy	（　3　）	1～5 日

＊　中軸線量（身体の中心軸の線量で骨髄線量に近い）。
＊＊　高線量における血管系と細胞膜の損傷が重要。

ヒトの場合は、（　4　）を起こす期間が動物より時間が長いので観察期間を 60 日として $LD_{50(60)}$ を用いることが多い。

3－7　問題提起に対する考え方

福島のような事故が起きた場合、通常の被ばく管理では対応できないことがある。このような場合は、「緊急時被ばく状況」あるいは「現存被ばく状況」と呼び、通常管理する「計画被ばく状況」と異なる管理を行う。実効線量限度の 1 mSv/年は「計画被ばく状況」の線量限度である。一般の人の線量限度は、緊急時被ばく状況（事後直後のような事態）では、線量限度を 20～100 mSv/年で政府が決定する。また、現存被ばく状況とは、すでに存在する核種等による被ばくであり、1～20 mSv/年で、その限度は、やはり政府が決定するとされている。福島の現状では現存被ばく状況と考えられ、1～20 mSv/年の範囲で決めてよいことになっているのである。したがって、記事では、政府が福島の現状を現存被ばく状況と認定したということにほかならない。長期的には 1 mSv/年として除染が行われることになるのである。

なお、除染作業による空間線量低減の目標値を年間 20 mSv と緩和したのであるが、上述のように福島の現状を現存被ばく状況と認定し、上限の 20 mSv にしたのである。手続き上も問題はない。生体への影響については次章を参照してほしい。

3－8　おわりに

本章では、職業人（放射線業務従事者等）、一般公衆の線量限度、およびそれが決められた背景について述べた。しかしながら、この線量限度は計画被ばく状況のみに適用される。福島のような事故時では、緊急時被ばく状況あるいは復興時の現存被ばく状況と定義される。これらの場合は、線量限度ではなく参考レベルで管理する。ただし、職業被ばくの現存被ばく状況では参考レベルは定義されていない。

被ばくした場合の生体への影響は、確定的影響と確率的影響に分けられ、前者にはしきい値が存在するが、後者には存在しない。また、被ばくを評価する線量の単位としては、前者はGy、後者はSvを利用する。

放射線に対して感受性が高い組織は分裂が盛んな組織である。これを示したのがベルゴニー・トリボンドーの法則である。このため急性放射線死においては、組織の放射線感受性を反映した決定器官（臓器）が存在する。感受性の高い方から、造血系、生殖器系、消化器系組織である。

参考文献

1）原子力百科事典 ATOMICA「作業者と一般公衆の防護」（09-04-01-11），
http://www.rist.or.jp/atomica/data/dat_detail.php?Title_No=09-04-01-11（2018年6月13日）
2）草間朋子「放射線管理におけるリスク管理」化学物質と環境円卓会議（第7回）（2003）
3）原子力百科事典 ATOMICA「ICRP勧告（1990年）による個人の線量限度の考え」（09-04-01-08），
http://www.rist.or.jp/atomica/data/dat_detail.php?Title_No=09-04-01-08（2018年6月13日）
4）原子力百科事典 ATOMICA「線量限度」（09-04-02-13），
http://www.rist.or.jp/atomica/data/dat_detail.php?Title_No=09-04-02-13（2018年6月13日）
5）小島周二「放射線被ばく線量と人体障害発生の可能性」日本放射線安全管理学会第10回学術大会（横浜）シンポジウム1“放射線の生体への影響”（分子から個体への影響を考える）.
6）厚生労働省「平成20年人口動態統計月報年計（概数）の概況」結果の概要　3死亡，
http://www.mhlw.go.jp/toukei/saikin/hw/jinkou/geppo/nengai08/kekka3.html
7）本城勇介，伴亘「統計資料に基づいた日本人のリスクの比較」『安全問題研究論文集』土木学会，Vol. 1, pp. 67-72（2006）
8）原子力百科事典 ATOMICA「放射線被曝によるリスクとその他のリスクとの比較」（09-04-01-03），
http://www.rist.or.jp/atomica/data/dat_detail.php?Title_No=09-04-01-03（2018年6月13日）
9）原子力百科事典 ATOMICA「ICRPによって提案されている放射線防護の基本的考え方」（09-04-01-05），
http://www.rist.or.jp/atomica/data/dat_detail.php?Title_No=09-04-01-05（2018年6月13日）
10）首相官邸，放射線防護の最適化　―現存被ばく状況での運用―，
http://www.kantei.go.jp/saigai/senmonka_g36.html（2018年6月13日）
11）環境省「放射線による健康影響等に関する統一的な基礎資料」（平成26年度版）
12）原子力災害対策本部「除染に関する緊急実施基本方針」放射性物質汚染対処特措法施行状況検討会（第1回）参考資料3（2015）
13）日本アイソトープ協会（訳）『ICRP Publication 103 国際放射線防護委員会の2007年勧告』（2007）

14）日本アイソトープ協会（訳）『ICRP Publication 63 放射線緊急時における公衆の防護のための介入に関する諸原則』（1992）
15）原子力百科事典 ATOMICA「放射線の確定的影響と確率的影響」（09-02-03-05），http://www.rist.or.jp/atomica/data/dat_detail.php?Title_No=09-02-03-05（2018 年 6 月 13 日）
16）平山英夫（他）「放射線防護に用いられる線量概念」日本原子力学会誌，Vol. 52，No. 2，pp. 83-96（2013）
17）日本アイソトープ協会（訳）『ICRP Publication 60 国際放射線防護委員会の 1990 年勧告』（2006）
18）原子力百科事典 ATOMICA「体細胞と組織構成」（09-02-02-04），http://www.rist.or.jp/atomica/data/dat_detail.php?Title_Key=09-02-02-04（2018 年 6 月 13 日）
19）原子力百科事典 ATOMICA「放射線の急性影響」（09-02-03-01），http://www.rist.or.jp/atomica/data/dat_detail.php?Title_No=09-02-03-01（2018 年 6 月 13 日）
20）環境省「放射線の基礎知識と健康影響」「第 3 章放射線による健康影響」『放射線による健康影響等に関する統一的な基礎資料（平成 29 年度版）上巻』，p. 87b
21）石川友清（編）『放射線概論（第 3 版）』通商産業研究社，p. 264（1996）
22）大村卓「除染に関する 環境省の取り組み（第 1 回環境放射能除染研究発表会）」環境省福島環境再生事務所，http://khjosen.org/event/conference/1st_con_fukushima/sympo/20120519s1.pdf（2019 年 1 月 19 日）

章末問題

つぎの（　　）内の 1～10 に適切な言葉を入れよ

被ばく状況で防護体系を整理した。それは（　1　）状況、（　2　）状況、（　3　）状況である。またそれぞれの定義は以下のようである

（　1　）：線源の意図的な導入と運用をともなう状況

（　2　）：好ましくない結果を避けたり減らしたりするために緊急の対策を必要とする状況

（　3　）：管理についての決定をしなければならない時にすでに存在する被ばく状況

（　2　）：状況および（　3　）状況の際には線量限度ではなく（　4　）を利用し、被ばく管理をする。

- 放射線から人が受ける生物学的効果を考慮して、低線量の（　5　）のリスク指標として、臓器線量に用いられる（　6　）、全身被ばくのリスクに用いられる（　7　）という二つの指標が、防護の目的で開発された。
- 細胞集団に放射線損傷の症状を認め得る最小線量を（　8　）という。この線量以上では、線量増大とともに障害の重篤度が増す一方、放射線感受性の差を反映して、発症の頻度は増していく。こういった（　8　）のある組織障害反応を（　9　）という。
- 細胞分裂頻度が高く、将来、細胞分裂の回数が大きく、形態および機能的に未分化である組織は、放射線感受性が高いと考えられる。これを（　10　）の法則という。

第4章

被ばくの影響（確率的影響）

―確率に人数を掛けると―

4－1　はじめに

本章では、まず実効線量、等価線量について考え、確率的影響について考察する。確率的影響のなかでも、晩発性疾患の白血病とがんを取り上げる。さらに、ヒトに対するデータは、広島・長崎の疫学調査によるものをベースに検討されているが、この場合、線量率効果はないのであろうか。つまり広島・長崎ではごく短時間に被爆したものと考えられるが、実際われわれが被ばくする状況を考えると、長時間の被ばくとなる。何らかの相違があるのであろうか、この辺りを説明しながら、遺伝的影響について考えていくことにしよう。

まず、問題提起の意味を込めて、福島除染に関する海外の意見を見てみよう。

問題提起　「除染事業はただの浪費なのであろうか？」

2013年1月、福島の放射線被ばくに関し、次のような趣旨の記事が報告された（日本経済新聞2013年1月13日掲載。同年同月の11日にFobes（アメリカの月刊経済誌）に掲載された記事の和訳）。

福島では、確率的影響の特徴である「しきい値なし直線仮説（LNTモデル）」を100 mSv以下の低線量被ばくに適用したことで、国民の不安が高まるとともに経済的負担が大きくなった。

つまり国連科学委員会（UNSCEAR 2008 Report Vol. 2）や国際放射線防護委員会（ICRP Publication 103 2007年勧告）が適切でないとしている、低被ばく線量と大人数を掛け合わせて、低被ばく線量で影響を受ける人数を評価したことによるとしたのである。この結果、人体に影響を与えない低線量被ばくに怯えたり、浪費事業となる除染を福島では実施していると評価した。

■ 福島の低線量被ばく（100 mSv以下）では本当に健康障害はでないのだろうか？
（2012年11月30日南相馬市）

この記事に関して、どのような感想をもつだろうか。この辺りから見ていこう。

4－2　確率的影響と線量限度

確率的影響とは、被ばく線量と障害の発生の関係はしきい値がなく被ばく線量が大きくなると発生頻度が高くなる障害のことである。いわゆる、しきい値なしのモデル（LNT）を基本としている。100 mSv 以下では明確な障害は観察されていないが、放射線防護の目的のためには何らかの基準が必要であるので、ICRP が採用したモデル（仮定）である。この低線量まで、線量－障害の線形関係を仮定する LNT モデルに関しては、いろいろ議論が分かれており、しきい値があるという説や LNT モデルが妥当であるという説もある。（それ以外にもホルミシス効果[1]、バイスタンダー効果[2]等がある）。現状では放射線防護の目的のため単純で合理的なモデル（仮説）を採用しているにすぎないことに注意をしておこう。LNT モデルを利用すると決めた ICRP 自身も「このモデルの根拠となっている仮説を明確に実証する生物学的／疫学的知見がすぐには得られそうにないということを強調しておく」と述べている[3]。

確率的影響としては第 1 章の図 1-5 に示したように、身体的影響における晩発障害（白内障は除く）と遺伝的影響である。特に晩発障害としては、がんと白血病が重要である。表 4-1 に身体的影響の急性障害と晩発性障害の分類を示した[4]。特に晩発性障害の場合は、大部分は確率的影響と考えてよいが、しきい値がなく潜伏期間があること、それと回復現象がないなどの特徴がある（白内障は確定的影響であるが晩発性である）。がん、白血病が主な病変である。

表 4-1　身体的影響である急性障害と晩発性障害の特徴

	問題となる器官または影響	特　徴
急性障害	造血器官 肺 胃腸管系 中枢神経系 生殖器官 甲状腺 皮膚	(1) 被ばく後数分～数日内に発現 (2) しきい値がある (3) 確定的 (4) 回復現象がある (5) 個体により感受性の差がある
晩発性障害	がん 白血病 白内障	(1) 被ばく後数ヶ月以上後に発現 (2) しきい値がない (3) 確率的（がん・白血病）および確定的（白内障など） (4) 回復現象がない

＊出典：原子力百科事典 ATOMICA「放射線の身体的影響」(09-02-03-03)。

確率的影響のリスクの程度を表す線量概念として実効線量が定められている。また、この確率的影響（がん、遺伝的影響）を防ぐために実効線量限度が設定されている。一方、等価線量とは、各組織や臓器の局所的な被ばく線量を表すための線量概念であった。(言わば異なった放射線を同じ土俵で比較しようとしたものである)。放射線を被ばくした人体組織の臓器吸収線量に放射線荷重係数を乗じたものとして定義され、単位はSvが用いられる。この組織荷重係数は、組織・器官ごとのがんや遺伝的影響などの確率的影響から評価した係数として導入された経緯があり、この意味からも、等価線量限度はあくまで確率的影響のリスク管理に用いるための指標である。同じ臓器の被ばくでも、確定的影響を問題とするような場合は臓器吸収線量（Gy）が用いられる。

練習問題 4.1

冒頭の新聞記事で、「低線量の被ばくと大人数を掛け合わせて、低レベル放射線による健康被害を受ける人数を推定することは勧められない。」とはどういう意味であろうか。また、その根拠はどこにあるか考えてみよう。ICRPの参考文献[3]にも記載があるが、主に以下の二つの理由による。

① 長い期間と広い地理的範囲にわたる集団の線量の評価の誤差が大きい。

② リスク係数は低線量域において，大幅な不確実性をもっている。

これらはどういう意味か説明せよ。

4－3　確率的影響の発症

放射線を人体に受けると遺伝子が傷つき、障害を発生させることがある。放射線が直接DNAを切断したり（直接効果）、体内の水からできたラジカルがDNAを切断することが理由である（間接効果）。普通はDNAに修復能力があり、修復されるので何の問題も起こらない。しかしながら修復にミスがあるとがんや遺伝的影響の原因になる。

図4-1に広島・長崎の被ばく者の白血病およびがんの過剰発生数（通常に比較してどれくらい増えるか）の時間依存性の模式図を示した[5]。白血病は被ばく後数年で過剰発

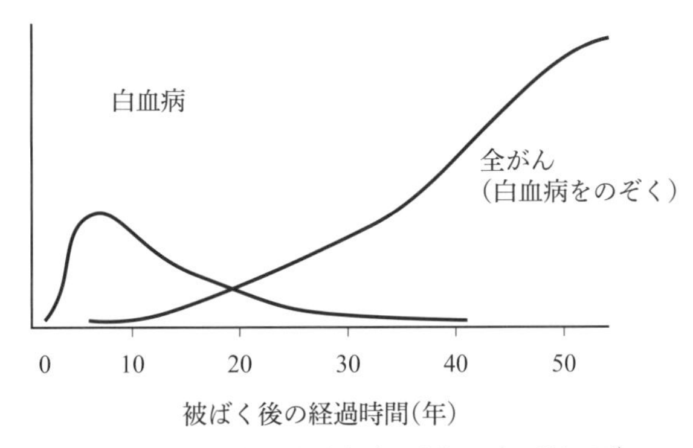

図4-1　原爆放射線誘発がん発生の時間的経過[5]

＊文献5）を参考に著者作成。

生数が最大になり、がんは数十年以降に最大になっている。潜伏期間にすると白血病では4〜5年、がんでは10〜20年である。晩発性を示していることがわかる。なお白血病は血液細胞（白血病細胞）が骨髄でコントロールされることなく無秩序に増加する疾患（がん化する）のことである。

4－4　過剰相対リスク、過剰絶対リスク―被ばくのリスクはしない場合の何倍？

被ばく1 Sv当たりの部位別がん死亡の相対リスクを図4-2に示した。これを見ると白血病による死亡の相対リスクは大きく4程度である（被ばく時期により大きく変わり、一般には1.5程度である[注]）。一方、がんの合計した場合のそれは、1.3程度である[6]。ここだけを見ると、白血病によるリスクは他のがんより大きいと感じられる。このデータで注意すべきは、相対リスクが示されていることである。

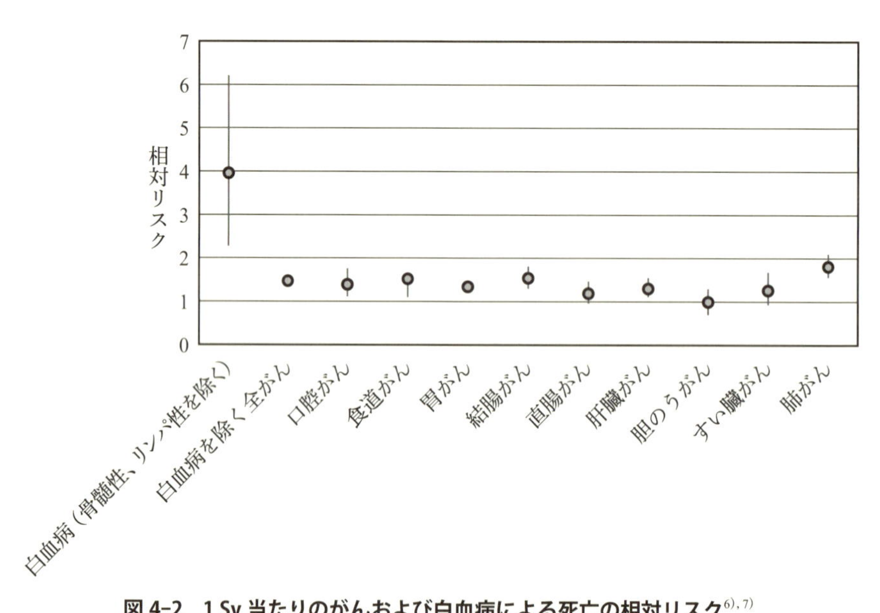

図4-2　1 Sv当たりのがんおよび白血病による死亡の相対リスク[6),7)]

＊文献6），7）を参考に著者作成。

注：Leukemia Risks among Atomic-bomb Survivors
https://www.rerf.or.jp/en/programs/roadmap_e/health_effects-en/late-en/leukemia/

若干、本筋から離れるが、リスクについて述べておくことにする。今後、リスクについての記述があった場合、どのように考えればよいのかを理解しておくことは大切であろうと考えられるからである（相対リスクについての説明が不要な方は、練習問題4-2以降に進んで欲しい）。

相対リスクの意味がわかっていないと、この記述を理解することはできない。そこ

要　因	罹　患		計
	あ　り	な　し	
暴露群	A	B	A + B
非暴露群	C	D	C + D

図 4–3　リスクを考えるモデル群

で、以降の理解のために、ここではリスクの考え方について述べることにする。

図 4-3 で考えてみよう。たとえば、ここでは被ばくである。暴露群（被ばくした集団）の全体の人数は（A + B）で、そのうち罹患（たとえば白血病）の数は A、罹患しない人数は B である。同様に、非暴露群の合計は（C + D）で、罹患しない者、した者それぞれ C と D である。

この対象では、罹患のリスクは以下のようになるのは容易に理解できるであろう。

リスク（被ばく群）　　 = A /（A + B）
リスク（被ばくなし群）= C /（C + D）

罹患の被ばく影響を考える場合、A /（A + B）では片手落ちであることは容易に理解できる。つまり被ばくしなくても罹患する可能性があるからである。被ばくしなくても罹患する可能性は C /（C + D）である。ではこの二つの値をどのように比較するのが適切であろうか。この比較するための手法がいろいろあるのである。

まず考えられるのは、「被ばくした場合」は「被ばくしていない場合」に比べて、何倍くらいのリスクがあるだろうか？　という疑問である。これに答えるのが相対リスクである。つまり、相対リスクとは、暴露された集団での発生率を対照集団における発生率で割ったものである。言葉で記述するとわかりにくいが、式にすると容易に理解できる。

$$\text{相対リスク} = \frac{A/(A+B)}{C/(C+D)}$$

これは、被ばく群が被ばくしていない群に対して発症率が何倍高くなるかを表している。確かに、○○倍の影響があるとの記述は、被ばくのリスクをありありと伝えてくれる。

被ばくが影響していないとするならば、この相対リスクは“1”となるであろうから、この値から“1”を差し引いたものも相対リスクのうちに入るが、これが過剰相対リスクと言われるものである。つまり、

$$\text{過剰相対リスク} = \text{相対リスク} - 1 = \frac{A/(A+B)}{C/(C+D)} - 1$$

である。この表示のデータを時々見かけるので注意が必要である。

第4章

一方、「何倍大きいか？」よりも直接的に、「どれくらいリスクは大きいか？」という考え方もあるであろう。つまりリスクの差も被ばくの影響を表していると考えられると思われる。これを過剰絶対リスクと呼ぶ（絶対リスクと呼ぶ時もある）。

$$\text{過剰絶対リスク} = \{A / (A + B)\} - \{C / (C + D)\}$$

まとめると、過剰絶対リスク（リスク差）は曝露による疾病発生リスクの絶対的な増加を、相対リスクは曝露による疾病発生リスクの相対的な増加を表している。また、相対リスクが1であるときは、影響がないことを示すが、それから“1”を減ずることで相対的な変化割合を示すことになる。

その病気には注目している要因以外の原因もあるが、すべての原因のうちで、その要因はどのくらいの割合で発病に寄与するかも知りたい情報である。これは寄与リスク割合と呼ばれ、下の式で表される。過剰絶対リスクを被ばく時のリスクで除したものであるが、意味は、被ばくでの発症の増分を被ばく下での発症で割ったものであり、その発症のうち被ばくがどれくらいの割合で寄与しているかを意味している。

$$\text{寄与リスク割合} = \frac{\{A / (A + B)\} - \{C / (C + D)\}}{A / (A + B)}$$

文章で書くと理解しづらいが、要するに、双方のリスクの差あるいは比を取るのである。差を取るのが過剰絶対リスク、比をとるのが相対リスクである。データを見るときには、リスクはどの表示をしているかに注意を払うことにしよう。

練習問題 4.2

次のデータはコホート研究（ある要因に曝露した集団と曝露していない集団を比較し、要因と疾病発生の関連を調べる研究）の診断用放射線被ばく後のがんの発症リスクである（出典は表下）。年齢は0〜19歳、いずれのがん診断よりも12ヶ月以上の前の被ばくで、1985〜2005年の結果である。被ばくした者のがん発症にかかわる過剰絶対リスクと、過剰相対リスク、寄与リスク割合を求めよ。

	被ばく群	非被ばく群	合　計
追跡調査の人数	6,486,548	177,191,342	183,677,890
がんの発症数	3,150	57,524	60,674

データは、以下から引用している。
http://csrp.jp/wp-content/themes/csrp2015/images/day2_mathews_j.pdf
ジョン・マシューズ　2015年9月21日

もう一度、図 4-2 を見てみよう。表示は相対リスクである。すなわち、リスクの比であるから、白血病（骨髄 1 Sv 被ばく）の被ばくに対する相対リスクは 4 であるので、被ばくしない場合と比べて、4 倍白血病による死亡リスクが増えていることになる。ところが、がん全体（白血病を除く）の被ばくに対する相対リスクは、1.3 倍である。少し、奇異な感じがするのではなかろうか。被ばくの影響は「白血病」の方がはるかに「がん」より大きいことになっているのである。しかし、ここで相対リスクであることに注意をしよう。つまり、群の中での発症率の比であるから、発症率そのものは問題にしていないのである。

たとえば、被ばくしていない場合では 100 人のうち 1 人が発症する疾患があるとする。被ばくすると 100 人のうち 3 人が発症するとしよう。すると、被ばくしなかった場合、被ばくした場合、それぞれ 1% と 3% のリスクである。つまり被ばくによる相対リスクは 3 となるのである。被ばくすると 3 倍の発症率となるのである。かなり感じが異なるのではなかろうか。

そこで被ばくによるリスクの上乗せ分を見積もることにしよう。これが過剰絶対リスクであるので、この場合は 2% である。つまり被ばくによって 2% のリスクの上乗せ分があることが計算されるのである。

また、この疾患へは被ばくがどれくらい寄与しているかは、3 分の 2 であるから、0.67 である。被ばく後の疾患は、3 人のうち 2 人が被ばくの影響で疾患を発症したと考えられるのである（このような議論は単純化したもので、いろいろな因子が影響するので単純ではないことに注意が必要である）。

図 4-4 に被ばく者のうち、白血病およびがんで死亡された方の被ばくの寄与について示してある（棒グラフの色が変わっている部分が寄与リスク割合である。図中には数字としても示されている）[7]。この図から、気が付くことは、白血病とそれ以外のがんによる死亡人数の差である。白血病によって死亡する人数は「全がん」と比較してかなり

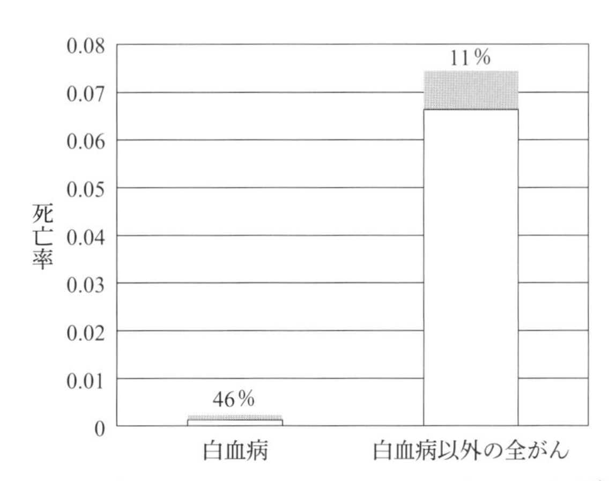

図 4-4　がん死亡者中の放射線に起因する寄与リスク割合[7]

＊文献 7）を参考に著者作成。

小さいことがわかる。ただし、白血病の被ばくの寄与リスク割合は50%近い値である。また、がんについては、寄与リスク割合は、全体がんとしては11%程度であるが、そもそもがんの発症率は白血病よりも高いので、被ばくに起因するがんにより死亡する患者数は多いものとなる。

4－5　白血病

図4-5は1950年時点での広島と長崎の原爆生存者集団、約8万6600人を追跡調査した結果の一部である。白血病の被ばくによる影響で死亡した人数の被ばく線量依存性である（ここではGyをSvに置き換えて議論する）[7]。ただし、それぞれのデータの誤差は表示していない。前述したように白血病は被ばく後最も早く発生した疾患である。白

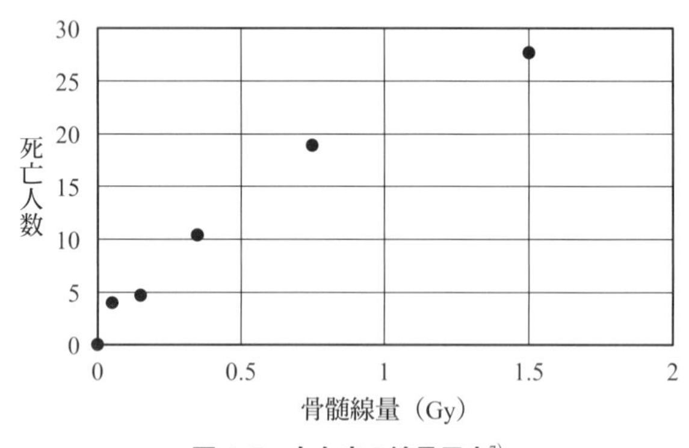

図4-5　白血病の線量反応[7]

＊文献7）を参考に著者作成。

表4-2　低線量、点線量率放射線被ばくによるがん死亡生涯リスク[9]

10,000人当り、全年齢平均、1 Sv当たり過剰死亡数

赤色骨髄	50
骨表面	5
膀胱	30
乳房	20
結腸	85
肝臓	15
肺	85
食道	30
卵巣	10
皮膚	2
胃	110
甲状腺	8
その他	50
合計	500

＊文献9）を参考に著者作成。

血病死亡頻度（過剰絶対リスク）は、約 2.0 Sv までは線量が大きいほど増加する傾向にある（通常二次曲線で近似する）。低線量域、0.05〜0.1 Sv では線形近似する（しきい値があるとの議論もある）。また、2.5 Sv 以上では死亡人数が大きく落ち込む（ここでは示していない）が、これは白血病が発症する前に死亡する確率が高く、結果的に白血病で死亡する割合が減少することによる。白血病死亡者のうち 1 Sv 以上の線量を被ばくした患者は 88％に達すると推定されている[7,8]。

さて、表 4-2 に ICRP によって勧告された 1 Sv あたりの過剰死亡数を示す（10,000 人当たりなので、これを割合に直せば過剰絶対リスクとなる[9]。また、この表は ICRP1990 年勧告のみを抜き出して表にしたものである）。

表 4-2 の赤色骨髄の数字に注目してみよう。赤色骨髄は放射線による白血病発現の決定器官であることを考えると、この値が白血病と関連していると考えられるのである。この値から人の白血病発現のリスクレベルが求められ、放射線防護の目的には、低線量でのリスク係数は 5×10^{-3}/Sv である（10,000 人のうち 50 人）。また、白血病は全がんの 10％程度の発症率であることもこの表からわかるであろう。

練習問題 4.3

下の文章を読み、下線部を医師が判断した理由を推定せよ。

2011 年 8 月 30 日、東京電力は福島第 1 原発の復旧作業に当たっていた 40 代の男性作業員が急性白血病で死亡したと発表した。（2011 年 8 月 30 日　共同通信 14 時 14 分、毎日新聞 13 時 00 分、朝日新聞 20 時 21 分配信など）

外部被ばく量が 0.5 ミリシーベルト、内部被ばく量は 0 ミリシーベルトで、東電は「医師の診断で、福島での作業との因果関係はない」と説明している。男性はこれまで原発内での作業をした経験は無く、事前の健康診断では白血球数の異常はなかったという。

4−6　がん

図 4-1 をあらためて参照しよう。わかるように、がんは被ばく後、数十年後に発症が顕著になってくる。臓器によって放射線の感受性は異なっており、それを反映した形で組織荷重係数が決められている。図 4-6 に各臓器のがん発生の過剰相対リスクを示した[5]。このデータは原爆による高線量率被ばく（一回被ばく）によるデータである。横軸は臓器吸収線量（Gy）であり、決定臓器が被ばくした吸収線量である。いずれのがんも吸収線量と共に増加していく。また、がんの種類によって増加量が異なっていることが理解できる。ただし、このデータは発症リスクであり、がん死亡リスクではないことに注意しておく。このため、ICRP は 2007 年勧告で、これらのデータや致死性をも考慮して、組織荷重係数（組織加重係数）を定めている。

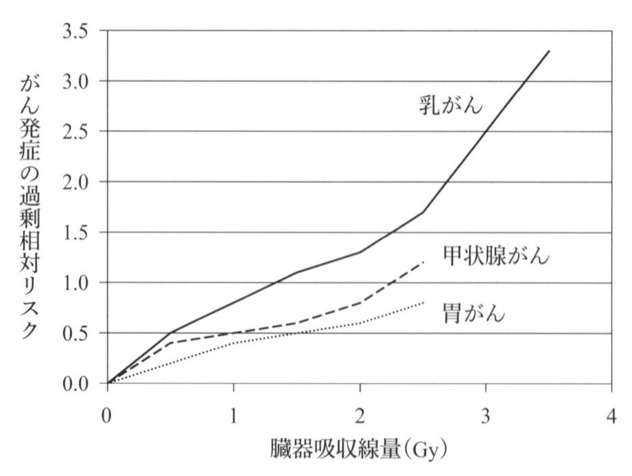

図 4-6　各臓器のがん発生の過剰相対リスク[5)]

＊文献 5）を参考に著者作成。

表 4-2 をあらためて見てみよう。骨表面から甲状腺、その他に至る過剰死亡数は、1 万人あたり、1 Sv 当たり、500 人である。発症リスクとしては 5×10^{-2}/Sv である。この値を被ばく量とがん死亡リスクの関係に当てはめた図を図 4-7 に示した[10)]。そもそも、日本人は被ばくを受けなくとも、約 30％の割合でがんによって死亡するので、累積線量（自然被ばくは無視）ゼロでの死亡の割合が 30％である。その上乗せ分（過剰絶対リスク）として、5×10^{-2}/Sv があることになる。100 mSv では 0.5％、200 mSv で 1％の上乗せ分があると理解するのである。つまり LNT モデルである。また、100 mSv 以下に関しては、有意な臨床データはないことも再確認しておこう。

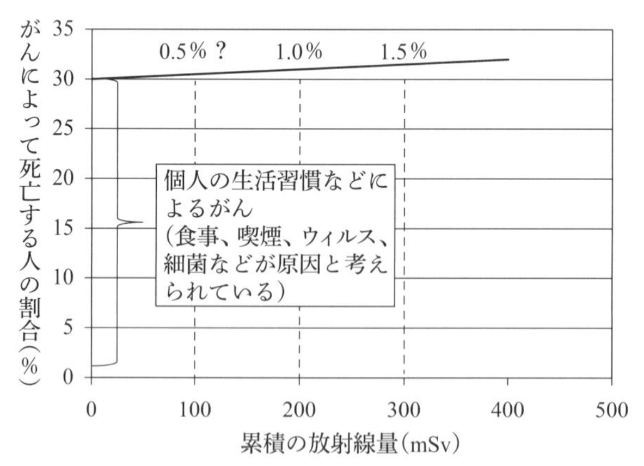

図 4-7　低線量被ばくによるがん死亡リスク[10)]

＊文献 10）を参考に著者作成。

4－7　線量・線量率効果係数―被ばくを一度と長時間とで受ける違い

ここで疑問が湧く。広島・長崎のように一度に被ばくを受けた場合と、福島のように長時間かけて、徐々に被ばくした場合（現存被ばく）では、症状が違うのではなかろうかという疑問である。低線量域とは 0.2 Gy 以下であり、低線量率とは 0.1 Gy/h 以下と ICRP は定義している。

放射線の生物学的効果は、同一の吸収線量であっても放射線の種類や線量率によって異なることが知られている。高線量率で短時間に照射したときに得られる生物学的効果に比べて、線量率を下げて時間をかけて照射すると生物学効果は低減する。これを線量率効果という。それは生物には回復現象があるからであり、時間をかけて被ばくした場合は、回復する余地があるからである。

図 4-8 にマウス卵巣腫瘍の発症率におよぼす線量率の影響について示した[5]。線量率が大きいと発症率が大きい事が理解できる。高線量率で被ばくした時の影響と低線量率で被ばくした時の影響の比を線量・線量率効果と呼んでいる。

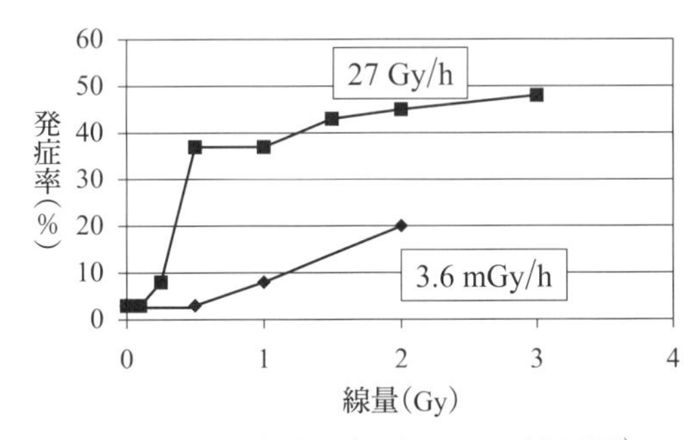

図 4-8　線量率が発がん率におよぼす影響[5]

＊文献 5）を参考に著者作成。

もう少し定量的に議論しよう。同じ効果（RBE）を得るのに要する線量の逆比を線量・線量率効果係数（DDREF：dose and dose-rate effectiveness factor）という。国際放射線防護委員会（ICRP）は、致死がん頻度 F は放射線の被ばく量 D（Sv）に直線比例し、しきい値はない（LNT：linear no-threshold）という仮説を採用している。これを定式化すると以下のようになる。

$$F = a + bD$$（a：がんの自然頻度、b：比例係数）

“b” の値を名目確率係数と呼ぶが、一般人に対しては 0.05(/Sv) である。これは前述したとおりである（1 Sv 当たり 5%）。b 値は、原爆放射線被爆者の疫学的調査結果の実測値に基いて決められている。原爆の放射線による被ばくのデータから b 値が求められるが、このように求められた b 値は高線量率被ばくであるので、この値を通常時に用いることができるように、低線量・低線量率の場合の b 値に補正する必要がある。この補正値をいくつにして放射線防護を考えれば良いのかについては、いろいろな考えがあるが、ICRP の勧告では、補正値として 2 が使われている。すなわち、原爆による被ばくから求められた b 値を、2 で割って、通常の低線量・低線量率被ばくに適用するのである。このようにして求められた b 値が 0.05(/Sv) なのである。

この低線量率が影響する機構であるが、次のように理解される。被ばくすると細胞を構成する分子（DNA）が切断される。これが生体影響の基本的なプロセスであるが、多くの場合は短時間のうちに修復、回復され、影響は残らない。しかし、一度に多量の被ばくをすると切断される部位も増えることになる。切断される部位が修復能力を上回る場合や、回復の過程でエラーが生じた場合に影響が現れると考えられている。そのため、同じ線量の被ばくでも一度に被ばくする場合と、回数を分けたり、長い期間で被ばくする場合では、現れる影響は異なることになる。また、同じ線量の放射線を受けても、1 回に受けた場合と、少しずつ何回にも分けて受けた場合とでは影響が異なるが、これも回復作用が働くためである。

練習問題 4.4

下の図はヒトの皮膚紅斑に対する線量率依存性を示した図である。この図について説明せよ。ただし、1 R（レントゲン）≃ 10 mGy である。

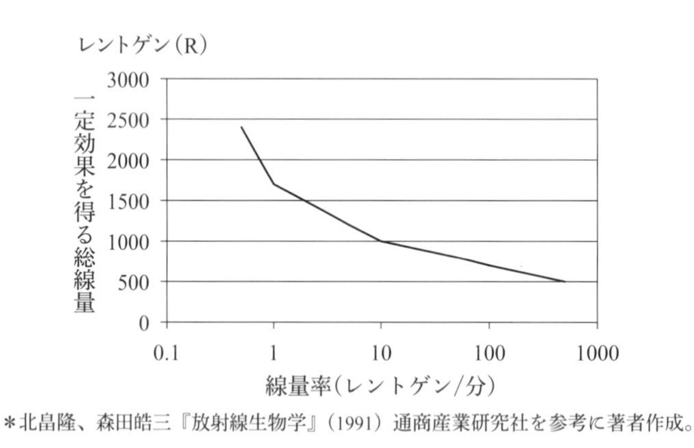

＊北畠隆、森田皓三『放射線生物学』(1991) 通商産業研究社を参考に著者作成。

4－8 遺伝障害

被ばくした人の子、あるいは孫に発生する障害が遺伝障害であり、その発生確率はがんと同様に線量に依存する確率的影響であるとされている。放射線の遺伝的影響についてはアメリカのハーマン・J・マラーがショウジョウバエを用いた実験で見出した。その後マウスを用いた実験でも放射線が遺伝障害を引き起こし、その発生確率は線量に依存することなどが確認されている。

実際のところヒトの放射線被ばくによる遺伝的影響の有意な発生は認められていない。これは放射線被ばくに関係なく発生している遺伝子の突然変異、つまり染色体異常が放射線被ばくにおいても引き起こされるとの考えのもと、遺伝子疾患が被ばくしていない集団と比較して、被ばくした集団のなかで増加しているかどうかを統計的に検討した結果である。各種疫学的調査の結果、放射線被ばくにより統計的に優位な遺伝的影響の発生は認められていないのである。

しかしながら、遺伝的影響は確率的影響とされ、LNT モデルが採用されている。これはしきい線量の存在（確定的影響であることを）が実証できていないことによる。このしきい値の存在を実証するには、長い期間に渡る調査が必要であるとともに、ヒトを対象とした実験は現実的でなく、現状ではしきい線量の存在の立証が困難であるからである。それ以外にも次のような困難さがある。

①疫学調査集団の数が不十分
②追跡期間が不十分
③注目している遺伝的影響の検出感度が低い
④交絡因子が多い

これらの理由から、遺伝的影響の存在を否定しきれないため、放射線防護の観点から LNT が仮定されているのである。

結論から先に示すが、表 4-3 に遺伝的影響の名目リスクを示した（ICRP Pub.103）[11]。全集団に対しては、0.2×10^{-2}/Sv である。がん発症の名目リスクより一桁小さい。また、成人に対してはその半分である。これは、全集団には、子供や小児のような放射線に対して敏感な対象が存在することによる。

表 4-3　遺伝的影響の名目リスクと致死がんの名目リスク係数[11]

	致死がんの確率	遺伝的影響	合　計
全集団	5.5	0.2	5.7
成　人	4.1	0.1	4.2

＊文献 11）を参考に著者改編。

ヒトに対しては遺伝的影響は見つかっていないのに名目リスク係数を定義するのは奇異な感じがし、その定量性も疑問に感じるかもしれない。これは倍加線量から推定しているのである。倍加線量とは自然発生の突然変異率を 2 倍にするのに必要な線量と定義され、ヒトの倍加線量は 1 Gy（低 LET 放射線、低線量率）と推定されている。これはヒトの自然発生の突然変異率とマウスの突然変異の発生率より推定した値である。倍加線量が大きいほど遺伝的影響は起こりにくいことを意味し、倍加線量の逆数は単位線量あたりの相対突然変異リスクを表している。前述したが、原爆被爆者の疫学データから

第4章

は、発がんの増加は認められているが遺伝的影響の増加は認められていない。

4－9　問題提起に対する考え方

被ばくの影響を考える場合、症状が数週間以内で現れる確定的影響と、数か月あるいは長い場合で10年以上も後で発症する確率的影響の2種類がある。被ばく線量が低い場合（200 mGy程度以下）は確率的影響が主となるが、その評価は統計的に多数の症例を集めて初めて評価できるようになるため、普通、難しい。広島長崎の追跡調査から、1 Sv被ばくすると5％の発がんリスクが上昇すると言われている。この値を低線量域まで外挿し、被ばく管理をするのだが、100 mSv以下では発がんリスクが増加するという臨床データは存在しない。つまり100 mSv以下の被ばくで、どのように発がんリスクが変化するかという臨床データは存在しない。管理のための5％/Svの評価基準を低線量に外挿しても、この外挿（リスクが線量と比例しているとする）が正しいかどうか不明なのである。また、この比例関係を使う場合は、同じ線量を被ばくした多くの人たちがいる場合に限られ、福島のように被ばく線量が個々人で異なる場合、確率（5％/Sv）に大人数を乗じてもその結果は信頼のあるものと考えにくいのである。

「100 mSv以下では生体への影響は不明である」との表現が散見する。これを「（データが無く）わかっていないので危険である」と解する向きがあるが、この解釈は正確ではない。「データはあるものの、有意な（意味のある）発がんリスクの上昇は認められない」という意味である。この意味からは、100 mSv未満の被ばくでは発がんリスクは上昇しないと言っても良いであろう。

4－10　おわりに

本章では、確率的影響である、白血病、がん、遺伝的影響について述べた。また、このような確率的影響を議論する際に必要な初歩的なリスクの考え方を学んだ。また、線量率効果を考えて、広島・長崎のデータから、実際に問題となってくる低線量・低線量率被ばくについてのDDREFについて触れた。

追記

ここで紹介した論理に反対する方々もいることを知るのは大切である。彼らの論点を整理しておこう。

・生涯がん死亡率を30％としているが、国立がん研究センターの統計によると、男性で26％、女性で16％となっている。このため、この値に1 Svで5％を上乗せすべきである。

・100 mSvの被ばくで30.5％となるとしても、0.5％は大きい。福島県全体を見ると200

万人なので、1万人の被ばくにともなうがん発生があり大きな影響である（練習問題4-1参照）。
・年齢別に考えると、子供の発がん率（死亡率ではない）が0.5%増加したとすると、そのリスクは大きなものである。

まだ、いろいろ反対意見はあると思われるが、その辺りにも目を向け、自分の意見を明確にしておく必要があると思われる。

参考文献

1) 原子力百科事典 ATOMICA「放射線ホルミシス」(09-02-01-03), http://www.rist.or.jp/atomica/data/dat_detail.php?Title_No=09-02-01-03（2018年6月20日）
2) 原子力百科事典 ATOMICA「バイスタンダー効果」, http://www.rist.or.jp/atomica/dic/dic_detail.php?Dic_Key=2022（2018年6月20日）
3) 日本アイソトープ協会（訳）『ICRP Publication 103 国際放射線防護委員会の2007年勧告』(2007)
4) 原子力百科事典 ATOMICA「放射線の身体的影響」(09-02-03-03), 表2, http://www. rist. or. jp/atomica/data/dat_detail.php?Title_No=09-02-03-03（2018年6月20日）
5) 環境省「放射線による健康影響等に関する統一的な基礎資料（平成29年度版）」第3章 放射線による健康影響 3.7 がん・白血病
6) ASH Clinical News, Exposure to Ionizing Radiation and Leukemia Risk: Is There a Safe Threshold? https://www.ashclinicalnews.org/news/exposure-to-ionizing-radiation-and-leukemia-risk-is-there-a-safe-threshold/
7) Hiroshima International Council for Health Care of the Radiation-exposed, "Handbook on effects of A-bomb radiation" http://www.hicare.jp/pdf/Handbook/handbook_P13_P21.pdf
8) 原子力百科事典 ATOMICA「原爆放射線による人体への影響」(09-02-03-10), 図2, http://www.rist.or.jp/atomica/data/dat_detail.php?Title_Key=09-02-03-10（2018年6月20日）
9) 日本アイソトープ協会（訳）『ICRP Publication 60 国際放射線防護委員会の1990年勧告』(2006)
10) 環境省「第3章 放射線による健康影響 3.7 リスク」『放射線による健康影響等に関する統一的な基礎資料(平成29年度版)』
11) 甲斐倫明「放射線発がんリスクの推定（第2回）」『Isotope News』, 日本アイソトープ協会, No. 696, pp. 79-82 (2012)

章末問題

次の（　　）内の1〜7に適切な言葉を補え。

1. 白血病の潜伏期間は（　1　）年で、がんのそれは（　2　）年である。
2. 白血病の低線量でのリスク係数は（　3　）
3. 致死がんの名目リスク係数は（　4　）

上記二つの係数を比較して理解しておこう。

4. 線量・線量率効果係数（DDREF：dose and dose-rate effectiveness factor）は（　5　）である。
5. 遺伝的影響の名目リスクは全集団に対しては、（　6　）である。
6. ヒトの倍加線量は（　7　）Gy である。
7. 過剰相対リスクと過剰絶対リスクの違いを述べよ。

第5章

小児・胎児への影響

―子供は大人に比べて放射線に敏感か―

5－1　はじめに

第3章で紹介したベルゴニー・トリボンドーの法則から判断すると、小児・胎児に対する放射線の影響は、成人のそれより深刻になる可能性がある。このため母親、特に妊娠中の母親あるいは小児をもっている母親は子供の被ばくについて心配している。「母親たちは子を守るために過剰な防護行為をとり、行政や専門家に対する不信感や怒りをもっている……（略）[1)]」ことも報告されている。このような事態を回避するうえでも、小児や胎児の被ばくの影響を知り、その知識を共有しておくことは重要であると思われる。さらに遺伝的影響についても同様である。遺伝的影響については前章で広島・長崎の結果を紹介したが、さらに詳しく見ていくことにしよう。危険性を正確に認識するとともに不要な不安は払拭することが重要と思われる。

まず次の問題提起に対して読者はどのような感想をもつであろうか。

問題提起　「福島出身の若者が結婚をためらう？」

福島の事故以降、ネット上で福島出身の若い方々の結婚問題について、議論が巻き起こった。特に、福島出身者（女性）は結婚ができないのではないかという論調が目立った。

福島出身の女性との交際を控えるとか、生まれてくる子供への放射能の影響を考えて結婚を中止するとか（たとえば、J-CAST ニュース 2011 年 4 月 15 日掲載）である。これは、つきつめると、健康な子供が生まれるかどうかの懸念が主な理由と言える。ことの信ぴょう性については明らかでないが、「健康な子供が生まれるかどうか」の懸念について、真摯に答える必要があると思われる。

■ 福島での被ばくの影響で元気な子供が生まれなくなる危険性はあるのだろうか？

事の信ぴょう性については記事も言及していないし、現在（2016年9月）では、すでに沈静化している事象であると思われるが、「放射能の影響で元気な子供が生まれなかったらどうするの？」という母親の問いに、明らかになっている事実に基づいて答える必要があろう。実際、母親からすると切実な心配である。具体的には、生まれてくる子供に影響は有るのか無いのかを答える必要がある。

被ばく後に子供ができた場合、あるいは妊娠中に被ばくした場合、子供たちにどのような影響があるのであろうか。これらの問題に関しては、広島・長崎での原爆被災者のデータをもとに、胎児に対する影響の分析・評価が行われている。また、胎児の治療や検査のための医療被ばくという観点からもデータが蓄積されている。本章では放射線被ばくをした母親から生まれてくる子供に対する放射線の影響について考えることにする。主に、妊娠している母親が被ばくした場合、両親が被ばくした後に妊娠した場合の二つの条件における胎児への放射線の影響を考えることにしよう。

1）胎児の被ばく影響（妊娠している母親が被ばくした場合）
2）両親（あるいは片方の親）が被ばくした後、子供ができた場合（遺伝的影響）

それぞれの場合、福島の子供はどうなるであろうか？

本章の目的は、上記二つの質問に、実験事実あるいは現在までの知見により答えることを、目的としている。

ここでは、まず、成人、小児、胎児に分け、それぞれの確定的影響と確率的影響について検討し、問題を俯瞰するとともにそれらと比較することで、小児や胎児の被ばくの影響を明らかにしていこう。

5－2　成人の確定的影響および確率的影響

そもそも胎児や小児の方が放射線に対して、成人より敏感なのであろうか？　これを考える際、第3章3-6で説明したベルゴニー・トリボンドーの法則と言われる、放射線の細胞や生体組織への影響に関する法則がある。その法則によると成人より小児あるいは胎児の放射線の影響の方が大きい可能性がある。今まで、われわれが整理してきたのは、成人のそれであった。なお、ここでいう小児とはおおむね15歳以下の子供を指すことにする（幼児、乳児も含む）。

われわれは、すでに成人の確定的影響および確率的影響については学んだ。確定的影響については死に至らない身体的影響もあるが、死に至る急性障害のしきい値をあらためて表5-1に示す[2)]。しきい値はグレイ（Gy）で示されているが、これは確定的影響についての線量であることが理由である（確率的影響の場合はSvであった。1-5節参照）。

短期間に大量の放射線を被ばくする場合は、決定臓器が重要である。死に至る急性障害は決定臓器により次のように呼称される。すなわち、中枢神経死、腸死、骨髄死であ

表 5-1　死亡に至る急性障害のしきい値[2)]

全身吸収線量（Gy）	死亡に関する器官・臓器	被ばく後の死亡時間（日）
3〜5	骨髄障害（$LD_{50(60)}$）	30〜60
5〜15	胃腸管損傷	7〜20
5〜15	肺および腎臓損傷	60〜150
> 15	神経系の損傷	< 5 日、線量依存性

＊文献 2）を参考に著者作成。
ヒトの場合は、骨髄死を起す期間が動物より時間が長いので観察期間を 60 日として $LD_{50(60)}$ を用いることが多い。

る。それぞれの被ばく線量と生存期間が異なっている。その中でも骨髄死は、被ばく線量が低い範囲で現れることが特徴であり、被ばく線量のしきい値としては、吸収線量で 3〜5 Gy である。ただし表 5-1 は $LD_{50(60)}$ で示してあり、60 日間に半数が死に至る線量である。骨髄の造血機能の障害により白血球や血小板が減少し、その結果、感染症や出血で死亡する。このため、被ばく後の看護や治療の質や程度によって生存期間が異なることになる。第 3 章でも述べたが、造血機能低下のしきい値は約 0.5 Gy である。また、骨髄死のしきい値は治療が施されない場合で約 1 Gy、適切な医療措置が施された場合で約 2〜3 Gy と言われる[3)]。上の表は、吸収線量が 5 Gy を上回ると，出血又は感染症による死亡が急激に増加することを意味している（つまり 60 日を待たずに死亡する）。また、他の器官・臓器の損傷も同様である。

次に確率的影響である。図 5-1 に（原爆による）被ばく後の障害の発生の時期と発生頻度を模式的に示した[4)]。上記の確定的影響はこの図の被ばく直後の症状（急性障害）を示していることになる。一方、ここで議論する確率的影響は、被ばく後、潜伏期間を経て発症する白血病あるいは固形腫瘍（がん）である。前者は発症の割合が小さく、後者に関しては、被ばくしなくても発症の可能性が高い病気である。このため被ばく前後の発症率との比あるいは差をもってリスクを評価する（比をとるのが相対リスク）。白血病は被ばく後 2〜3 年でまず発症例が増加し始め、5〜10 年でピークに達し、その後

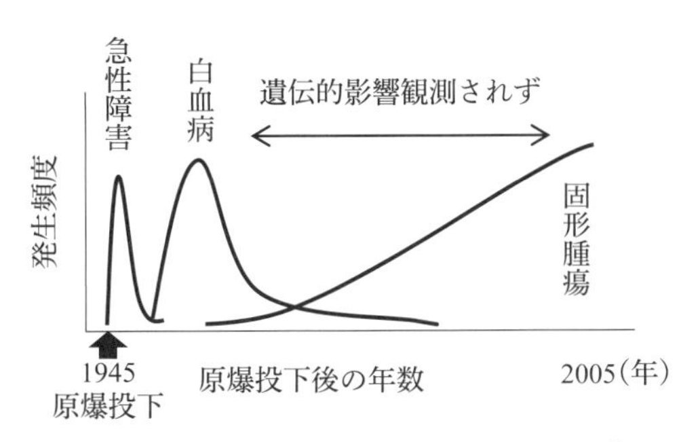

図 5-1　被ばく後の各種障害の発症の様子[5)]
＊文献 5）を参考に著者作成。

時間の経過とともに低くなっていく。がんは、被ばく後10年後ぐらいから増加が始まる。潜伏期間は白血病2年、甲状腺がん5年、その他のがんは10年と考えられている[4]。

まず、がん死亡に関し、成人に対する放射線の影響を考える。被ばくするとがんの死亡リスクは高くなる。しかしながら、被ばくしなくてもがん死亡リスクは約30%あるため、その放射線によるがん死亡リスクはその上乗せとして現れる。ICRPでは放射線誘発がん生涯死亡リスクを5×10^{-2}/Svとしているが、これは1 Svの被ばくあたり5%のリスク（過剰絶対リスク）が増加することを意味する。また、100 mSv以下ではその明確な発症リスクの増加は確認されていないが、確率的影響のしきい値なしのモデル（LNTモデル）を採用すると、100 mSvで約0.5%の生涯がん死亡リスクが増加することになる。この仮定はあくまで管理の容易さのために導入されたモデルであることに注意しておこう。

次に白血病である。前章で述べたが、原爆被ばく生存者および医療被ばく者の観察から、人の白血病発現のリスクレベルが求められている。放射線防護の目的では、低線量域でのリスク係数はSv当り5×10^{-3}である[5]。がんの10分の1である。

練習問題 5.1

福島県の住民の被ばく線量を福島県は公表している。次の表の（A）〜（C）に適切な値を入れるとともに、以下のデータから判断し、住民の確定的影響および確率的影響について判断せよ。なお（A）については$LD_{50(60)}$について記載せよ。空白の欄は以降の問題で順次完成させていく。

2012年2月20日、福島県は、事故後4か月間の一般住民9750人の被ばく状況を報告し、最高で23.0 mSvと報告した（たとえば、2012年2月20日、日経新聞15時30分、朝日新聞デジタル13時54分、産経新聞12時28分など）。9750人の浪江、川俣、飯館村の約1万人の外部被ばくの推計値であるが、その結果、1 mSv未満が58%であり、5 mSv未満は95%であったという。

	確定的影響	確率的影響
成人	骨髄障害 $LD_{50(60)}$ （A）Gy	白血病（B）/Sv 全がん（C）/Sv
小児		
胎児		

5－3　小児の確定的影響

前節は成人に対する被ばく影響であったが、次に小児の確定的影響を考えよう。ここでは小児を 15 歳以下の子供と考える。動物実験から得られた一般論であるベルゴニー・トリボンドーの法則によると、生物は幼若なほど放射線に対する感受性が高いことになる。このことは人体への影響にもあてはまると考えられている。

にもかかわらず小児の放射線に対する感受性が高いかどうかのヒトにおけるデータはほとんどないのが現状である。このため動物実験によるデータからの類推により判断している。図 5-2 にマウスを対象に X 線を照射して、造血障害（骨髄死）の半致死量（LD_{50}）の被ばく週齢に対する依存性を示した[6)]。LD_{50} を指標にしたマウスの放射線感受性を見てみると、幼年期では感受性は高いが、成熟するにしたがって低下し、老化にともなって再び感受性は高くなる（本図の縦軸は相対リスクである）。目安として人間の年齢に次式（(週齢 × 0.7）歳）で換算すると、14 歳程度までと 50 歳程度以降の放射線の感受性が高いといえる（これはあくまで目安の換算である）。この幼年期のマウスの放射線感受性が高い事実は、ヒトにおいても成り立っていると考えられ、小児の感受性は成人のそれより高いものと考えられている。

疫学的調査では成人と比較して小児の方が放射線に対する感受性が高いことは明らかにされている[6)]。しかしながらすべての症例についてこのことがいえるわけではなく、成人との差が見られない場合も多い。

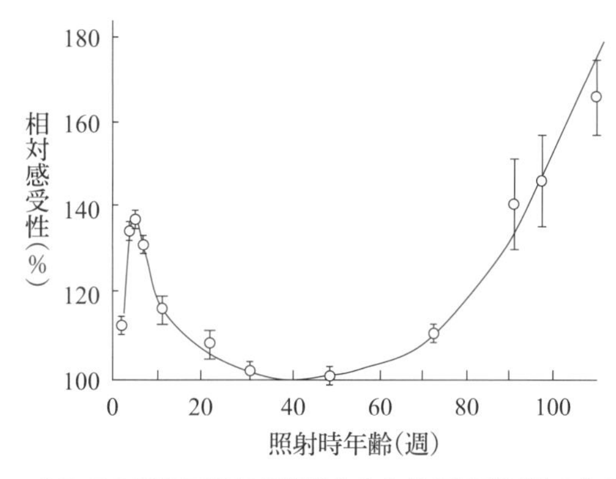

図 5-2　マウスでの半致死線量を基準とした放射線感受性の年齢依存性[6)]

生後 40 週の時の LD_{50} を基準として各年齢での LD_{50} を百分率で表したもの。

＊出典：菅原務（編）『放射線細胞生物学』（1968）朝倉書店、593 頁.

5－4　小児の確率的影響

確率的影響はがん、白血病や遺伝的影響である。晩発性あるいは次世代で発症するもので、いずれも被ばく直後に発症するものではないため、その危険性が危ぶまれる症例である。ここではまず晩発性の白血病とがんの発症について議論する。

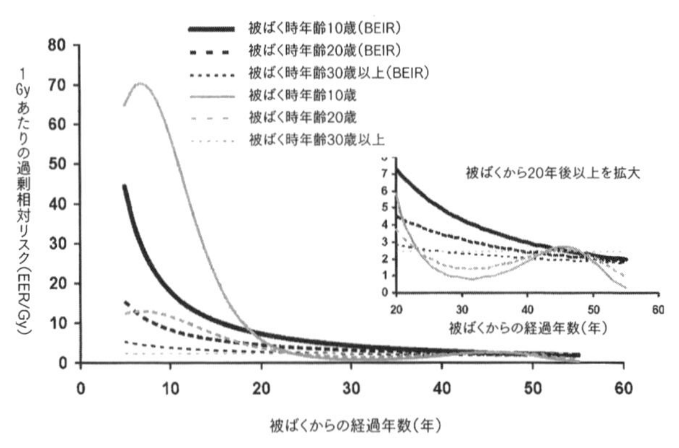

図 5–3　被ばく年齢による白血病の 1 Gy 被ばくした場合の過剰相対リスク[7)]

出典：田中司朗ほか（編著）『放射線必須データ 32—被ばく影響の根拠』創元社（2016）p. 95 より転載。

まず白血病である。図 5–3 は、被ばく時年齢が 10、20、30 歳以上で 1 Gy 被ばくした場合に白血病がの発症リスクがどれくらい増加するか（過剰相対リスク）を経時的に示した図である（文献では事故に係わる被ばくのため Gy で記述されている）[7)]。被ばく後の 5 年間のデータは示されておらず、潜伏期間を意味しているものと考えられる。いずれの年齢で被ばくしても、被ばく後 7〜8 年でリスクは最大となる。また、被ばく年齢が下がるに連れてその発症リスクが増加している。ただし、白血病は過剰相対リスクが大きくても症例数として考えた場合は小さい。実際、日本人の被ばくしていないヒトの白血病の障害リスクは千人中 7 例である。これに対して、5 mGy 以上の線量を受けた被ばく者（平均被ばく線量約 0.2 Gy）の生涯白血病リスクは約千人中 10 例である[8)]。

次にがんである。厚生労働省によると、我が国のがん（悪性新生物）による死亡者数の全死亡者に占める割合（死亡率）は平成 25 年には 28.8% である[9)]。つまり死亡者の

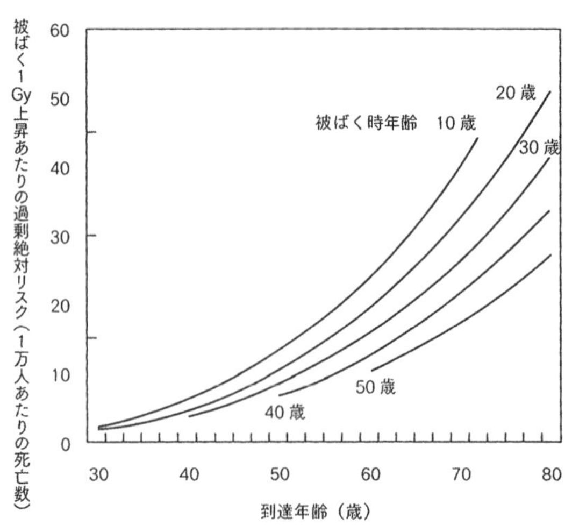

図 5–4　被ばく（1 Gy 被ばく）年齢によるがん死亡リスクの変化[10)]

出典：田中司朗ほか（編著）『放射線必須データ 32—被ばく影響の根拠』創元社（2016）p. 148 より転載。

30％はがんで死亡していることになる。交通事故を含む不慮の事故（溺死、火事、窒息、薬物死等）による死亡率が3.1％であり、これに比較してもかなり高い。この28.8％という値は、被ばくなしの時のがんによる死亡リスク（割合）である。

がんによる死亡率に上乗せするのが図5-4である[10]。ただし1 Gy（1000 mSv）被ばくした場合で、10,000人当たりの増加人数である。確かに、被ばく年齢が下がると、高齢になった場合と比較してがんによる死亡人数が増加している。10歳で1 Gy被ばくすると、70歳では1万人中40人であるに対して、50歳で被ばくすると1万人中15人である。小児で被ばくするとがんによる死亡率は増加するといえる。

実際に広島・長崎のデータを見てみよう。表5-2である[11]。これは発がんの相対リスクである。このデータはあくまで発がんのリスクであり、がん死亡でないことに注意をしておこう。男子の低線量被ばく（5〜500 mSv）の被ばく年齢依存性を見る。まずわかるのは、リスクが1より値が低い年齢層がある。このことは、被ばくしなかった対照群に比較して発がん率が低かったことを意味しており、実際は、この線量の範囲内では

表5-2　原爆被ばく者の被ばく時年齢と発がんリスク（相対リスク）の関係[11]

		男性（mSv）			女性（mSv）		
		5〜500	500〜1000	1000〜4000	5〜500	500〜1000	1000〜4000
年齢	0〜9歳	0.96	1.10	3.80	1.12	2.87	4.46
	10〜19歳	1.14	1.48	2.07	1.01	1.61	2.91
	20〜29歳	0.91	1.57	1.37	1.15	1.32	2.30
	30〜39歳	1.00	1.14	1.31	1.14	1.21	1.84
	40〜49歳	0.99	1.21	1.20	1.05	1.35	1.56
	50歳以上	1.08	1.17	1.33	1.18	1.68	2.03

＊文献11）を参考に著者作成。

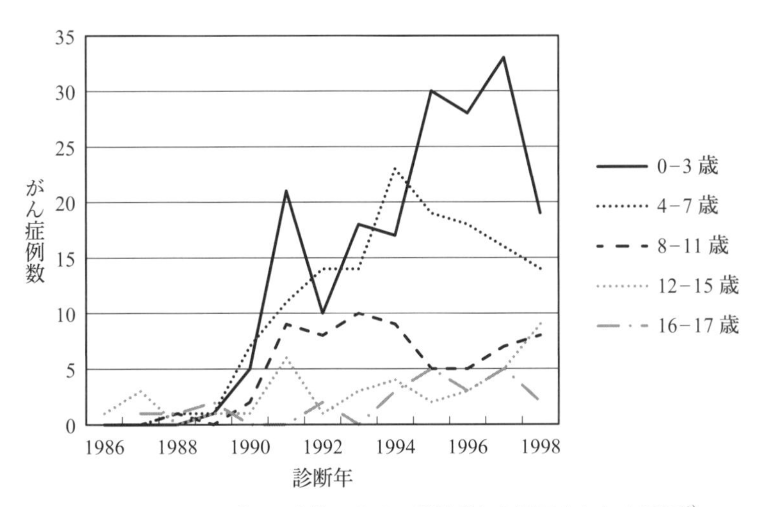

図5-5　チェルノブイリ事故により甲状腺がんと診断された症例数[12]

＊文献12）を参考に著者作成。

発がんリスクに影響がなかったと判断すべきであると思われる。一方、1000〜4000 mSv を被ばくした男児達を見てみると、明らかに低年齢で被ばくした方ががんの発症率が高くなっている（50 歳以上で被ばくしても発症率は増加しているが）。また女子の場合も同様である。

次に子供の被ばくで気になる甲状腺がんについてのデータを見てみよう。図 5-5 である[12]。これはチェルノブイリ事故（1986 年 4 月 26 日）で被ばくした子供たちの甲状腺がんの症例数（死亡数とは異なる）の経時変化であるが、被ばくした年齢が低いほうが、甲状腺がんになりやすいことが見て取れる。

最後に、がんの発症に関する（がんによる死亡ではない）被ばく年齢別の 1 Gy 当たりの（過剰相対）リスクについて概観しておこう。図 5-6 である[11]。固形がん全体をみると、被ばく年齢が低いほどリスクは増加しており、年齢が上がるにつれて、リスクは低下している。胃がん、甲状腺がんもこのような依存性を示す。この観点から小児の被ばくは影響が大きいといえる。しかしながらすべてのがんがこのような年齢依存性を示すわけではなく、乳がんでは 10〜19 歳の発症リスクが、また肺がんでは年齢の高いほうの発症リスクが高くなっている。白血病以外ではすべてのがんの相対リスクは被ばく時年齢が 10 歳以下の場合では、対照者（20〜39 歳）の 2〜3 倍程度となっている。

以上を総合すると、小児の方が確率的影響も成人に比較してリスクが高いといえる。柿沼志津子らは解説[13]の中で、Preston らの 2008 年の報告を引用し、高線量被ばく集団（1〜4 Gy 被ばく）では被ばく時年齢が若いほどリスクが大きく、子供は大人より 2〜3 倍大きく、また女性の方が男性よりリスクが大きいとした。

ところが低線量（0.005〜0.5 Gy）被ばくの場合は被ばく時の年齢にかかわらずリスク

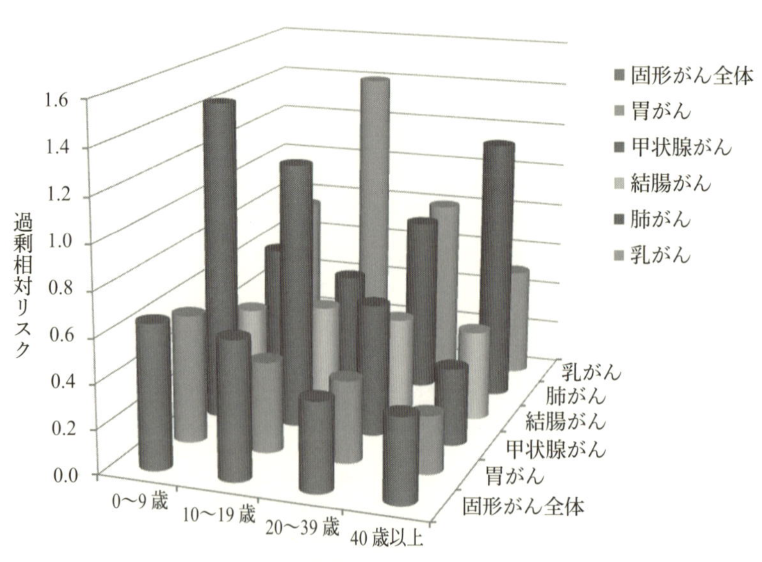

図 5-6　各種がんの発症リスクの被ばく年齢の効果[11]

＊文献 11）を参考に著者作成。

は小さく、発がんリスクの有意な増加は認めらない。つまり子供でもリスクは統計的に認められないほど小さいとしている。この現象はLNTモデルとしては理解しにくい現象であるが、最終的な判断はさらなる追跡調査が必要である。結局、彼女によると、子供期で被ばくした際は、50歳での発がんの過剰相対リスクは男女平均1.7としている。つまり、子供期で被ばくしなかった場合の2.7倍に相対リスクが大きくなるということである。

練習問題 5.2

下表の（A）～（D）に数字を入れるとともに、小児の被ばくについて成人と比較しながら自分の意見をまとめよ。

	確定的影響	確率的影響
成人	骨髄障害 $LD_{50(60)}$ （A）Gy	白血病（B）/Sv 全がん（C）/Sv
小児	成人と同程度、 感受性の高い症例あり	全がん 成人の（D）倍

5－5　胎児の確定的影響

胎児への影響の確定的影響としては、流産（胚死）、奇形、精神発達遅滞が考えられ、確率的影響としては、成人の場合と同様、白血病や小児がんなどがある。ここでは、まず、確定的影響についてみていこう。

胎児の被ばくの特徴として、時期特異性がある。これは、胎児が被ばくした時期によってその症状（障害）が異なる現象である。出生前の胚・胎児の発生段階は次の3段階に分けられている。すなわち着床前期、器官形成期、胎児期であるが、それぞれの時期に被ばくを受けるとその障害が異なるのである。図5-7に示したように、時間の原点を受精時（あるいは排卵時）とし、受精卵が子宮壁に着床するまでを着床前期と呼び、着床した細胞（胚）が分化して各器官や組織が形成される時期を器官形成期、そしてその後、その器官や組織が成熟していく胎児（発育）期に分けられる[14]。受精後平均して38週の胎児期間を経てヒトは生まれるが、受精後2～8週までを胚子、8週目以降を胎児（ヒトの原形が出来ている）と呼んでいる。通常、受精日が不明なので、被ばくを受けた時の胎児の発生段階が不明である。そこで産婦人科で行っているように、最終月経の初日から計算することで発生段階を推定する。この場合は出生までは40週となり、図5-7の原点を最終月経として、横軸を2週間左に動かせばよい（詳細は専門書を参考にされたい）。さて、被ばくの影響である。時期特異性があると述べたが、それぞれの時期により胎児に与える影響が異なる。また、これらの障害は確定的影響なのでしきい

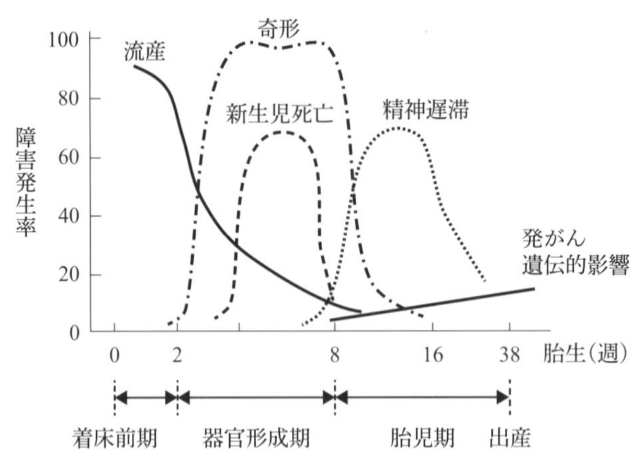

図 5-7　胎児被ばくにおける各障害の時期特異性とその発生率[14)]

＊出典：窪田宣夫『放射線生物学』(2008) 医療科学社、より転載.

値が存在することに注意しよう（胎児の発がん、遺伝的影響は確率的影響である）。

着床前期では被ばくすると胚死亡、流産、未着床が起こる。しきい線量値は 100 mGy とされている。器官形成期は、文字通り器官が形成される時期であるので、被ばくすると、奇形、小頭症あるいは新生児の死亡が起きる。しきい線量値は 100 mGy とされる。胎児（発育）期では、臓器・組織あるいは神経系も発達する。この時期に被ばくすると精神発達遅滞、出生後の発がんなどが見られる。精神発達遅滞はしきい線量値は 100 mGy であるが、1000 mGy 以上の被ばくでは重篤な精神発達遅滞（約 40％の確率で発生するとされている[15)]）を引き起こす可能性があるとされる。結局、妊娠期間における放射線影響のリスクは器官形成期と胎児期の初期に顕著に表れることになる（着床前は流産により出産できない）。

表 5-3 に胎児に与える影響のしきい値線量をその時期とともに示した[16)]。表 5-1 と比較してわかるように胎児の方がしきい値は成人のそれより低くなっており、胎児被ばくは影響が大きいといえる（同じ症例のしきい値を比較したものではないが）。ただし、これは確定的影響であるので、しきい値以下では症状は現れることはないと考えられ、福島では妊婦がしきい値以上の被ばくを受けたことは報告されていない。

表 5-3　胎児への放射線影響としきい線量値[16)]

時　期	影　響	しきい値（Gy）
着床前期（～受精後 8 日）	胚　死	0.1
器官形成期（3 週（着床）～8 日）	奇　形	0.1
妊娠中期（8 週～15 週）	精神遅滞	0.1～0.2
（16 週～25 週）	発育遅滞	0.1～0.2
妊娠後期（25 週～38 週）	安定期	
妊娠前期	がん・遺伝疾患・確率的影響	

5－6　胎児の確率的影響

胎児期の放射線被ばくのリスクは、ICRP の 1990 年勧告では明確にされなかったが、「集団全体（成人）のせいぜい 2～3 倍であると仮定するのが妥当であろう」とされた[17)]。子宮内医療被ばくに関する研究では、不確定な点はあるものの、すべての種類の小児がんが増加することが報告されている。そして ICRP の 2007 年勧告では「子宮内での被ばく（胎児被ばく）後の生涯がんリスクは、最大で成人のリスクの約 3 倍とすることが安全であろう」とされている[18)]。

しかしながら、コホート研究では、胎内被ばくが小児がんを誘発する証拠は見つかっていない。また、被ばく者のデータからも、胎内被ばくのリスクは小児の早期の被ばくと同程度であることを示唆するとしており[17)]、原爆被爆生存者の追跡データからも（胎内被ばくした後の）成人のがんのリスクが増加するという結論は得られていない[19)]。

胎内被ばくにより 10 mGy の被ばくをした場合、小児がんの発生率は、自然発生率より 40％増加（相対リスク 1.4）するが、小児がんの自然発生率が 0.2～0.3％と低いため、絶対リスクとしては低いと考えられている[20)]。

結局、胎内被ばくの確率的影響は、小児程度、成人の 2～3 倍と考えておくのが安全側であろうと考えられる。なお最後に、次の ICRP の言葉を引用しておく。

> 「放射線被ばくによる妊娠中絶は、多くの要因に影響される個人の意思決定である。しかしながら胚／胎児への 100 mGy 未満の吸収線量は、妊娠中絶の理由と考えるべきではない[18)]」

練習問題 5.3

以下の文章は、胎内被ばくに関する説明である。（　　　）内の 1～5 に適切な言葉を入れるとともに下の表の（E）（F）に適切な数字を入れよ。

子宮内での被ばくを胎内被ばくという。胎児は放射線に対して高い感受性を示し、被ばくによって発生する影響は、流産、奇形、発達遅滞などがある。この 3 つの影響は（　1　）影響であり、（　2　）が存在する。

精神発達遅滞に関し、広島、長崎での胎内被ばく者を対象にした調査では、妊娠 8～15 週では 300 mGy 以上、妊娠 16 週以降では 500～700 mGy 以上の胎内被ばくで重度の精神発達遅滞が起こり得ることが確認されている[21)]。放射線影響研究所の研究では、1 Gy 以上の胎内被ばくでは、成人時の身長の減少がみられている[22)]。

胎児期の区分	時　期	影　響	しきい線量
着床前期	受精〜9 日	（　3　）	100 mGy
器官形成期	2 週〜8 週	（　4　）	100 mGy
胎児期	8 週〜15 週	（　5　）	100〜300 mGy
	8 週〜出生	発育遅滞	100 mGy

	確定的影響	確率的影響
成人	骨髄障害 $LD_{50(60)}$ （A）Gy	白血病（B)/Sv 全がん（C)/Sv
小児	成人と同程度、 感受性の高い症例あり	全がん 成人の（D）倍
胎児	しきい値 （E）Gy	成人の（F）倍

5－7　遺伝的影響

両親が被ばくした後に妊娠した場合、その子供（あるいは孫）への影響を遺伝的影響という。動物実験では被ばくが次世代に影響をおよぼすことは知られているが、原爆被爆者の有意な遺伝的影響は認められていない。しかし被ばく管理の観点から LNT モデルが採用されており、名目リスク係数は 2×10^{-3}/Sv とされている（2007 年 ICRP 勧告、1990 年の勧告では全集団で 1.3×10^{-2}/Sv であった）。原爆被爆者からは遺伝的影響が見られていないにもかかわらず、名目リスク係数が求められているが、これは倍加線量から求められており、ヒトの倍加線量は約 1 Gy と見積もられている。

倍加線量とは遺伝子の自然発生の突然変異率と比較して 2 倍にするのに必要な線量と定義される。ここで倍加線量を求めるプロセスの概略を見てみよう。このプロセスの中に LNT モデルが入っているし、重要な知見が含まれているからである。

前章の LNT モデルの式を利用して説明しよう。前章の F は致死がんの発症頻度であったが、ここでは遺伝子における突然変異発生頻度とする。この形式で表されることは実験的に実証されている[23)]。

$$F = a + bD$$（a：突然変異の自然発生頻度、b：比例係数）

D は被ばく線量、$D = 0$ の切片 a は自然発生による突然変異発生頻度であり、傾きが b である。b の物理的意味は、単位線量当たり（突然変異の発生頻度）を増加させる割合である。このように定式化した場合、暗黙のうちに次のような仮定を認めたことになっている。

①遺伝子の突然変異発生率は被ばく線量に比例する（LNT モデルである）
②放射線による突然変異は自然発生による突然変異に上乗せする効果がある

後者は、放射線による遺伝子の突然変異は、自然発生によるものと同種のものが上乗せされた形で誘起されることを仮定している。

倍加線量（*DD*：doubling dose）は、$F = 2a$ となる線量 D で定義される。このため

$$2a = a + bD$$

なので、

$$D\ (= DD) = a / b$$

と求まる。

“a” はヒト集団から調査することが出来るが、問題は “b” である。ヒトを対象とした照射実験は不可能であるし、原爆被爆者、職業被ばく者、医療被ばく者などの集団調査からのデータは線量評価の精度の問題もあり、信頼のあるデータは期待できないのが現状である。そこで “b” はマウスのような動物実験で求めることにしたのである[24)]。まずヒトの遺伝子の平均の自然突然変異の発生率 “a” を求め、つぎに、動物実験（マウス）を用いて “b” を求め、その “b” を利用して人の突然発生率の 2 倍となる線量を求めるのである。

ここで問題は、“a” はヒトの値を利用するにしても、“マウスの b をヒトのそれに利用してよいのであろうか？” という疑問であろう。実は、マウスとヒトとは DNA の塩基配列が 70～90％で同一であることや染色体の多くの領域で遺伝子が同じ順序で配置されていることがその根拠となっている[25)]。放射線の DNA に対する素過程は同じであると仮定しているのである。

このようにして遺伝的影響における名目リスク係数の 2×10^{-3}/Sv が求められたのである。広島・長崎での結果からは遺伝的疾患は見つかっていないが、倍加線量を元に名目リスク係数を求めていたのである。この値を受け入れると、片方の親が 1 Gy（Sv）被ばくする場合、重篤な遺伝的疾患の発生率は第一世代で（子供）上乗せ分が千人あたり 2 人となることになる。

さて、もう一つ、遺伝的疾患を評価するために定義された指数がある。それが遺伝有意線量である。そもそも遺伝疾患における被ばく影響は小さいので、その評価はその集団としての平均値として評価されないと明確にならないであろう。どう評価したらよいであろうか？　その答えの一つは、「集団に新生児が生まれた時の遺伝障害発生率を、新生児一人当たりの両親の被ばく線量を求めて（遺伝有意線量）、集団どうしの比較に使用すればよいだろう」。少し複雑な言い回しで理解しにくいが、式にした方がわかり

やすいので、以下に示した。なお、以前、診察用エックス線による遺伝有意線量を低減すべき[25]との議論がなされた経緯がある。現在では、集団に対するすべての確率的影響として集団実効線量（人・Sv）が指標とされている。以下、遺伝有意線量について具体的に述べることにする。

放射線の被ばくを受けた個体の生殖細胞の突然変異が原因で遺伝障害が発生するので、まず、成人の人数（N）に生殖腺に被ばくした平均の線量（d）を乗じて、被ばく後生むと期待される子供の数（W）の積で評価するとよいであろう。集団の評価であるから、このままでは人数の異なる集団同士での比較ができないので、（期待される）子供の数で除しておけば、その集団の（生まれてくる）子供一人あたり、親が（生殖腺に）どれくらい被ばくするかの目安になる。つまり以下の式である。

$$D = \frac{N \cdot W \cdot d}{W}$$

この値でも良いのであるが、男（M）女（F）の性別にして平均の精度を上げると D は以下のようになる。生殖腺への被ばく線量が同じであっても、性差の影響があると考えられるためである。

$$D = \frac{N^{\mathrm{F}}W^{\mathrm{F}}d^{\mathrm{F}} + N^{\mathrm{M}}W^{\mathrm{M}}d^{\mathrm{M}}}{W^{\mathrm{F}} + W^{\mathrm{M}}}$$

さらに、集団の男女の人数を年齢別（k）にして計算精度を上げよう。すると次式が得られる。

$$D = \sum_{k} \frac{N_k^{\mathrm{F}}W_k^{\mathrm{F}}d_k^{\mathrm{F}} + N_k^{\mathrm{M}}W_k^{\mathrm{M}}d_k^{\mathrm{M}}}{W_k^{\mathrm{F}} + W_k^{\mathrm{M}}}$$

最後に、放射線の種類（j）が何種類もある場合も考慮に入れると、上式は次のように書き換えられる。

$$D = \sum_{k} \frac{\sum_{j}\left(N_{jk}^{\mathrm{F}}W_{jk}^{\mathrm{F}}d_{jk}^{\mathrm{F}} + N_{jk}^{\mathrm{M}}W_{jk}^{\mathrm{M}}d_{jk}^{\mathrm{M}}\right)}{W_k^{\mathrm{F}} + W_k^{\mathrm{F}}}$$

これが遺伝有意線量である[26]。集団の遺伝にどのように影響を与えるかの尺度となる量である。

練習問題 5.4

次の文章は、環境省の「放射線による健康影響等に関する統一的な基礎資料（平成 29 年度版）である。この文章を読んで下の 1)、2）の問いに答えよ。

動物実験では親に高線量の放射線を照射すると、子孫に出生時障害や染色体異常等が起こることがあります。しかし人間では、両親の放射線被ばくが子孫の遺伝病を増加させるという証拠は見つかっていません。国際放射線防護委員会（ICRP）では、１グレイ当たりの遺伝性影響のリスクは 0.2% と見積もっています。これはがんの死亡リスクの 20 分の１にも満たない値です。さらに付け加えるなら、ICRP は自然発生的な突然変異確率を 2 倍に増加させる被ばく線量（倍加線量）がヒトとマウスで同じ 1 Gy であると仮定していますが、ヒトで遺伝性影響が確認できていないことから、過大評価である可能性もあります。

原爆被爆者二世を対象として、死亡追跡調査、臨床健康診断調査や様々な分子レベルの調査が行われています。こうした調査結果が明らかになるにつれ、従来心配されていたほどには遺伝性影響のリスクは高くないことがわかってきたため、生殖腺の組織加重係数の値も、最近の勧告ではより小さい値に変更されています。

出典：環境省ホームページ（https://www.env.go.jp/chemi/rhm/h29kisoshiryo/h29kiso-03-06-01.html）

1）文中、ヒトとマウスで同じ 1 Gy とはどういう意味か？

2）広島・長崎の追跡調査から被ばく世代に遺伝的影響は認められていないのに、遺伝的影響のリスクが 1 Gy あたり 0.2% と見積もられているのはなぜか？

5－8　問題提起に対する考え方

小児の確定的影響は詳しいことは不明である。この不明という意味は、成人と同じ程度或いはそれよりも感受性が高いという両方のデータが存在し、どちらかに断定することはできないという意味である。胎児に関しては、そのしきい値（これ以下では症状が現れないという被ばく線量）が存在し、それは、100 mSv 程度である。一方、確率的影響（がんなどの晩発性の病気）に関しては、小児、胎児とも成人の 2～3 倍の感受性があると考えられている。

遺伝的影響に関してであるが、被爆二世の追跡調査から、遺伝的影響は見つかっていない。このことから、福島で被ばくした女性の子供に被ばくによる遺伝的影響が現れるとは考えにくいのである。

5－9　おわりに

本章では胎児の被ばくおよび遺伝的影響を考えた。その過程で、小児被ばくの確定的影響と確率的影響について、成人のそれらと比較して示した。最後に、ICRPの低線量被ばく後の確率的影響に関する名目リスク係数（2007年　Pub. 103）を下に示しておく（表5-4）。

表5-4　低線量率被ばく後の確率的影響に関する名目リスク係数（10^{-2}/Sv）（ICRP 2007　Pub. 103）

	致死がんの確率	遺伝的影響	合　計
全集団	5.5	0.2	5.7
成　人	4.1	0.1	4.2

参考文献

1）八代千賀子「福島市子育て座談会―放射線不安と向き合った母親たち―」『Isotope News』，No. 716，日本アイソトープ協会，pp. 83-88（2013）
2）日本アイソトープ協会（訳）『ICRP Publication 103 国際放射線防護委員会の2007年勧告』（2007）
3）放射線医学総合研究所「放射線の人体影響」第2回保健医療関係者、教育関係者等に対する放射線の健康影響等に関する研修（2012年12月3日）
4）原子力百科事典ATOMICA「原爆放射線による人体への影響」（09-02-03-10），図3，http://www.rist.or.jp/atomica/data/dat_detail.php?Title_Key=09-02-03-10（2018年6月25日）
5）原子力百科事典ATOMICA「ICRP1990年勧告によるリスク評価」（09-02-08-04），http://www.rist.or.jp/atomica/data/dat_detail.php?Title_No=09-02-08-04（2018年6月25日）
6）原子力百科事典ATOMICA「小児への放射線影響」（09-02-03-12），http://www.rist.or.jp/atomica/data/dat_detail.php?Title_Key=09-02-03-12（2018年6月25日）
7）田中司朗ほか（編著）『放射線必須データ32―被ばく影響の根拠』創元社（2016）p. 95
8）放射線影響研究所「原爆被爆者における白血病リスク」，https://www.rerf.or.jp/programs/roadmap/health_effects/late/leukemia/（2018年6月25日）
9）厚生労働省「平成25年人口動態統計月報年計（概数）の概況」
10）田中司朗ほか（編著）『放射線必須データ32―被ばく影響の根拠』創元社（2016）p. 148
11）環境省HP「放射線による健康影響等に関する統一的な基礎資料の作成」放射線の基礎知識と健康影響3/4（pp. 75-114）　http://www.env.go.jp/chemi/rhm/kisoshiryo/attach/20140707mat1-01-3.pdf
12）www.sting-wl.com/shunichi-yamashita.html
13）柿沼志津子（他）「子供の被ばく影響研究」『Isotope News』，No. 717，日本アイソトープ協会，pp. 24-29（2014）
14）窪田宜夫，岩波茂（他）「2章 放射線の人体への影響」『放射線生物学』医療科学社（2008）
15）原子力百科事典ATOMICA，ICRP1990年勧告によるリスク評価（09-02-08-04），http://www.rist.or.jp/atomica/data/dat_detail.php?Title_Key=09-02-08-04（2018年6月25日）
16）常翔学園 広島国際大学「放射線被ばくの話」第7章胎児期の影響，http://www.hirokoku-u.ac.jp/other/radiation/exposure/chapter7.html（2018年6月25日）

17）ICRP, “ICRP Publication 90: Biological Effects after Prenatal Irradiation（Embryo and Fetus）”, 2003
18）日本アイソトープ協会（訳）『ICRP Publication 103 国際放射線防護委員会の 2007 年勧告』（2007）
19）原子力百科事典 ATOMICA「胎児期被ばくによる影響」（09-02-03-07），
http://www.rist.or.jp/atomica/data/dat_detail.php?Title_No=09-04-01-08（2018 年 6 月 25 日）
20）原子力規制委員会「基本部会（第 37 回）配布資料」（資料第 37-2-1 号）国際放射線防護委員会（ICRP）2007 年勧告の国内制度等への取入れに係る検討事項の論点整理
http://www.nsr.go.jp/archive/mext/b_menu/shingi/housha/002/shiryo/1300743.htm
21）原子力百科事典 ATOMICA「胎児期被ばくによる影響」（09-02-03-07），図 2，
http://www.rist.or.jp/atomica/data/dat_detail.php?Title_No=09-02-03-07（2018 年 6 月 25 日）
22）放射線影響研究所「成長・発育への影響」，
https://www.rerf.or.jp/programs/roadmap/health_effects/late/choleste/（2018 年 6 月 25 日）
23）安田徳一「多因子性疾患のリスク：突然変異成分について」『日本原子力学会誌』Vol. 38，No. 2，pp. 98-105（1996）
24）予防衛生協会「第 24 回　放射線遺伝リスクと倍加線量」（08/01/2005），
https://www.primate.or.jp/forum/%e7%ac%ac24%e5%9b%9e%e3%80%80%e6%94%be%e5%b0%84%e7%b7%9a%e9%81%ba%e4%bc%9d%e3%83%aa%e3%82%b9%e3%82%af%e3%81%a8%e5%80%8d%e5%8a%a0%e7%b7%9a%e9%87%8f08012005/（2018 年 6 月 25 日）
25）内閣府原子力委員会「放射線審議会のうごき」『原子力委員会月報』Vol. 4，No. 9，
http://www.aec.go.jp/jicst/NC/about/ugoki/geppou/V04/N09/19590914V04N09.html（2018 年 6 月 25 日）
26）丸山隆司，山口寛，野田豊，隅元芳一，岩井一男，西沢かな枝「核医学診断・治療における件数，国民線量およびリスクの推定」『日本医学放射線学会雑誌』48(12)，pp. 1544-1552（1838）
http://www.wakayama-u.ac.jp/~citoh/Categolies/Radiation/Radiation_5.htm

章末問題

次の（　　　）内の 1～5 に適切な数字を入れよ。

1. 小児の確定的影響については、明確なことは明らかでない。成人に比べて放射線感受性が高いという症例もあるが、かならずしもそうでない場合もある。
2. 胎児の確定的影響のしきい値（　1　）mGy である。ただし週齢によってその影響は異なる。
3. 小児の確率的影響のリスクは成人の（　2　）倍程度ある。
4. 胎児の確率的影響のリスクは小児と同様、成人の（　3　）倍と考える。
5. ヒトに関する遺伝的影響の存在は確認されていない。しかしながら放射線防護の観点から LNT モデルが採用され、その名目リスク係数は（　4　）である。
6. ある集団の遺伝に与える影響の尺度は（　5　）で求められるが、これは生まれてくるであろう子供 1 人当りの親の生殖腺に対する平均の被ばく量として与えられる。

第6章

汚染と放射化

―福島からのトラックは放射能をもつか―

6－1　はじめに

原発事故以来、放射線に対する関心が高くなっている。ところが必ずしも正しく認識されていない場合もあり、問題が散見される。その中でも特に、被ばくの影響について、問題視されていたため、前章では胎児の被ばく、遺伝的影響について述べた。本章では被ばく影響ではないが、放射化の問題について取り上げる。本件についても誤解が多く、一般の方のみならず、技術者においても誤解する方も多かった。

問題提起　「福島から来た人や車両は放射能をもつか？」

原発事故後、福島県由来の事物に対する過剰反応が多く報告された（たとえば、毎日新聞 2011 年 4 月 11 日、産経ニュース 2011 年 4 月 19 日、産経新聞 2011 年 4 月 19 日、J-CAST ニュース 2011 年 4 月 15 日、掲載など）。それらによると、以下が報告されている。

・福島出身者らがタクシー乗車やホテル宿泊などを拒否される。
・避難してきた小学生が地元の子供たちに「福島から」と答えると、みな「放射能がうつる」と叫び、逃げていった。
・ガソリンスタンドやコンビニへの入店を断られる。
・いわきナンバーの車を荷主が嫌がる。

■ 車両のスクリーニング。
福島からの車両は放射線をもっているのだろうか？

新聞記事で紹介された次のような「反応」はなぜ起こるのだろうか？　誤解にもとづくものであれば、それを解消しておく必要があるだろう。

上述のような反応が起こるのは、対象物（人や車）が放射線を発するようになる可能性があると考えるからであろう。対象物が放射線を発するようになる原因は二つ考えられる。

1）放射線を発する物質が付着している場合（汚染）
2）対象物そのものが放射線を発生するようになる（放射能をもつ）場合（放射化）

狭義には放射性物質が事故等により人体や着衣に付着している状態（前者）を汚染といい、後者を放射化という。ここでは、それぞれの場合を考えていく。そのため、まず、放射性セシウムの拡散したプロセスはどのようなもので、時間が経った現在（2015年6月現在）どこに、どのような状態で存在するのかを考える。つまり汚染や放射化が発生する可能性のある場所はどんなところで、どのような機構で起こるのかをまず明らかにする。続いて汚染と放射化について議論し、最終的には、前述の問題に答えを出すことにする。これが本章の構成と目的である。

6－2　汚染の状況

放射線を発する物質が付着している（ここでは、この状態を汚染と呼ぶことにする）場合を考えよう。これは、どのような物質が人や車に付着するのであろうか？　また、それは落とすことはできるのであろうか？　これらの疑問にまず答えることにする。

まず、現在問題になっている放射性セシウムは原子炉の中の核分裂生成物（FP）の一つである。セシウムは1価の金属であるので、ナトリウム（Na）やカリウム（K）と同じような挙動をする。原子炉から放出された初期の粒子は、CsIやCsOH等であろうとされている（IもFPの一つであり、またOHは周りに水が存在するので生成する）。これらの粒子が空気中に放出され、硫酸塩エアロゾル（SO_4^{2-}が陰イオンとなった空気中に浮遊する数mm～数nmの固体や液体の粒子で工場や自動車などから排出される二酸化硫黄が大気中で化合・吸着したもの）に取り込まれ、プルーム（汚染濃度が高い部分を汚染プルームと呼ぶ）として長距離輸送される。これが雪や雨に含まれた状態で地上に落下したり、霧粒子として地上に到達する。硫酸塩エアロゾルは水に溶けやすく潮解性を示すので、放射性セシウムも地上に到達した際は、いろいろな場所に付着することになる[1)]。地上に分布したセシウムは、土壌、森林、人工物、がれき、等々に吸着することになる。

その後、降雨等により移動し、徐々に固定化されていく（移動しなくなってくる）。たとえば、建材、土壌粒子、有機物等に移動する。土壌中でいえば、フミン酸等の有機物イオンに吸着されたり、土壌粒子表面に吸着されたり、粘土内に固定されたりする。

現状では、このように何らかの物質にセシウムは吸着した形態で存在しているものと考えられており、水中においてもイオンの状態で存在していない（原子力発電所から直接漏洩している汚染水ではイオン状のものも存在する[2)]）。

この吸着したセシウムの除染のための方法はすでに提案されていて、建材等に吸着したセシウムを洗い流したり、あるいはセシウムが吸着した粘土等を除去する、いわゆる除染がなされている。このようなセシウムを吸着して飛散したりする可能性のあるものとしては、土壌粒子、すす、硫酸塩、植物の破片（花粉）等が挙げられるが、これはとりもなおさず、これらがわれわれに付着する可能性のあるセシウムで汚染された物質という事が言える。汚染しているかどうかを検査する手法が細かく決められている。スクリーニングと呼ばれる。スクリーニングとは、そもそも「選り分ける」という意味であり、汚染している物や人を選り分けるという意味で使われている。

スクリーニングの対象は、人および物品であり、目的は、急性放射線障害の防止、吸入による内部被ばくの抑制、汚染拡大防止である[3)]。事故から時間が経って、その目的は汚染拡大防止に移りつつある。急性放射線障害の防止に関しては「放射性ヨウ素、放射性セシウム」が対象となっており、確定的影響が主な対象である。このため、現在では、一般人が確定的影響を発症するほどの被ばくを受けるとは考えにくい。本件は、事故直後の緊急被ばくが対象である。また、内部被ばくの抑制に関しては主な対象が放射性ヨウ素（^{131}I）であり、すでに十分減衰しているし（2015年6月現在）その意味は薄れている。現在では、スクリーニングの目的は、汚染拡大防止が重要な役割となっている。図6-1にそのスクリーニングの対象の経時変化を示した。

汚染拡大防止のためのスクリーニングのレベルは、放射線管理区域外にRIを持ち出し可能となる基準の4 Bq/cm^{2}を目指すとされている。 しかし大熊町では放射性物質除染スクリーニングレベルについて、原子力規制委員会の助言に基づき9月16日以降13,000 cpmを新しい基準として実施している[4)]（原子力規制委員会「避難区域（警戒区域）から退出する際の除染の適切な実施について」平成23年8月29日）。このレベルは図6-1を参考にすると、だいたい40 Bq/cm^{2}に対応するといわれる。

参考：放射性物質の表面密度でいうと、管理区域はα放出体では4 Bq/cm^2、それ以外の同位元素では40 Bq/cm^{2}と表面密度限度が定められており、持ち出しではその1/10を超えるものは持ち出すことができない（「放射性同位元素等による放射線障害の防止に関する法律」）。

急性放射線障害の防止のための、身体除染について触れておく（対象は人と物品であった）。つまり、スクリーニングで汚染が発見された場合の対処方法である。まず脱衣である。脱衣により70～80％の除染が可能である。続いて、頭髪や衣服の拭き取りである。濡れガーゼや紙タオルで拭き取ることになっている（往々にして汚染面積を拡大することがあるので注意が必要である）。あと傷口等があれば、生理食塩水等で洗浄する[5)]。この辺りは、何も特別なことではなく、管理区域内で被ばくし、管理区域外に

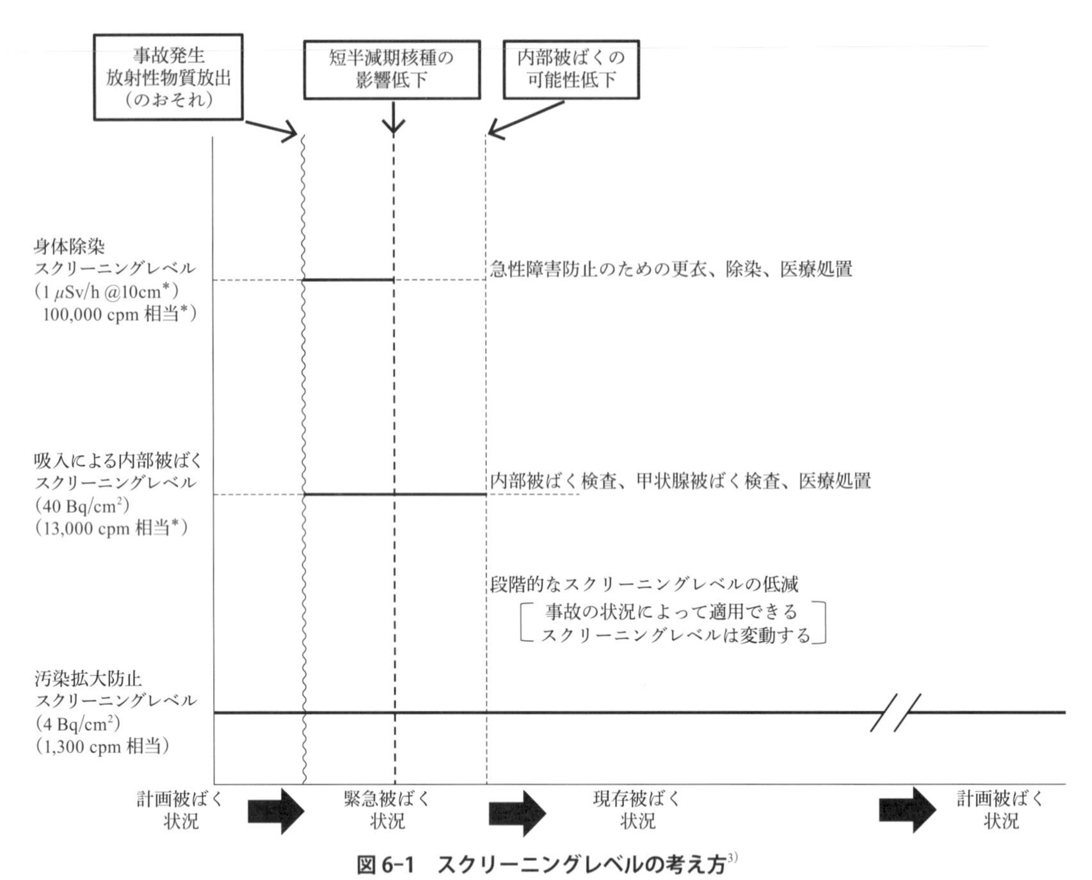

図 6-1　スクリーニングレベルの考え方[3)]

＊文献 3）を参考に著者作成。今般の事故対応で適用された数値を参考にした。これらの数値についてはあらためて検討が必要。

出る場合と同じである。

警戒区域では立ち入り者の退出にともなう汚染拡大防止の措置を講ずる必要があるが、次のように定められている。「除染業者にあっては、作業所の近辺に汚染検査所を設け、除染処理業務に従事した労働者が作業場所から退去するときはその身体及び装具の汚染状態を検査する。汚染限度は 40 Bq/cm^2（カウント値としては 13,000 cpm）を使用する[6)]」。

JAEA によるとスクリーニングの結果、作業員等や搬出物品においてスクリーニングレベル（13,000 cpm）を超えた事例はなかったと報告されている[7)]。なお 13,000 cpm は ^{131}I　40 Bq/cm^2 相当（幼児の甲状腺に 100 mSv の被ばくを与える空気中の濃度の時間積分として計算[8)]）、100,000 cpm は 10 cm の位置で 1 μSv/h に相当するとされる（IAEA による住民の体表面汚染に関する基準[9)]）。

例題 6-1　以下は、20 代男性（学生）からの質問である。どのように答えるのが適切であろうか？

福島の除染ボランティアに参加しようと思っている。周囲の反対が大きく、参加するには説得する必要があるように思われるが、実際、除染ボランティアは危険なのであろうか？　またどのようなことに気を付けて除染ボランティアを実施する必要があるか？

【解答例】

装備については前頁を参照し、たとえば作業衣、帽子、タオル、手袋、靴、着替え等を準備し、被ばく線量が 1 mSv/年を超えないよう現地管理者の指示にしたがうことなどを注意する。

6－3　放射性セシウムの特徴

図 6-2 に ^{137}Cs（セシウム 137）の原子核崩壊図を示す。この図を見ると、^{137}Cs がどのように崩壊していくのかが理解できる。まず、原子番号が 55 であり、質量数が 137 で、半減期は 30.0 年であることが判る。この図では X 軸方向に原子番号を、Y 軸方向に核の状態エネルギーが相対的に示されていて、^{137}Cs から右下に矢印が示されているのは、原子番号が増加し、核の状態エネルギーが低下することを意味する。また状態エネルギーの差が、放出される放射線のエネルギーとなっている。

この図をさらに詳しく見ていこう。^{137}Cs より右下に矢印が 2 本書いてある。これは 2 種類の β^- 崩壊が起こることを意味しており、分岐比とそのエネルギーはそれぞれ、94.6％と 0.5120 MeV あるいは、5.4％と 1.174 MeV である。注意したいのは、β^- 崩壊では原子番号が増える事と、β^- 線は連続スペクトルなので最大のエネルギーが記載されていることである（後の章で、ここら辺りは詳しく述べる）。分岐比 5.4％の β^- 崩壊では、安定な ^{137}Ba の状態に崩壊するが、94.6％の分岐比で、^{137m}Ba になる。この“137m”の意味であるが、準安定という意味で、ある時間が経つとさらに崩壊し、^{137}Ba に壊変

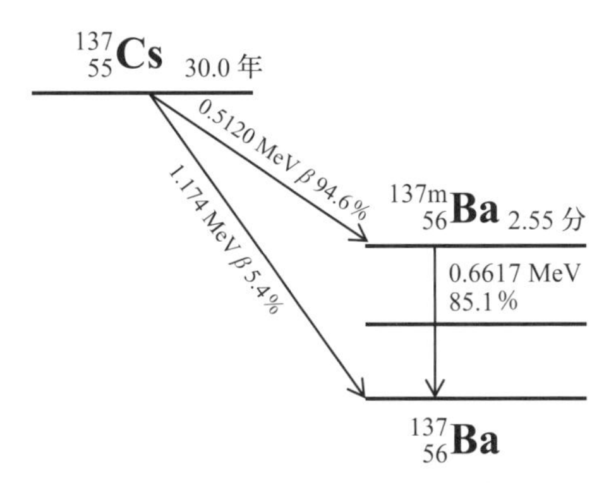

図 6-2　^{137}Cs の原子核崩壊図[10)]

＊文献 10）を参考に著者作成。

する。この時の矢印は垂直下向きになっているが、これは原子番号が変化しないことを意味しており、これがγ崩壊（γ線の放出）を示している。また、そのγ線のエネルギーは0.6617 MeV、放出率は85.1％である。γ崩壊の場合は、線スペクトルなので、このエネルギーの光子が放出される。この半減期は、2.55分である。

すなわち、^{137}Csはγ線を直接放出するのではなく、β^-線を放出した後に、γ線を放出するのである。

もう一つの放射性同位元素である^{134}Cs（セシウム134）はどうであろうか？　これもまたβ^-崩壊をしたのちにγ崩壊を起こす。この場合、放出されるγ線は多数あり、分岐比を合計しても100％を超える。これは、1崩壊ごと（^{134}Csが一原子なくなるごと）に一つ以上のγ線を放出することを意味している。表6-1に^{137}Csと^{134}Csの特徴を対比して示した。重要なことは、^{134}Csの半減期は2年であることと、1崩壊ごとに2本以上のγ線を放出することである。福島で空間線量（率）を測定した場合、^{134}Csの光子と^{137}Csからの光子の両者が空間線量（率）に寄与している。事故直後は、両者はほぼ同じ量が放出されたと考えられているので、空間線量へはおおよそ^{134}Csの方が^{137}Csに比較して2倍の寄与があったということである。またその減衰の様子は2年と30年の半減期のものの重ね合わせとなっている。したがって、事故直後から数年は、^{134}Csの減衰が効いてきて急速に低下するが、徐々に^{137}Csの寄与が顔をだし、減衰速度は鈍っていくことになる。

表6-1　^{134}Csと^{137}Csの特徴

	^{134}Cs	^{137}Cs
半減期（年）	2.065	30.167
核分裂収率	^{137}Csと^{134}Csとを合わせて 6.7896％	6.20％
崩壊	β ^{134}Cs → ^{134}Ba	β ^{137}Cs → ^{137}Ba
主たるγ線エネルギー	563 keV，569 keV 605 keV，796 keV 802 keV，1365 keV	662 keV（^{137m}Ba）
1崩壊あたりの放出割合	8.4％（563 keV） 15.4％（569 keV） 97.6％（605 keV） 85.5％（796 keV） 8.7％（802 keV） 3.0％（1365 keV）	85.1％（662 keV）
1 cm線量当量換算係数 (μSv/h)/(MBq/m^2)	0.249	0.0927
土壌沈着あたりの周辺線量当量率 (mSv/h)/(kBq/m^2)	5.40×10^{-6}	2.10×10^{-6}

＊アイソトープ手帳（第11版）を参考に著者作成。

6－4　放射化とは

では、いよいよ放射化について考えてくことにする。「放射線を浴びると放射化するか？」との質問である。前節 6-3 で明らかになったことは、浴びる放射線は、主に γ 線 0.662 MeV、1.365 MeV 等と、最大エネルギー 0.514 MeV と 0.658 MeV のベータ線である（詳細にはまだたくさんある）。これらの放射線によって放射化するか？　を考えていくことにしよう。

放射化とは放射線を放出しなかった安定な核が、放射線を受けて不安定になり放射線を放出するようになることである。このため、放射化で放出される放射線とは不安定核が安定な状態に移る際、その差のエネルギーを光子や粒子として放出されたものである（X 線や法律で規定する放射線の議論ではないことに注意しよう）。こう考えると、「放射化する」本質は、安定な核が放射線によって不安定な核になることであり、つまり放射線による核反応（変換）であり、その結果として放射線を放出するようになることである。

福島の場合、考えておく放射線は、前節で説明したように、ベータ線と光子（γ 線）である。これは ^{134}Cs あるいは ^{137}Cs から放出される放射線がこの 2 種類であるからである。

さて、不安定核について少し説明する。不安定な核は励起状態にあるのか、あるいは中性子が過剰であるか、逆に中性子が不足している状態の核である。よく知られているように、質量数が小さい場合は、中性子数と陽子数がほぼ同じ数の場合が安定であるが、質量数が大きくなると、中性子の数が多い方が安定になる。これは直感的に説明すると、質量数が多くなると、小さな核の中に沢山の陽子が存在することになり、それらのクーロン反発力（電気的な力）を相殺するため、中性子数が多くなると解釈される。核子どうしのクーロン力を小さくし、かつ核子（陽子、中性子）同士に働く引力である核力を大きくして安定化しているのである。質量数の小さい場合は、中性子も陽子もフェルミ粒子（同じエネルギー状態をとれない粒子）なので、片方の数のみを大きくすると核全体のエネルギーが高くなるので、両者の数が同程度の時に安定となるのである。

以下それぞれの核反応を見ていくことにする。

6－5　光子による放射化（光核反応）

まず、γ 線（光子）による核反応である。^{134}Cs、^{137}Cs からの（実際は ^{134}Ba、^{137}Ba であるが）γ 線で放射化するのであろうか？　考えられる核反応は、(γ, γ') (γ, n) (γ, p) 等がある。この意味は、核が γ 線を吸収して、新たな γ 線（γ'）を放出、中性子を放出、陽子を放出する核反応をそれぞれ表している。これらの核反応は、光子（γ 線）がトリガーとなって起こる核反応であるため、光核反応と呼ばれる。これらの光核反応により、物質の原子核は別の核種に変換されるが、その結果として放射性の核種となることがある。

6-5-1 (γ, γ') 反応

入射ガンマ線のエネルギーが、核子の結合エネルギー（約 8 MeV）以下では、光子は散乱されるとともに核は励起される（弾性散乱が起こる場合は、励起されない）。励起された核が基底状態に戻る際には光子が放出されるが、この反応が（γ, γ'）反応である。ちょうど原子の（電子）励起状態から X 線を放出して基底状態に戻ることを類推すると理解しやすいかもしれない。この現象は見方によれば、放射化したとみなすことができるであろう。しかしながら（γ, γ'）反応では通常 γ 線の放出は 10 ns 以下の時間で完了するため、普通、この反応で放射化することはないといえる。

6-5-2 (γ, n) 反応

（γ, n）反応は、中性子の結合エネルギーよりも入射 γ 線のエネルギーが大きくなると、中性子が放出される現象である。ターゲット核の質量数が大きくなると、（γ, n）反応によって生成される原子数は他の核反応、たとえば、（γ, p）より大きくなる。図 6-3 に光子エネルギーが 30 MeV で照射した場合の、それぞれの光核反応による収率

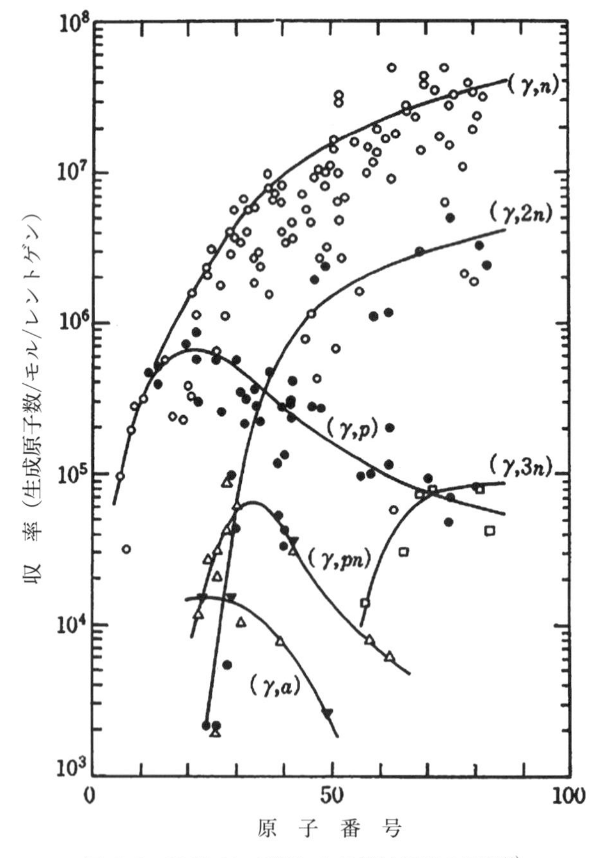

図 6-3 30 MeV X 線による光核反応の収率[11)]

＊出典：塩川孝信（他）『加速器によるラジオアイソトープの製造（Ⅱ）』（1977）
RADIOISOTOPES, 26, 425-431, p. 428 より転載。

（原子数）のターゲットの質量依存性を示した。原子番号が 20 程度以上になると、（γ, n）反応による収率が大きくなることが見て取れる。すなわち中性子が放出されやすくなるといえる[11)]。

では、生体が放射化するかどうかについて見ておこう。検討しておくのは、炭素、酸素、窒素、水素で良いであろう。まず、炭素を詳細に見ていこう。

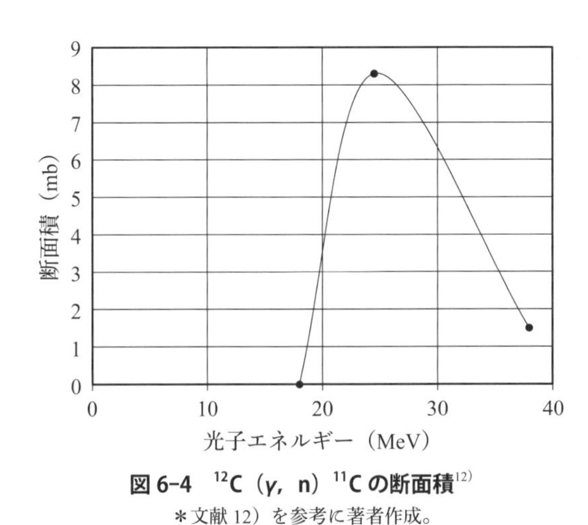

図 6-4　^{12}C（γ, n）^{11}C の断面積[12)]

＊文献 12）を参考に著者作成。

図 6-4 に ^{12}C（γ, n）^{11}C 反応の断面積の概形を示した。断面積とは、ここでは核反応を起す確率と解釈しておく。わかるように 18 MeV 以下の核反応確率は 0 である。つまりこの反応はしきい値反応であり、そのしきい値が 18 MeV であるといえる（正確には 18.7 MeV）。^{137}Cs からの γ 線が 0.66 MeV であり、^{134}Cs からの γ 線は 1.365 MeV であるので、^{12}C は ^{12}C（γ, n）^{11}C 反応は起こさないことがわかる。

窒素と酸素あるいはその他の元素ではどうであろうか？　表 6-2 に ^{12}C 以外のしきい値の低い核種の（γ, n）反応のしきい値とターゲット核の天然の存在比を示した。

表 6-2　しきい値の低い核とその天然存在比[13)]

元素	存在度（%）	しきい値（MeV）
^{1}H	99.85	—
^{2}H	0.015	2.22
^{12}C	98.90	18.72
^{13}C	1.10	4.95
^{14}N	99.634	10.55
^{15}N	0.366	10.83
^{16}O	99.762	15.66
^{17}O	0.038	4.14
^{18}O	0.200	8.04

＊文献 13）を参考に著者作成。

^{14}N、^{15}N および ^{16}O に対するしきい値はいずれも 10 MeV 以上なので 10 MeV 以下の γ 線で照射しても放射能生成の恐れはない。また、^{2}H（D）重水素のしきい値は 2.22 MeV、^{13}C、^{17}O のしきい値はそれぞれ、4.95 MeV および 4.14 MeV と比較的低い。これらのしきい値の低い核種の光核反応（γ, n）の反応の生成核は ^{1}H、^{12}C、^{16}O で安定核種であるので、核反応の結果、放射性核種を生じることはない。しかも天然の存在比が低いため問題にはならない。やはり Cs からの γ 線で放射化することはない。

6-5-3 （γ, p）反応

（γ, p）反応は、放出される陽子が正の荷電粒子であるため、核外に放出されるためには、残留核のクーロンポテンシャル障壁を乗り越える必要がある（図 6-5）。このためこの反応は、（γ, n）反応と比較して起こりにくい。核外から内部に正の荷電粒子が侵入するためには、クーロン障壁を乗り越えねばならないが、逆に核内から核外に正の荷電粒子が放出される時にも、同様にこの残留核のクーロン障壁（電気的な山）を乗り越えねばならないのである（図 6-5 のクーロン障壁）。

参考：厳密には実際は障壁を越える必要はなく、トンネル効果で乗り越えることができるが、その確率は放出粒子の質量が大きくなったり、ポテンシャルのピーク値が高くなったりするとその放出確率も急激に小さくなる。このため電荷が少ない軽粒子はこの障壁を比較的越えやすくなる（α 粒子の場合は、この障壁をトンネル効果で抜けるのである）。一方、電荷をもたない中性子はこのような障壁を越える必要がなく、放出される確率は正の粒子と比較して高くなる。図 6-5 はこの様子を表している。

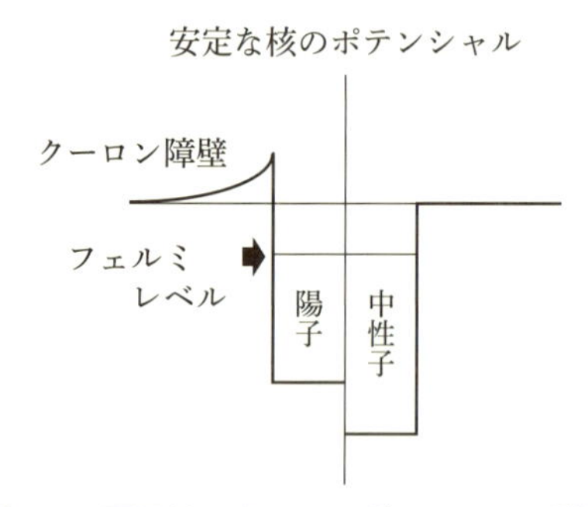

図 6-5　原子核のクーロンポテンシャル障壁

さて、（γ, p）反応のしきい値は核種の種類によらず約 10 MeV 程度であるため放射化する可能性は少ない。特に、質量数が大きい核種においては、（γ, n）反応と比較してその収率が低いため、問題とはならない。質量数の小さい核種である有機物を構成する水素、炭素、酸素、窒素（H、C、O、N）の中で（γ, p）反応でしきい値が 10 MeV 以下になる反応には D（γ, p）n がある。（これはターゲット D が γ 線を吸収し、陽子を放出して、結果としてターゲットが n（中性子）になるという意味である）。ただし、

D（γ, p）n 反応では放射性核種は生じない。また、リチウム 6（^{6}Li）およびバリウム 10（^{10}B）も、しきい値が 10 MeV 以下であるが、生成核が安定であるため放射化は起こらないと言っても良い。

練習問題 6.1　（　　　）内の 1〜5 に適切な言葉を入れよ。

放射化することは、（　1　）になることで、長時間かかってガンマ線（あるいは β 線）が放出される現象である。放射化されるためには、（　2　）を起こす必要がある。原子核の核子当たりの結合エネルギーを下図に示すが、質量数が 20 を超えると 1 核子あたりの結合エネルギーは大体一定で、約（　3　）であり、この性質を、結合エネルギーの飽和性という。見方を変えると、核反応が起こる（放射化）には、この程度のエネルギーが必要であるといえる。すなわち、この反応は（　4　）反応である。福島原発事故での γ 線源は ^{137}Cs、^{134}Cs であるので、エネルギー 0.66、1.36 MeV なので放射化は（　5　）。

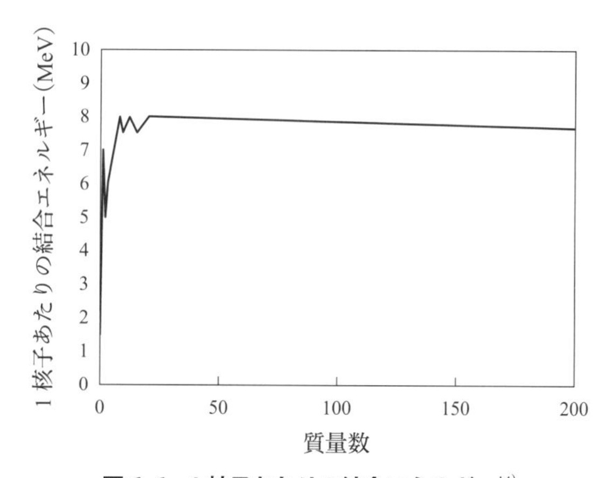

図 6-6　1 核子あたりの結合エネルギー[14]

＊石川友清（編）『放射線概論（第 3 版）』（1996）通商産業研究社を参考に著者作成。

6－6　電子線による放射化

次に電子線による放射化を考えよう。放射化はどういう条件で起こるのであろうか？ターゲットに電子が入射したらどんな現象が起こるであろうか？　ここらから考えていこう。電子がターゲットに入射した場合、まず、個体内の電子と相互作用するであろう。あるエネルギー以上の電子が入射した場合、ターゲットの電子をはじき出すようになる。このはじき出された電子が、内殻電子であったらなら、その後にできた空孔（電子が入る余地のある軌道）に外殻の電子が落ち込んでくるであろう。この時に電子の軌道のエネルギー差に相当する電磁波が放出されることになる。この電磁波を特性 X 線と呼び、通常は線スペクトルとなる。図 6-7 に特性 X 線の発生機構を示した。この特性 X 線のエネルギーは、原子の種類によりその波長が異なるため、その波長から原子の種類を特定することもできる。一方で、特性X線を放出する代わりに、そのエネルギーを軌道電子に与え放出することがある。これをオージェ効果といい、この時放出した電子をオージェ電子という。

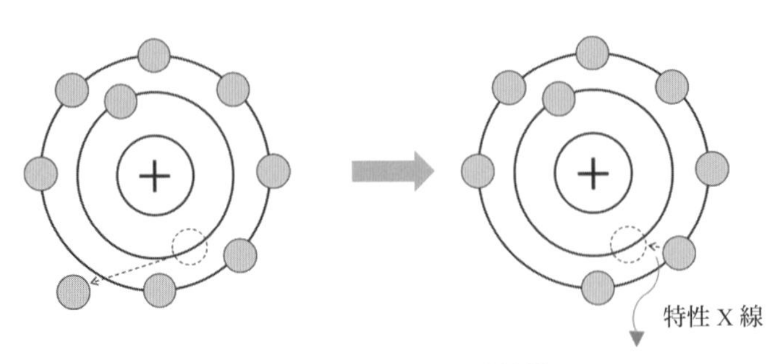

図6-7　特性X線の発生機構

さて、入射した電子は軌道電子をはじき出して特性X線を放出させるが、そればかりではなく、原子核の近傍を通過した電子は、原子核からのクーロン力で加速度が働き、軌道が曲げられるであろう。このように電子などの荷電粒子が、急激な加速度運動をした場合、電磁波が発生するが、このことを制動放射という（図6-8）。

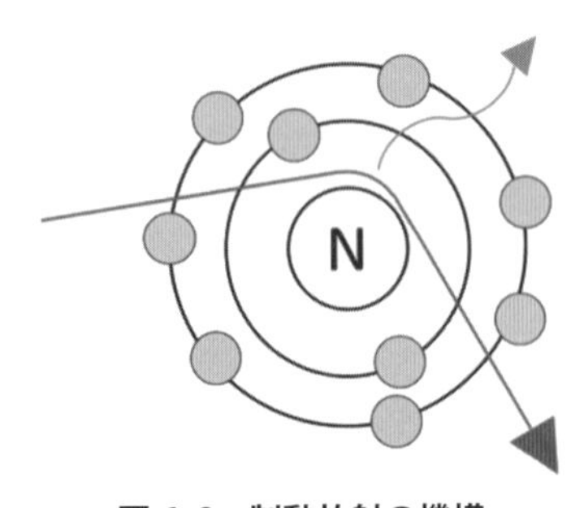

図6-8　制動放射の機構

粒子質量が大きい場合には、進む方向はあまり変わらず制動放射は起こりにくくなる。このためこの現象は主に電子について顕著な現象であるといえる。なお発生する電磁波のエネルギースペクトルは、電子のエネルギーを最大エネルギーとする連続スペクトルとなる。この制動放射によって発生するX線を、制動X線という。

この制動X線が発生する良い例がX線管である（図6-9）[15]。加速された電子線がターゲットに入射すると、その電子がターゲットの原子核のクーロン場で加速度を受け、制動X線が発生する。制動X線のもつエネルギーは電子がどのような速度に減速されるかで変わってくる。このため、スペクトルは幅広い範囲の波長のX線が混ざり、連続スペクトルを示す（図6-10　白色X線とも呼ばれる）。この制動放射がターゲットの放射化に大きく効いてくることになるが、それは、もう少し後で説明する。

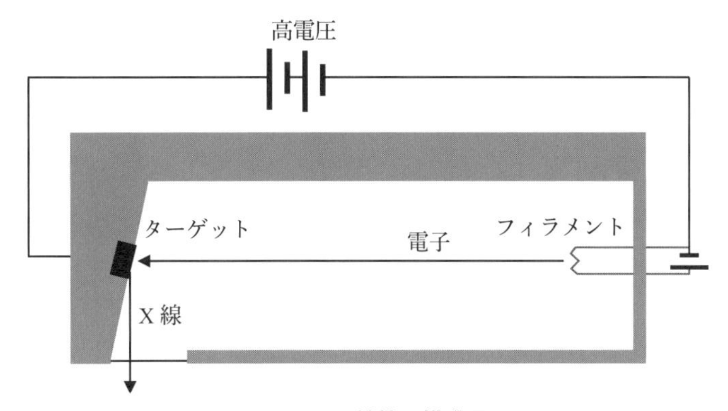

図 6-9　X 線管の模式図

その前に、もう少し X 線管について説明しよう。X 線管からは実際には、どのような X 線が放射されているのであろうか？　制動 X 線と特性 X 線の関係はどうなっているのであろうか？　これを示したのが図 6-10 である。図 6-10 を見ると、X 線の連続スペクトルの一部に、鋭いピークを示す X 線が観測される。これが特性 X 線であり、背景の連続スペクトルが制動 X 線である。また何本かのスペクトルが描かれているが、これは電子の加速電圧が異なる場合である。加速電圧が高いほうが、より高いエネルギーをもつ光子を発生できることになる。

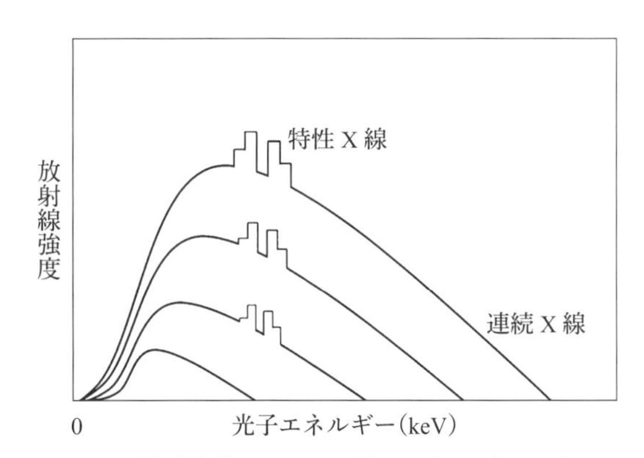

図 6-10　X 線発生装置からの X 線のエネルギースペクトル

さて、これらの知識を基に、いよいよ電子線による放射化について述べることにしよう。電子がターゲットに入射した場合、特性 X 線と制動 X 線が放出されるのであった。電子のエネルギーを大きくしていった場合、それぞれの X 線はどうなるであろうか？　あらためて図 6-10 を見てみよう。電子のエネルギーが変化した場合（加速電圧が変化した場合）の X 線のスペクトルが示してある。わかるように、特性 X 線は入射電子のエネルギーが変化しても、変化していない。一方、制動 X 線に関しては入射エネルギーが大きくなると、最大エネルギーが大きくなっている。この最大エネルギーは入射電子のエネルギーに相当している。この入射する電子のエネルギーを充分高くすれば（10 MeV以上であれば）、発生した制動X線による光核反応が起こることになり、後は光核反応と同じ現象が起こることになるのである。

すなわち、電子による放射化は二次的な反応によって起こる。この二次的な反応と言うのは（エネルギーが極端に高い場合は除いて）、電子そのものが原子核から核子を放出する反応を起こすことはなく、高エネルギーの電子がいったん制動X線を誘起し、その電磁波が光核反応を起し放射化を引き起こすのである。制動放射による光子のエネルギーは入射した荷電粒子より大きくなることはない。このため、問題としているセシウムでは ^{137}Cs では β 線のエネルギーは 0.51 MeV または 1.17 MeV、^{134}Cs で 0.658 MeV、0.415 MeV、0.089 MeV である。前節で述べたように、この程度の光子エネルギーでは放射化は起こらないことは明らかである。

最後に、γ 線とX線の相違について述べておく。一般的に γ 線の方が波長の短い（エネルギーの高い）電磁波であるが、大きな違いは両者では発生機構が異なっていることである。すなわち、γ 線は核から放出される電磁波であり、X線は核外の電子によって誘起される電磁波あるいは軌道電子の遷移（特性X線）を起源とするものである。放出されてしまったら両者は識別できないことになる。

練習問題 6.2

①次の言葉を使って、電子線による放射化について説明せよ。

電子のエネルギー、制動放射、光核反応

②γ 線とX線の相違を（　　）内の1～5に適切な言葉を補い説明せよ。

レントゲン等で使われる（　1　）も、放射性物質から放射される（　2　）も電磁波の1種であり、その電磁波としての振る舞いに違いはなく、波長領域もオーバーラップしている。その呼び方の違いは（　3　）によっている。「原子核内のエネルギー準位の遷移を起源とする（＝原子核の崩壊によって発生する）もの」を（　4　）と呼び、「軌道電子の遷移を起源とするもの」を（　5　）と呼ぶ。

6－7　中性子による放射化

さて、光核反応で中性子が放出されることがあることを述べた。実際は核反応が起こる（しきい値が低い）ターゲットとなる元素の自然存在比が低いことや、セシウムからの光子や電子のエネルギーが低いために、実際は中性子は放出されることはない。しかし、中性子は電荷をもたないので、容易に核内に侵入し、核反応を引き起こすのである。つまり、中性子はターゲットを容易に放射化するといえる。

中性子と原子核との相互作用が起こる確率を断面積という。放射化する場合は放射化断面積といい、面積の次元をもつ。単位はバーンである。1 b（バーン）は 10^{-28} m^2（＝10^{-24} cm^2）と定義される。中性子のエネルギーが低いほうが断面積は高い（詳細は後の中性子の章で述べることにする）。

練習問題 6.3

福島の問題を考えよう。

対象物（人や車）が放射線を発するようになる可能性について根拠を示しつつ述べよ。また、本章冒頭の人々の反応について自分の意見をまとめてみよ（これについては、正答や誤答はない。自分の意見を明確にしておくことが目的である）。

6－8　放射線殺菌

γ 線、電子線による放射化について述べた。ある面この問題に関連が深い放射線殺菌および食品照射について述べておこう。

たとえば医療器具である。煮沸消毒に適さない、あるいは有害な残留物が問題となる器具で、注射針、注射筒、手術器具、縫合糸などの医療器具等である。これらに対しても、放射線殺菌は容易に消毒を行い得るという利点がある。しかも透過力が高い γ 線あるいは電子線を使用するため、包装や梱包したままで殺菌することが可能である。なお、滅菌とは初期の細菌数を 100 万分の 1 以下に減少させるのが滅菌である。現在、放射線殺菌した医療用具の生産量はガス滅菌、熱滅菌などを上回ると言われている。

しかし、この場合、放射化の恐れや汚染の恐れはないのであろうか？

同様に、食品の殺菌や発芽防止にも放射線が使用されている例がある。よく知られている例として、じゃがいもの発芽防止がある。じゃがいもの新芽の部分には毒性のあるソラニンが含まれている。このため家庭で料理する際は、この部分を取り去る必要がある。北海道の一部では、とれたてのじゃがいもに ^{60}Co の γ 線を照射し、発芽を防いでいる。ベルゴニー・トリボンドーの法則を思い出そう。細胞分裂の活発な組織は他の組織の細胞に比べ放射線による感受性が高かった。このため、じゃがいもの休眠期に放射線を照射する（60 Gy 以上とされている）と、幼弱な組織の細胞は分裂能力が失われる。一方、他組織の細胞は放射線の影響をほとんど受けないため、鮮度を保つことができるようになるのである。本手法が日本で認可されたのは 1972 年で、現在も日本では食品照射が認可されている食品はじゃがいもだけである。欧米では肉や果物、香辛料などを殺菌するための食品照射が認められている。

アメリカではハンバーグなどに使われる牛ひき肉の O-157 汚染、それによる食中毒が問題になり、放射線殺菌が認められるようになった。

2008 年の調査（2005 年のデータ）では、年間の処理量が 1000 トン以上の国は 16 カ国であり、世界における処理量の総量は 40 万 5 千トンであった。中国、米国、ウクライナの処理量が多く、中国（146,000トン）、米国（92,000トン）、ウクライナ（70,000トン）、次いでブラジル（23,000トン）、南アフリカ共和国（18,185トン）、ベトナム（14,200トン）の順である。日本（8100トン）は7位ですべてじゃがいもが対象である。一方、中国では、ニンニク、香辛料、穀物、アメリカでは、肉、果実、香辛料が対象である[16)]。

食品照射で利用される放射線は規格により制限を受けていて（コーデックス規格）、① ^{60}Co、^{137}Cs から放出される γ 線、② 5 MeV以下の加速器から得られるX線、③ 10 MeV以下の加速器から得られる電子線、の3種類である。電子線、X線のエネルギーの上限が定められているのは、放射化を抑えるためである。

X線のエネルギーが10 MeV以下で中性子を放出する（光核反応で中性子を放出する）元素は表6-2で示したように、^{2}H、^{13}C、^{17}O、^{18}O であり、^{2}H は2.22 MeV、^{17}O は4.14 MeV、^{13}C は4.95 MeVである。しかし、これらの元素の自然存在比は小さく、中性子発生比率は低いため、中性子はほとんど発生せず、また生成される元素も放射性同位元素ではないことが指摘されている。しかしながら、わずかであるが中性子は発生し、食品中で減速されるため放射化断面積が大きくなる。食品中のRIとしては ^{38}Cl と ^{24}Na が比較的多く、^{42}K や ^{32}P なども極微量に生成する。しかし、天然に存在する ^{40}K や ^{14}C などの食品中の自然放射能量が1 kg当たり19〜600 Bq（ベクレル）に対し、電子線で誘導される放射能は70 kGy照射でも0.2 Bq/kg以下と報告されている。

さて食品照射については根強い否定的な意見もあることを忘れてはならない。代表的な意見を拾ってみよう。下記①については技術的問題であるので、当該技術が受け入れられるようになるにはさらなる検討が必要であるのかもわからない。

① 安全であるか、栄養学的にも適正な処理であるのか。変質したり未知の物質は生成しないのか
② 監視、検知はできるのか
③ 必要性はあるのか
④ 照射の情報が伝えられるのか

練習問題 6.4

米国では香辛料等で放射線殺菌が行われており、我が国でも医療機器の殺菌には放射線が使われている。1999年の実績で50.6%、金額割合で56%が γ 線（^{60}Co　1.17 MeVと1.33 MeV、^{137}Cs　0.66 MeV）滅菌である。またじゃがいもでは発芽防止のために照射が行われていることを紹介した。以下の二つの問いに答えよ。

1）医療機器に放射線殺菌がなされているが、これは汚染、放射化の観点から危険はないのであろうか？　これについて本章をもとに答えよ。

2）上記の答えにかかわらず、論拠を述べつつ自分の意見を述べよ。（注意：これは個人の意見なので、どちらが良い悪いというものではありません。本書で学ぶことを通じて、自分の意見をもつようにし、かつ、論理的に説明する練習です）

6－9　問題提起に対する考え方

汚染と放射化の両方を考えておく必要がある。汚染は放射線を発する物質（汚染物質）が付着している場合である。汚染の場合は、その汚染物質を洗い流せば問題はない。通常、大量の水や洗浄剤で洗い流すことができる。一方、問題となるのは放射化である。福島（生活圏内に中性子は存在しない）で放射化が起こる可能性のあるのは、エネルギーの高いガンマ線（光子）である。放射化するということは、核反応を起こし、不安定核になるということである。光子で核反応が起こる場合は、その光子のエネルギーが約 8 MeV 以上でないと起こらない。これは核子の結合エネルギーがこの値であるからである。福島で存在する放射性セシウムのガンマ線のエネルギーは ^{137}Cs で 0.66 MeV、^{134}Cs で最大 1.37 MeV であるので、いずれの光子でも核反応は起こらず、放射化することはない。

したがって、福島から来た人や車両であっても、十分に洗浄しておけば、被ばくすることはない。

6－10　おわりに

福島の放射性セシウムによる被ばくに対する関心が高くなっている。センセーショナルな話題を提供する媒体もあるが、われわれは、今まで積み重ねられてきた実験事実や理論に立脚した判断を行う必要があると思われる。その観点から、本章では、放射能汚染、放射化の問題を取り上げた。さらに、その観点から、医療機器の殺菌、食品照射について述べた。

第6章

参考文献

1）Naoki Kaneyasu *et. al.*, Sulfate Aerosol as a Potential Transport Medium of Radiocesium from the Fukushima Nuclear Accident, *Environmental Science and Technology*, Vol. 46, No. 11, pp. 5720-5726（2012）
2）上澤千尋「福島第一原発のトリチウム汚染水」『科学』Vol. 83, No. 58, pp. 504-507（2013）
3）原子力規制委員会，医分第 31-4 号—「スクリーニングに関する提言」
http://www.nsr.go.jp/archive/nsc/senmon/shidai/hibakubun/hibakubun031/siryo4.pdf
4）大熊町 HP：http://www.town.okuma.fukushima.jp/scr_lvl_201109.html
5）藤 将「身体汚染スクリーニングと除染の方法」『救急医療ジャーナル』Vol. 19, pp. 12-16（2011）

6）厚生労働省，「除染作業等に従事する労働者の放射線障害防止に関する専門家検討委員会」報告書（別添 2），http://www.mhlw.go.jp/stf/houdou/2r9852000001wd45.html（2018 年 6 月 25 日）
7）除染技術情報なび，スクリーニング（汚染検査）結果，http://c-navi.jaea.go.jp/ja/resources/operational-safety-kernel/screening-result.html（2016 年 6 月 25 日）
8）原子力規制委員会 HP「緊急被ばく医療のスクリーニングレベル」原子力安全委員会，被ばく医療分科会，医分第 22-4 号
http://www.nsr.go.jp/archive/nsc/senmon/shidai/hibakubun/hibakubun022/hibakubun-022.htm
9）原子力規制委員会 HP「緊急被ばく医療のスクリーニングレベルについて」原子力安全委員会，被ばく医療分科会，医分第 28-4 号
http://www.nsr.go.jp/archive/nsc/senmon/shidai/hibakubun/hibakubun028/hibakubun-028.htm（2019 年 1 月 19 日）
10）Ervin B. Podgorsak, Radiation Physics for Medical Physicists Biological and Medical Physics, *Biomedical Engineering*, pp. 475-521（2010）
11）塩川孝信，吉原賢二（他）「加速器によるラジオアイソトープの製造（Ⅱ）」，RADIOISOTOPES，Vol. 26，No. 6，pp. 425-431（1977）
12）Stanley Arthur Golden, Cross sections of the gamma, proton and gamma,proton neutron reactions in argon-40, Retrospective Theses and Dissertations, Iowa State University Capstones, Theses and Dissertations（1960）
https://lib.dr.iastate.edu/cgi/viewcontent.cgi?referer=https://www.google.co.jp/&httpsredir=1&article=3612&context=rtd
13）橋爪朗，理化学研究所「γ線による誘導放射能に対する考察（10 MeV 以下の光核反応）」アイソトープ協会研究成果中間報告書（1989）
14）石川友清（編）『放射線概論（第 3 版）』，p. 39，通商産業研究社（1996）
15）有水昇，高島力『標準放射線医学第 4 版』，医学書院，p. 3（1992）
16）久米民和「世界における食品照射の処理量と経済規模」『食品照射』，Vol. 43，No. 1，2，pp. 46-54（2008）

章末問題

次の（　　）内の 1～7 に適切な言葉を補え。

1. 原子核の壊変の様子を示した図を（　1　）と呼び、半減期、状態エネルギー、分岐率、放出される放射線およびそのエネルギーなどが記載されている。
2. 光子による核反応を（　2　）と呼び、新たな光子を放出したり、陽子を放出したり、中性子を放出する。反応後の核子が放射化する場合もあり、また、放出された放射線が、新たな放射性同位元素を生成する場合もある。
3. 光子により核反応が起こるためには、光子のエネルギーが（　3　）より高くないと起こらない。
4. 電子による材料の放射化は、（　4　）により、高エネルギーの光子が発生し、この光子が核反応を起し、放射化が起こる。
5. 荷電粒子が物質中を運動する際，電場の中で加速度を受けた場合粒子より放出される電磁波を（　5　）といい連続スペクトルを示す。
6. γ線と X 線の違いはその発生機構であり、γ線は（　6　）から放出される電磁波であり、X 線は核外の（　7　）によって誘起される電磁波である。

第7章

電磁波と物質との相互作用
―空からの放射線・スカイシャイン―

7－1　はじめに

原発事故直後には、原子炉の冷却水の喪失の可能性が指摘され、冷却と遮蔽の役割をもつ冷却材の喪失がもたらすであろう現象について議論された。なかでもBusiness Insiderに掲載されたアーニー・ガンダーセン（Arnie Gundersen）の「スカイシャイン」と題された記事（2011年4月1日）は、日本語に翻訳され、いろいろな意見がネットに出された。ガンダーセンの解説は、技術者らしく、的確に現象を予測していたが、日本語に翻訳される際、若干の誤訳があり、スカイシャインが東日本に大変な被害をもたらすといった議論がなされた。

問題提起　「スカイシャインは関東地方に致命的な被害をもたらすか？」

事故当時、４号機は定期検査中であった。このため核燃料は使用済燃料プールで保管されており、核燃料は損傷を免れていた。この燃料プールの冷却水が喪失した場合、スカイシャインが起ったり、燃料中のプルトニウムが揮発・漏洩したりする可能性のあることをアーニー・ガンダーセンが指摘したのである。

ここでいうスカイシャインとは、使用済み核燃料から放出されたγ線が上空で空気分子によって反射され地上に戻ってくる間接線のことであるが、この記事に対し、「関東地方では強い放射線が降ってくる」という味合いのセンセーショナルな話題がネット上を駆け巡った。

なお、アーニー・ガンダーセンは、エネルギー・コンサルティング会社、フェアウィンズ・アソシエーツのチーフ・エンジニアである。かつては原子力技術者であったが、現在は、原子力撤廃論者である。

■ 空で放射線が反射されるスカイシャイン。こんな空からも放射線が降ってくるのだろうか？

第7章

ここでいう「スカイシャイン」とはどのような現象であろうか？　さらに最近言及されだした「グランドシャイン」、「クラウドシャイン」は、どんな現象を意味するのであろうか。ここでは、スカイシャインを理解できるようにしていく。

「スカイシャイン線」を調べると、「地上の放射線源から、上方に放出された放射線のうち、大気により散乱され地上に戻ってくるもの」との説明がなされている。まず疑問として、放射線は大気により散乱されるのであろうか？　福島で問題となるようなガンマ線は、セシウム 137 とすると、0.66 MeV の透過力が強いガンマ線である。あるいは、原子炉からのスカイシャインもあると考えると、核種は異なるがエネルギーの高いガンマ線である。（原子炉からは、中性子のスカイシャインも考えられるが、ここではガンマ線に絞って考えることにする）。ガンマ線のような高いエネルギーの電磁波は、大気のような密度の低い対象物で散乱されるのであろうか？　さらに散乱があったとしても、そもそも、ガンマ線を散乱する物質はなんであろうか？　どんな物質が大気中にあって、ガンマ線を散乱するのであろうか？　ここら辺から議論していこう。このため、本章では、散乱について、可視光からガンマ線にいたる幅広い波長の電磁波を考え、それぞれの特徴を考えるとともに、それぞれの散乱について検討していく。全体像を説明した後に、スカイシャインを説明する。そのプロセスでは、電磁波との相互作用の機序についても触れていくことになる。

7－2　光散乱の分類

光の散乱現象は、その波長によっていろいろ機構が異なる。大きく分けて、次のものがある[1)]。

1）微粒子による散乱：	ミー散乱	（光の波長程度の大きさの粒子による散乱）
	レイリー散乱	（光の波長よりも小さい粒子による散乱）
2）電子による散乱　：	トムソン散乱	（電子による長波長光の弾性散乱）
	コンプトン散乱	（電子による短波長光の非弾性散乱）

また、光子と物質との相互作用として、光電効果、電子対生成（創生）がある。さらに上記、レイリー散乱とトムソン散乱は干渉性散乱といわれており干渉を示す。特にトムソン散乱はX線回折の基本機構であり、原子（に属する電子）によるX線の散乱現象である。これらを順次説明していく。スカイシャインは上記、コンプトン散乱が関係する現象である。

まずわれわれが通常目にする散乱現象はミー散乱である。懸濁液やコロイドのような分散系に光を通したときに、光が散乱され、光の通路が光って見える現象をチンダル現象というが、このチンダル現象は主にミー散乱によるものである。ドイツの物理学者グスタフ＝ミーが厳密解を導いたとされる現象で、光の波長程度の粒子による散乱である。雲が白く見える一因である。ミー散乱では散乱強度の波長依存性が少ないため、どの波長の光も同程度に散乱されるためである。

散乱粒子の大きさと波長から散乱様式が整理されていて、サイズパラメータ α を使って、区別される[2)]。

$\alpha \gg 1$	幾何光学近似ができる領域
$\alpha \sim 1$	ミー散乱
$\alpha \ll 1$	レイリー散乱
$\alpha = \pi D/\lambda$	D：粒子直径、λ：光の波長

幾何光学近似とは、媒質の誘電率の空間変化が波長にくらべて十分小さい場合に適用できる近似であり（$\alpha \gg 1$)、光の波動性や粒子性を無視して「光線」として記述する近似である。

さて、ここで光のスペクトルと波長の関係を示しておこう。図 7-1 に光の波長とエネルギーの関係、およびそれぞれの電磁波の呼び名を示した[3)]。

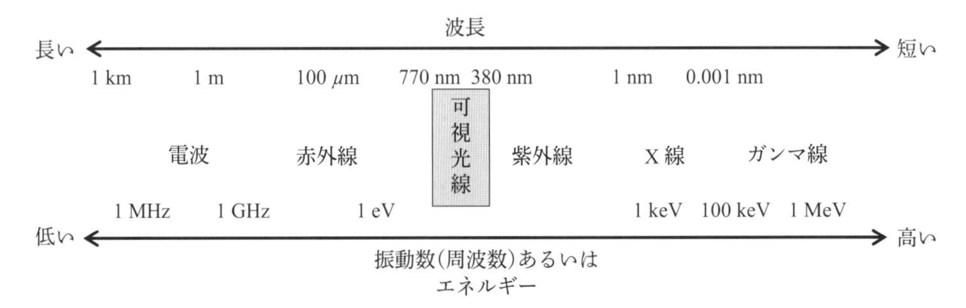

図 7-1　電磁波の波長とエネルギーあるいは周波数、およびそれらの呼び名

波長が短くなると、エネルギーは高くなる。100 keV 程度においては、X 線領域になっており、X 線管の印加電圧がこの程度となっている。ここで、実用的な公式を導入しておこう。以降、何度か利用することになる[4)]。

$$E(\mathrm{keV}) = 12.4 / \lambda \quad (\mathrm{\AA}) \tag{7-1}$$

これは、光子のエネルギーと波長の関係を示した公式で、エネルギー E は（keV）の単位で、波長 λ は（Å）の単位で記述する。

たとえば、水素原子の大きさの波長（1 Å）には、12.4 keV のエネルギーが必要である。また粒子性が顕著になってくるエネルギーは 100 keV（電子の静止エネルギー 511 keV 以上では粒子的取り扱いが必須となる）程度であり、その波長はだいたい 0.1 Å からである。つまり、X 線発生装置から出てくる電磁波は、粒子性が顕著になってきつつある領域であり、原子の大きさの1/10程度の波長をもっているといえる。

例題 1　空気のW値（正イオン―自由電子対あたりの平均生成エネルギー）を35 eVとして、（ア）電離するための電磁波の波長を求めよ。（イ）この波長領域は、電磁波としてはどの領域にあるか？（可視光、赤外光？）また、（ウ）波長が1 Åの光子のエネルギーはどれくらいか？（水素原子の大きさである）

【解答例】

（ア）$\lambda = 12.4 / E = 12.4 / 35 \times 10^{-3} = 354$（Å）$= 35.4$（nm）

（イ）紫外線（あるいは低エネルギーX線）領域

（ウ）$E = 12.4 / 1 = 12.4$（keV）　X線領域

7－3　レイリー散乱

レイリー散乱は、波長より小さな粒子による光（電磁波）の散乱である。可視光が空気中の窒素や酸素の分子にあたって散乱していることを明らかにしたのがイギリスの物理学者であるレイリー（1842～1919）であった。この散乱は古典的な散乱（量子論は使わず、電磁気学のみで説明がつく）である。

可視光の波長は400～800 nm（4000～8000 Å）で、窒素と酸素での分子サイズは0.36、0.35 nmであり可視光の波長よりかなり小さい。このような場合は、入射光の電場は分子全体に均一に印加されていると見なせ、コンデンサーの中に分子が一つ存在しているような状況に似ている[5)]。このため入射した電磁波の電場によって分子に電気双極子が誘起される。外部電場は電磁波由来のもので周期的に変化するため誘起された双極子も同じ周波数で振動する。このため周期的に誘起された振動する双極子からは同じ周波数の電磁波が放出され、外から見ると、入射波と同じ周波数の電磁波が散乱されているように見えるのである。散乱された電磁波の周波数は、入射した電磁波のそれと同じため、散乱前後で波長は変わらない。この機序に基づく散乱をレイリー散乱と呼ぶが、この散乱ではエネルギーの散逸は起こらないため、弾性散乱に分類される。また、レイリー散乱では入射波と散乱波の位相は一定の関係をもっている（干渉性散乱）ので、散乱体がいくつかある場合、それらの散乱波は互いに干渉することになる。このように、散乱体が波長に対して小さくても電磁波は散乱されるのである。

レイリー散乱は原子に拘束された調和振動子としてモデル化すると理解しやすい。

図7-2にレイリー散乱をモデル化した調和振動子を示す。減衰項を入れているのは、共振周波数で発散しないため導入した便宜的なものである。この振動子がしたがう方程式は、m：質量、α：減衰定数、k：バネ定数、c：振幅、ω：外力の角周波数、x：変位、t：時間とすると、

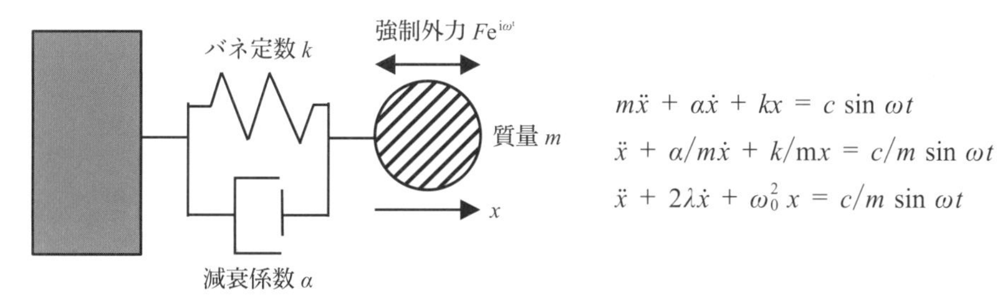

図 7-2　レイリー散乱の調和振動子モデル

$$m\ddot{x} + \alpha\dot{x} + kx = c\sin\omega t \quad (7\text{-}2)$$

である。右辺は入射電磁波の電場を表し、左辺第 2 項が減衰を示している。この微分方程式は容易に解ける（実際は少し知識が必要であるが、ここでは具体的には解かない）。

その結果、振動子の振幅は図 7-3 に示したような周波数依存性を示す[6]。ここで ω は角周波数なので、正確には角周波数依存性である。

また c は入射波の振幅であり、図中縦軸の $|A|$ は振動子の振幅で、とりもなおさず、放射される電磁波の振幅と考えてよい。

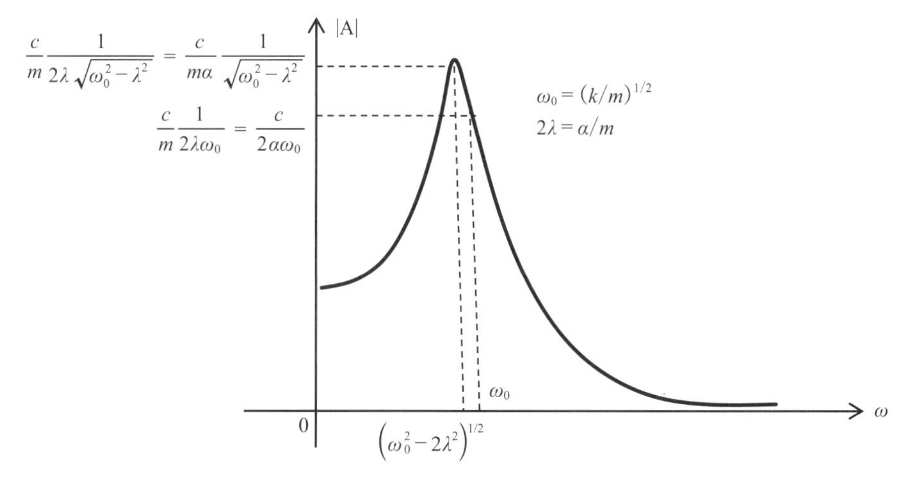

図 7-3　方程式の解の概要[6]

＊文献 6）を参考に著者作成。

ここで ω_0 は減衰項が無い時の共振周波数であり、解析的には $(k/m)^{1/2}$ である。減衰項があると共振周波数は $(\omega_0^2 - 2\lambda^2)^{1/2}$ つまり $(k/m - 1/2 \cdot (\alpha/m)^2)^{1/2}$ となり、若干の共振周波数のシフトがある。あらためてレイリー散乱を考えよう。空気中での散乱を考えて、空気中の ω_0 は、窒素と酸素の分子による吸収を考えると良いだろう。図 7-3 は振動子の振幅強度の（角）周波数依存性を示しているので、散乱を考える場合は、上の図の天地を逆転した場合に相当する。共振する箇所が凹むが、ここが酸素あるいは窒素分子の吸収に相当して、この波長では光は透過しないことになる。この領域を吸収帯と呼ぶ。

酸素と窒素は幅広い吸収帯を有するので、実際には波長が 200 nm を下回ると、この波長の光は透過しなくなる。これを真空紫外域と呼ぶ。ここで、酸素で 180 nm、窒素で 90 nm 程度を代表させて固有振動数 ω_0 と考えると、それぞれ 1.7×10^{15}、3.3×10^{15} Hz 程度である。この波長をもった光は窒素や酸素に吸収されて、空気中を伝播しにくくなる。空気中に可視光（波長は 300〜700 nm）が入射した場合、そのエネルギーは 2〜4 eV である。いろいろ数字が出てきて、複雑になったので、下にまとめた（表 7-1）。

表 7-1　可視光の周波数と酸素・窒素の考察する代表的なエネルギー

	波長（nm）	エネルギー（eV）	周波数（Hz）
可視光	300〜700	2〜4	$4.3〜9.9 \times 10^{14}$
酸素	180	〜7	1.7×10^{15}
窒素	90	〜14	3.3×10^{15}

可視光の周波数は酸素や窒素の共振周波数より十分小さいので、図 7-3 でいう共鳴ピークの原点側にあることになる。窒素と酸素の分子サイズは 0.36、0.35 nm であり、可視光の波長よりかなり小さくレイリー散乱をすると記述したが、見方を変えると、レイリー散乱は、図 7-3 のピークより原点側の振動であるといえる。この領域では共鳴吸収端ほどは大きくないので光は透過したり散乱されたりする。レイリー散乱が起こる領域の振幅は吸収端のすぐ原点側に相当し周波数依存性を示すため、振動数が増加すると散乱振幅は大きくなることが見て取れる。実際、レイリー散乱の振幅は、振動数の 4 乗に比例することが示される。この周波数依存性から、空が青い理由や夕日が赤い理由が説明される（青の光の振動数が赤のそれより 2 倍程度大きいとすると、青は赤より 16 倍も散乱（放出）されることになる）。

ここで固体のレイリー散乱について述べておこう。図 7-2 に示したようにレイリー散乱は原子に拘束された調和振動子として考えることができる。対象を鉛としてエネルギーで約 1 keV、波長で 10 Å 程度の X 線が入射したとする。鉛の格子定数は〜5 Å の面心立方晶なので、一つの原子の直径は約 3 Å である。ここに 10 Å の電磁波が入射するので、この電磁波は鉛の内殻電子を集団で揺さぶることになるであろう。内殻電子は原子核に拘束されていると考えても良いので、この電磁波はレイリー散乱することになるのである。なお、エネルギーが高くなるとトムソン散乱が起ることは次節で示す。

7－4　トムソン散乱

トムソン散乱はレイリー散乱よりエネルギーの高い電磁波（X 線領域）の散乱現象である。この散乱現象も干渉性散乱である。電磁波の自由電子による散乱とされているが、統一的に理解するために、まず、レイリー散乱と同じような解釈をしてみよう[6)]。図 7-3 の（角）周波数が共鳴吸収端に比較してずっと高い領域がトムソン散乱に相当する。この領域では、散乱振幅は周波数に依存せず一定とみなせる領域である。つまりエネルギーが変化しても、いずれの光子も同程度に散乱されることになる。このようにレイリー散乱と同じモデルで扱えるのは、トムソン散乱も干渉性散乱であるためである。このトムソン散乱もレイリー散乱と呼ばれることもあるので注意しよう。

トムソン散乱として扱える入射光のエネルギー領域と、X 線回折について説明する。

7-4-1　エネルギー領域（波長領域）

少し複雑になるので、まず考える領域のエネルギーあるいは周波数を表 7-2 に示した。この表を参考にしながら考えていこう。入射電磁波は（7-2）式のように波動として扱っており、この式で記述できているので、粒子性が顕著でない領域で現れる現象である。前述したが、電子の静止質量エネルギー以上（E ＞ 511 keV、λ ＜ 0.024 Å）であれば、粒子的取扱いをする必要がある。

表 7-2　想定する光のエネルギー

エネルギー	波長（nm）	参考
511 keV 以上	0.002（0.024 Å）	電子の静止質量
100 keV	0.01　（0.1 Å）	これ以上のエネルギーでは粒子的取扱いが必要（原子の 1/10 の大きさ）
10 keV	0.12　（1.2 Å）	水素原子の大きさ
100 eV	～10	空気の振動エネルギーより十分大きい
10 eV	100	空気の振動エネルギー程度
2～4 eV	300～700	可視光

だいたい 100 keV 程度（λ～0.12 Å）になると、波長が原子のサイズの 10 分の 1 程度になって粒子性が表れはじめ、後で述べるコンプトン散乱となることが知られている[6)]。それゆえトムソン散乱と見なせるのは原子の 10 分の 1 の大きさ（～0.1 Å）までの波長で、だいたい 100 keV 程度（以下のエネルギー）までである（λ ＞～1.2 Å、ボーア半径が約 0.5 Å であったことを思い出そう）。

また、トムソン散乱は X 線による自由電子の散乱現象と説明されている。このため、電子の束縛エネルギーを無視できる程度の光子エネルギーについての現象と考えられる。束縛エネルギーを W 値程度（35 eV）と考えると、その 100 倍程度のエネルギーであったら、束縛エネルギーを無視してよいだろう。つまり数 keV 以上の電磁波である。

軟X線がこのエネルギーに相当する。

結局、X線の空気によるトムソン散乱について（図7-2のような）簡単なモデルが成り立つのは、数keV～100 keV程度の波長範囲のX線について成立することになる。上述の議論は、空気等の媒質に電磁波が入射した際の議論である。

7-4-2　X線回折

前述したように完全に自由でなくとも、拘束力（結合エネルギー）が入射X線のエネルギーより十分小さな場合は、自由電子とみなすことができるので、トムソン散乱が起こる。

金属の自由電子の仕事関数は数eVであり、内核電子の上端のエネルギーは約10 eVである。したがって、いずれの電子も上述のエネルギー範囲のX線とトムソン散乱を起こす。

内核電子は各原子に属しており、この内核電子のトムソン散乱がX線回折として検出され、構造解析に利用される。内核電子の上端の拘束エネルギーは約10 eVと見なせるので、X線からすると、これらの電子も自由電子とみなせて、トムソン散乱が起こるのである。一方、金属の自由電子も金属の中にゆるく束縛されているので、自由電子でもトムソン散乱が起こるのであるが、自由電子（あるいは価電子帯電子）の電荷密度は内核電子に比較して小さく、（金属結合の起源となるものでありながら）普通のX線では散乱強度が低く検出できない。

結局、トムソン散乱とは、エネルギーの低いX線が自由電子（と見なせる電子）により散乱されるとき、エネルギーが散乱によって変化せず、したがって光子の波長は変わらずに進行方向だけが変わる干渉性散乱をいうことになる。エネルギーが変化しない散乱なので、弾性散乱である。図7-2と7-3を合わせれば、理解しやすいであろう。

なお、干渉性散乱であるレイリー散乱とトムソン散乱を合わせて干渉性散乱と呼ぶことがあるので注意をしておこう。

練習問題7.1　次の（　　　）の1～5に適切な言葉を入れよ

可視光の光散乱は、波長変化をともなわない散乱と波長変化をともなう散乱に分けられ、前者を弾性散乱、後者を非弾性散乱と呼ぶ。弾性散乱には、レイリー散乱とミー散乱がある。レイリー散乱とミー散乱の違いは、基本となる散乱粒子のサイズである。（　1　）散乱は、粒子の径が波長よりも小さい場合、一方、（　2　）散乱は波長よりも大きい場合に起こる散乱である。

一方、原子のように電子が束縛された粒子に固有振動数以下の周波数の電磁波が入射して起こるのが（　3　）散乱とも説明される。

両者が同じことを意味していることを空気の可視光の散乱で確かめよう。

前者の解釈を考える。代表的な窒素分子の大きさは0.36 nmであり、可視光の波長は、

300〜800 nm であるため、可視光は窒素分子により（　3　）散乱される。後者の解釈を考える。窒素の吸収は真空紫外領域（10〜200 nm）にあるため、可視光の振動数は窒素の固有振動数よりも小さい。すなわち、可視光は（　3　）散乱が起こる。

固有振動数より高い周波数の電磁波に対しては（　4　）散乱を起こす。すなわち、これは電磁波の移動としては（　5　）の領域である。

7－5　光電効果

光電効果は物質が光あるいは電磁波を吸収した際に電子が飛び出す現象である。この電子は光電子と呼ばれ、光子の余剰のエネルギーは電子の運動エネルギーとなる。電離によって束縛を解かれる電子が内殻の軌道電子だった場合は、光電効果で放出された電子の空席を、高次の殻の電子が埋めることになり、特性 X 線を放出するかまたはオージェ電子が放出されるかの間で競争が起こる。

図 7-4 に各原子の電子殻（K，L，M，…，殻）の結合エネルギーを示す[4]。すなわち、これらの殻に存在している電子が原子に結合しているエネルギーである。

数十 eV〜数 keV のエネルギーをもった X 線は、軽元素の電子の結合エネルギーに近く、また重元素では外殻がそれに相当する。入射 X 線のエネルギーが結合エネルギー

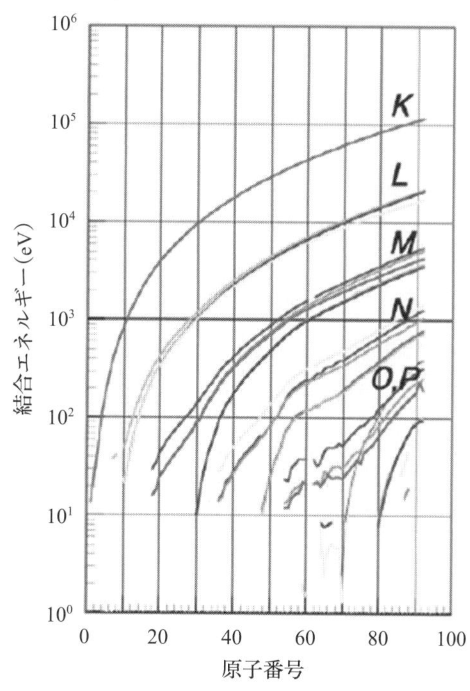

図 7-4　結合エネルギーと原子番号の関係[4]

＊出典：村松康司、軟 X 線分析「第 7 回 Spring-8 夏の学校」応用講座 2 テキスト（2007）より転載。

より高い場合は、光電子が放出されることになる。

さて、K殻の束縛エネルギーよりエネルギーが高いγ光子が物質に入ってきたとしよう。光電効果では、K殻からの光電効果のほうが、L殻のそれよりも確率が高く、一般に、両者が起こり得るエネルギーでは、K殻との光電効果が80%以上の割合で起こるといわれる[7)]。基本的に、K殻よりL殻の方が束縛エネルギーは小さいはずであるが、なぜこのような現象が起こるのであろうか。説明として、「光電効果のプロセスで、運動量保存則を満足するために、束縛が強いほうが有利であるからである」と説明されている。わかりにくいので、もう少し考察してみよう。

衝突問題では、基本的にエネルギー保存則のみならず運動量保存則を満たす必要がある。光電効果では、光子が消滅するのであるから、光子のエネルギーのみならず、運動量がどこかに受け渡される必要がある。もしも相手が自由電子（核に束縛されていない電子）だとするならば、エネルギー保存は、光子のエネルギーが自由電子の運動エネルギー（と仕事関数）になれば満足されるが、運動量保存は満たされない。光電子が放出されるためには光電子の運動と逆方向の運動量を受けもつ相手が必要であるためである。あたかもジャンプする場合は、しっかりした踏切台が必要であるように、運動量を受け持ってくれる相手が必要なのである。

定式化するとわかりやすい。光電効果の前後でエネルギー保存と運動量保存が成り立つとすると、以下の2式が成立する。

$$h\nu = \frac{1}{2}mv^2 \qquad \frac{h\nu}{c} = mv \tag{7-3}$$

第一式はエネルギー保存則（わかりやすくするため仕事関数は記述していない）、第二式は運動量保存則である。cは光速、νは周波数、mは質量、vは電子の速度、hはプランク定数である。第二式を第一式に代入すると、

$$h\nu = \frac{h\nu}{2c}v \qquad 2c = v$$

となって、光電子の速度が光速の2倍にもなってしまう。この矛盾は、最初に（7-3）の2式が同時に成り立つとしたために起こったものであるので、(7-3)式は同時に成立しない。つまり、光子は自由電子との衝突で、エネルギー保存と運動量保存が同時に成立しないことを意味している。つまり、光電効果は自由電子とは起こらないことを意味している。では光電効果の際の運動量を受け持つものは何であろうか。光電子の運動量は原子核が受け持たざるを得ず、電子の束縛エネルギーを通して受け持つことになる。したがって、束縛エネルギーが高い方が運動量を効果的に受け持つことができるため、運動量保存則が成り立ちやすいことになる。つまり最も束縛エネルギーが高いK殻と光電効果が起こりやすくなるのである（ただし、エネルギー保存も成立する必要があるので、束縛エネルギーより高いγ光子を対象とした話である）。図7-5を見てみよう[8)]。

これは鉛に対するγ光子の吸収係数を入射の光子のエネルギーに対してプロットしてあるが、その確率が急に立ち上がっている箇所が見える。これは、K殻、L核に相当しており、それぞれK端、L端と呼ばれている。このエネルギーは各殻の束縛エネルギーに相当しており、光子が共鳴的に吸収されている（光電効果では光子が原子に吸収されてその代わりに電子を放出する現象であり、光子は放出されない）。これはとりもなおさず、このエネルギーで光電効果が発生しやすいことを意味している。

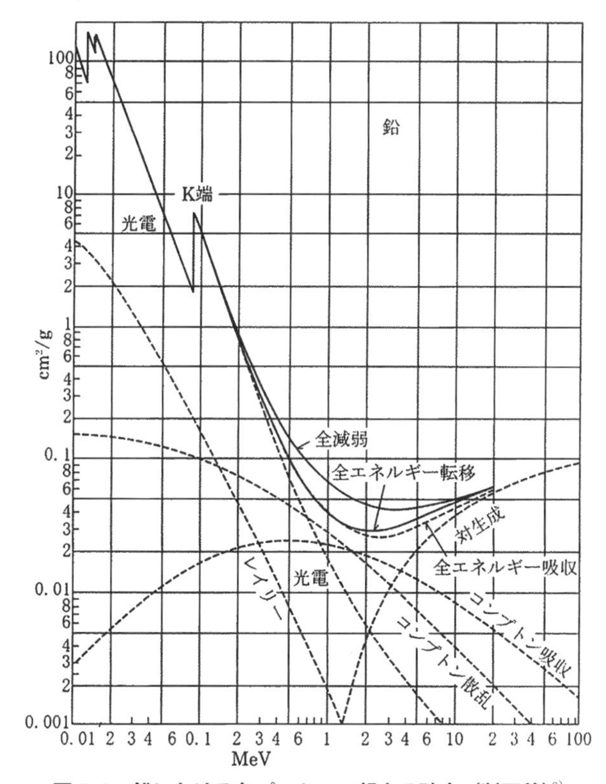

図 7-5　鉛における各プロセスの起きる確率（断面積）[8]

＊出典：柴田徳思（編）『放射線概論（第９版）』(2016) 通商産業研究社より転載.

7－6　コンプトン散乱

X線のエネルギーを大きくしたら光電効果はどうなるか、を調べたのがコンプトンである。光電効果の拡張実験である。光の振動数（エネルギー）を大きくしていくと何が起こるかを調べたところ、電子だけでなく、波長の長くなった光も放出された。この現象をコンプトン散乱というが、光の粒子性が確定された現象である。もしも、光子を波動として扱うと、トムソン散乱と同様に、入射した光の振動数と同じ振動数の球面波を放出するはずである。実際は、振動数の低い、あるいはエネルギーの低い光子が放出されたのである。この当時、光のエネルギーは量子化されていることは理解されていたが、このコンプトン散乱の現象は、光をエネルギーのかたまり（量子化）としただけでは説明がつかず、光が、粒子のような運動量をもっていなければ起きないことであった。

光電効果も光の量子性（エネルギーのかたまりであること）を示したのではあるが、粒子性を示すには、光が運動量をもつことを明らかにする必要があったのである。この点、コンプトン効果は、光子が運動量をもつことを実証したため、光子の粒子性を確認することができた発見といえる。この散乱は波長が変化するので、非干渉性散乱あるいは非弾性散乱と呼ばれる。

練習問題 7.2　以下は光電効果とコンプトン散乱の記述である。(　　　) 内の 1〜7 に適切な言葉を入れよ。

光電効果、コンプトン散乱ともに光子と電子との相互作用であるが、(　1　) は光の吸収に関わるもので、(　2　) は光子の非弾性散乱に関わる現象である。

光電効果は光子がすべてのエネルギーを失い、電子に与える。この結果光子は吸収され (　3　) する。その後、光電子放出、光電導現象が起こったり、さらに、特性 X 線や (　4　) が発生したりする。

コンプトン散乱は光の (　5　) を証明した実験で、光子は (　6　) とエネルギーの一部を電子に与えて散乱される。その散乱角度によって失ったエネルギーが異なっている。すなわち、光の波長は入射光のそれより (　7　) なるが光子は消滅しない。

コンプトン効果は、光（電磁波）の粒子性を示す現象のひとつであり、1923 年にコンプトンによって確かめられた。コンプトン効果の発見当時、すでにアインシュタインによる光量子仮説（1905 年）により、光は $h\nu$ のエネルギーをもつ粒子（光子）としての性質を示すことが明らかになっていた。アインシュタインは光子は $h\nu/c$ の運動量をもつと予想していたが、コンプトン効果の実験により、この予想が裏付けられた。

散乱された光子の波長（波長の変化）と散乱される方角との関係を求めてみよう。

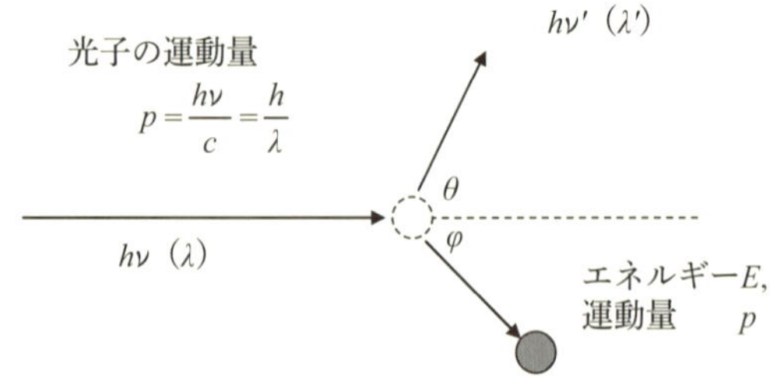

図 7-6　コンプトン散乱の体系

電子の静止質量を m、反跳電子のエネルギーを E、運動量を p とし、エネルギー保存と運動量保存を記述する。

まず運動量保存である。

$$\frac{h}{\lambda} = \frac{h}{\lambda'}\cos\theta + p\cos\varphi \qquad 0 = \frac{h}{\lambda'}\sin\theta + p\sin\varphi$$

次にエネルギー保存である。

$$\frac{hc}{\lambda} + m_0c^2 = \frac{hc}{\lambda'} + E$$

これらを解くと（式の展開は別書にゆずる。若干、煩雑である）、

$$\lambda' - \lambda = \frac{h}{m_0c}(1 - \cos\theta)$$

この式を計算しやすくすると以下のようになる。

$$\Delta\lambda = \frac{h}{m_0c}(1 - \cos\theta) = 0.024(1 - \cos\theta) \qquad (7\text{-}4)$$

ここで λ は波長（Å）、h はプランク定数、θ は散乱角、$\frac{h}{m_0c}$ はコンプトン波長（0.024 Å）である。

この式は、ある方向 θ に散乱された時に、どれくらい光子の波長が長くなるかを示している。コンプトンの式から明らかなように、散乱角が π の時に最も波長変化は大きくなる。この式の導出からわかるように、散乱される電子は自由電子として扱われている。つまり、コンプトン散乱は、自由電子との散乱である。あるいは、電子が自由電子とみなし得る、軌道電子の束縛エネルギーが入射光子のエネルギーに比較して無視できる領域の取り扱いである。光電効果が内核電子との相互作用であることと対照的である。

例題 2　光子と自由電子が非干渉性散乱（コンプトン散乱）が起こったとする。散乱角 35° では波長はどれくらい変化するか。ただし cos 35° = 0.819 とする。

【解答例】

$$\Delta\lambda = 0.024(1 - \cos 35^\circ) = 0.024 \cdot 0.18 = 0.00432 \text{ (Å)}$$

さて、コンプトン散乱が起きるエネルギーレベルはどれくらいであろうか。光子の粒子性が明らかになっていく領域であるから（コンプトン散乱で光子の粒子性が証明されたことを思い出そう）、高エネルギー域である。波長が原子の大きさの 10 分の 1 程度（〜10^{-11} m、100 keV 以上）以下の短い X 線（硬 X 線）になると、波としての性質より粒子としての性質が強くなり、散乱 X 線の波長変化が起こりコンプトン散乱となってくる。

実際、光子のエネルギーが100 keV程度となると、電子の静止エネルギー511 keVに近づくのでコンプトン散乱となる。光電効果よりも高エネルギー側で起こる現象であることが理解できる。この散乱の光子のエネルギー依存性はクライン−仁科の式で表され[9]、光子エネルギーの低エネルギーの極限としてトムソン散乱と一致することが示されている。つまりトムソン散乱は、コンプトン散乱の低エネルギー（長波長）の極限にあたることになる。ただしトムソン散乱は干渉性散乱なので波長の変化はない。両者とも自由電子（あるいは自由電子とみなせる電子）との光子の散乱である。

7－7　電子対生成（創生）

光子のエネルギーがさらに大きくなり、1.02 MeV以上になると、電子対生成（創生）が起こるようになる。電子対生成とは、（陰）電子と陽電子の二つが同時に生成される現象である。この現象は高エネルギーのγ線が原子核の作る強いクーロン場の影響で陰電子と陽電子の対を作って自分は消滅する現象のことをいう（図7-7[10]）。このため電子の静止質量エネルギーの2倍以上のエネルギー（1.02 MeV）のガンマ線でないと起こらない現象である。図7-5の対生成が相当する。

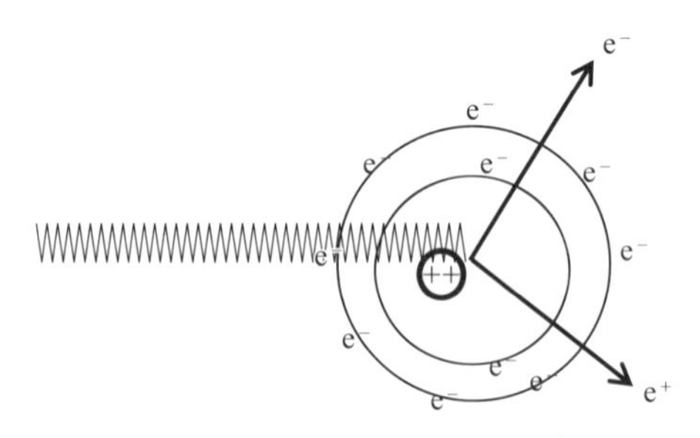

図7-7　電子対生成の模式図[10]

さて、図7-8に光電効果、コンプトン散乱、電子対生成が起こるエネルギー範囲について、対象となる物質の原子番号とともに示してある[11]。原子番号Zの小さい原子で構成されている有機材料や生体材料では、エネルギーが電子の静止質量エネルギー（0.511 MeV）程度ではコンプトン散乱が主となる。しかしながらZの大きい原子では光電効果もコンプトン散乱と同程度存在し、それよりエネルギーが増大すると電子対生成が主となる。

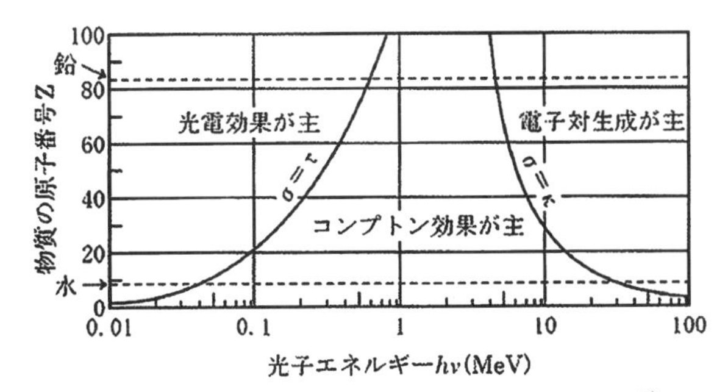

図 7-8　光子エネルギーと各現象の起こりやすさ[11)]

＊出典：柴田徳思（編）『放射線概論（第 9 版）』（2016）通商産業研究社より転載。

練習問題 7.3　電子対生成に関して以下の（　　　）内の 1〜8 に適切な言葉を入れよ。

γ 線エネルギーが（　1　）MeV（一対の電子の静止質量エネルギー）以上の場合には次のような相互作用が生ずる確率がある。

主として原子核の近傍の（　2　）において、γ 線は 1 対の（　3　）と（　4　）を生成して全エネルギーを失う。発生した両方の電子の運動エネルギーの和は、γ 線のエネルギーから一対の電子の（　5　）を差し引いた値となる。

つまり電子対生成は γ 線エネルギーが $2\,m_0c^2$ 以上の場合に起こる相互作用であり、その確率は γ 線エネルギーが高いほど大きくなる。しかし、1.5 MeV における確率は全相互作用の確率の 100 分の 1 程度であり、より（　6　）エネルギーにおいて顕著な相互作用である。特に、5 MeV 以上の光子エネルギーで優勢となる。

発生した高速（　7　）は運動エネルギーを失うと近傍の電子と結合して消滅し、m_0c^2 のエネルギーをもつ一対の消滅光子に変換される。ただし m_0c^2 =（　8　）MeV である。

7－8　スカイシャイン

さて、いよいよスカイシャインについて述べよう。本章の冒頭で提示した疑問についてほぼ答えたことになっているが、あらためて、提起した問題を見てみよう。

放射線は大気により散乱されるのであろうか？

ガンマ線を散乱する物質はなんであろうか？

どんな物質が大気中にあって、ガンマ線を散乱するのであろうか？

これらの問題の答えは、大気あるいは窒素や酸素の分子である。では ^{137}Cs からの 0.66 MeV の光子が大気と起こす現象は何であろうか。図 7-9 に大気の吸収係数のエネルギー依存性を示した[12)]。

この図から、0.66 MeV のエネルギーをもった光子は大気とコンプトン散乱することが理解できる。このことは、図 7-10 のように、大気で散乱された γ 光子が遮蔽体の背後に到達することを意味している。これがスカイシャインである。このスカイシャイン

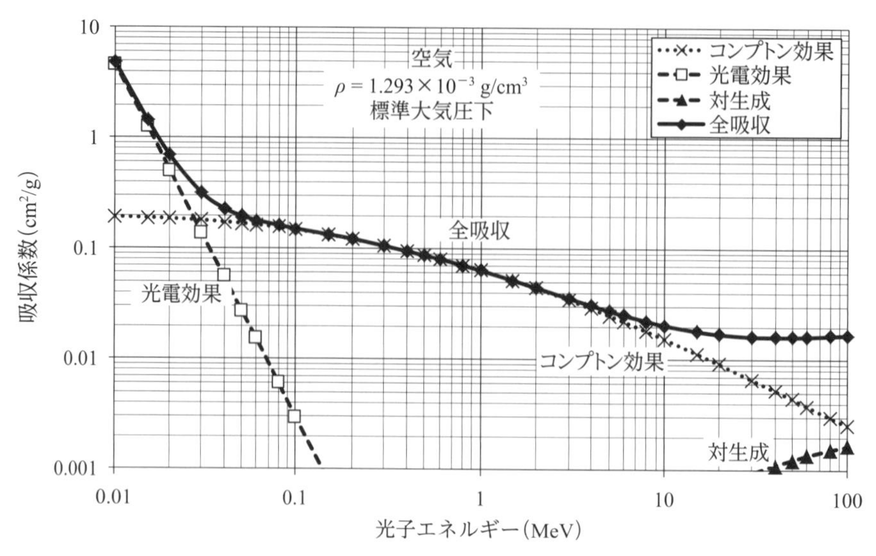

図 7-9 大気の吸収係数のエネルギー依存性[12)]

＊文献 12）を参考に著者作成。

によって到達する光子のエネルギーは最初のエネルギーより低いことはコンプトン散乱の式から明らかである。ここでは、説明の都合上、γ 光子のエネルギーを 0.66 MeV としているが、実際には、生成核種の γ 光子のエネルギーで判断すべきである。

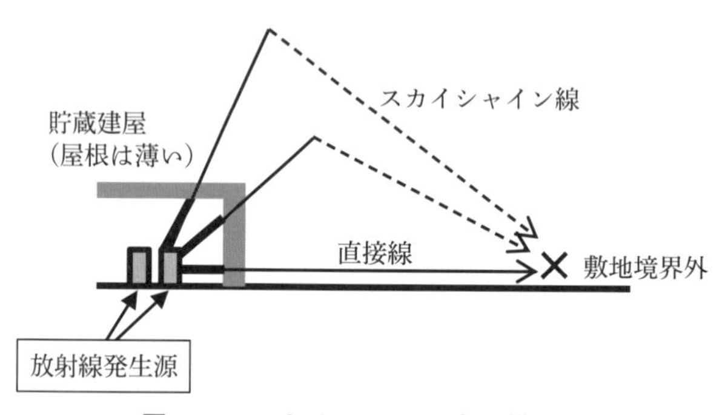

図 7-10 スカイシャイン現象の模式図

さて、除染について考えよう。以前、除染の現状を紹介したが、家屋近傍の汚染土の除去や山林の伐採等を行っていた。空間線量の多くは、この除染作業で大幅に低下させることができる。しかしながら、ある程度以下には下がりにくくなることが予想される。これは、^{137}Cs の γ 光子が空気中で減衰して 10 分の 1 程度になるのは 200 m 程度必要なので、ごく近傍の除染では空間線量を下げきれないためである。また、上で説明したスカイシャイン現象があるため、遮蔽体があっても遮蔽しきれない γ 光子があるからである。なお、図 7-10 の中で示したように放射線源から直接想定している場所に到達する放射線を直接線と呼んでいる。

広範囲の汚染があるとき、狭い範囲（たとえば半径 10 m の円形の範囲）を完全に除染したとしても、周囲の山林からの放射線で 30％程度残り、直接線が 16％、スカイシャインが 14％という計算結果が報告されている[13)]（スカイシャインはこの程度の寄与である）。

練習問題 7.4　次の（　　　）内の 1～9 に言葉を入れよ。なお図 7-8 を参考にせよ。

図 7-8 は空気と光子の相互作用の程度を示したグラフである。^{137}Cs からの光子のエネルギーは 0.66 MeV である。この光子と空気の相互作用の主たる現象は（　1　）である。（　2　）が起こるのであれば光子は吸収され光子は再放出されない。（　3　）であればより波長の長い光子が散乱される。入射光子の波長は、約（　4　）pm である。Cs から鉛直から 45° の方向に放出された光子が空気で、90° 方向に散乱された光子は、地上には 45° 方向から来ることになるが、この光子の波長は、元の波長より（　5　）pm 長く 4.3 pm であり、約（　6　）keV のエネルギーをもつ。すなわち線源とのあいだに遮蔽体があっても、エネルギーの低くなった光子が到達することになる（スカイシャイン）。この光子は再び（　7　）（多重散乱）するか、（　8　）が起こるが、（　9　）する確率の方が高い。

7－9　問題提起に対する考え方

スカイシャインは、ガンマ光子が空気中の分子によりコンプトン散乱される現象を意味している。コンプトン散乱では基本的にエネルギーの低下したガンマ線が、その散乱角度に応じたエネルギーをもって散乱される。このため遮蔽材があっても、回り込んでエネルギーの低くなったガンマ線が到達することになる。線源から直接やってくる放射線を直接線と呼び、スカイシャイン線と区別する。福島の除染の際に、空間線量を測定する場合、このスカイシャイン線も計測機器に入ってきて、どの領域を除染すべきか判断する場合に問題となる場合もある。

空からのスカイシャインによる影響である。遮蔽があっても回り込んでくる γ 線であるため遮蔽が効かないとみる向きがある。しかしながら、γ 線の空気中での 1/10 価層が 200 m 程度であったことを考えると、せいぜいそれと同程度の影響の範囲にとどまると推定される（詳細は本文）。つまりネットで騒がれたように、東京に空から放射線が降り注ぐ状態は起こりえないことが理解できる。

7－10　おわりに

本章では、電磁波およびγ光子と物質との相互作用についてまとめた。その一環としてスカイシャイン現象を説明して、遮蔽体を迂回するγ光子が存在することを見た。除染現場でスカイシャインが空間線量を大幅に増加させることはないが、空間線量を低減する妨げになり得ることを指摘した。

最近、クラウドシャイン、グランドシャイン等の呼称も使われるようになった。若干、スカイシャインとニュアンスの違う使われ方をするようである[14)]。

参考文献

1）名古屋大学物理学研究室（赤外線グループ）「なんでもセミナー」Scatterings,
http://www-ir.u.phys.nagoya-u.ac.jp/secret/nandemo/ikeyama.pdf
2）日本気象予報士会・静岡支部「青空、夕焼け、朝焼け、虹のできかた」,
http://www.yoho.jp/shibu/shizuoka/matsuoka2, http://th1a8.eng.shizuoka.ac.jp/~heat/lab/tenki/matsuoka2.ppt
3）JAXA「X 線天文学の世界」, http://astro-h.isas.jaxa.jp/challenge/x-ray/（2018 年 6 月 25 日）
4）村松康司『軟 X 線分析』「第 7 回 SPring-8 夏の学校」応用講座 2 テキスト（2007）
http://www.eng.u-hyogo.ac.jp/msc/msc7/data/h19/sp8ss2007text.pdf
5）レイリー散乱
homepage2.nifty.com/doyou/doyou/imagesD/Rayleigh1.pdf
6）FN の高校物理「線形振動子（電気双極子）による電磁波の放出」,
http://fnorio. com/0123Radiation_by_alignment_oscillating0/Radiation_by_alignment_oscillating0. html（2018 年 6 月 25 日）
7）日本大百科全書（ニッポニカ),「光電効果」,
https://kotobank.jp/word/%E5%85%89%E9%9B%BB%E5%8A%B9%E6%9E%9C-62823（2018 年 6 月 25 日）
8）柴田徳思（編）『放射線概論（第 9 版)』, p. 107, 通商産業研究社（2016）
9）Wikipedia, Klein-Nishina formula,
http://en.wikipedia.org/wiki/Klein%E2%80%93Nishina_formula（2018 年 6 月 25 日）
10）Exploring radioactivity with a homemade Cloud Chamber, Gamma rays,
http://chambrebrouillard.wifeo.com/gamma.php（2018 年 6 月 25 日）
11）柴田徳思（編）『放射線概論（第 9 版)』, p. 117, 通商産業研究社（2016）
12）Hubbell, J. H., “Photon cross sections, attenuation coefficients, and energy absorption coefficients from 10 keV to 100 GeV”, p. 67, NBS Handbook 85（1964）
13）藤原守「福島土壌汚染の現状と課題」放射能物質汚染対処シンポジウム（2012),
http://beauty.geocities.jp/osakawsp/atc20120311kankyousyou3r.ppt（2018 年 6 月 25 日）
14）岡本眞一「放射能と放射性物質の拡散」大学院・情報哲学 講義（2011 年 6 月 14 日),
http://www.edu.tuis.ac.jp/~okamoto/material/lecturenotes2011.pdf（2018 年 6 月 25 日）

章末問題

以下の 1〜6 の問題を解け。

1. 雲が白く見えるのはミー散乱の例である。その理由を説明せよ。
2. 空が青いのはレイリー散乱の例である。その理由を考察せよ。
3. レイリー散乱とトムソン散乱の特徴を比較せよ。
4. トムソン散乱とコンプトン散乱の特徴を比較せよ。
5. 光電効果とコンプトン散乱を比較せよ。
6. 電子対生成が起きる入射光子のエネルギーと電子の静止質量の関係を述べよ。

第8章

遮蔽（しゃへい）

―水を入れたペットボトルで遮蔽はできるのか―

8－1　はじめに

空間線量の高い領域が福島にはまだ残っている（執筆当時は2015年で、事故後4年が経過していた）。空間線量率を高くしているのは、放射性セシウムからのγ線である（このため、本章では遮蔽とは特に断らない限りγ線の遮蔽を意味することにする）。このため住民の方々は自分で除染を行ったり、放射線遮蔽を試みたりしている。効果が見られるものが多々あるが、その効果が現れる機構を説明できることは重要である。この説明によって実施している遮蔽方法が信頼性のあるものであることを保証できるからである。それゆえ本章ではこの機構を説明することとする。また，これがわれわれの役割の一つであろうと思われるからである。

次の記事を読んでみよう。

問題提起　「遮蔽は本当に効果的なのか？」

事故後、除染とともに放射線遮蔽が重要な意味をもつようになった。それにともない、いろいろな遮蔽方法や遮蔽材料が開発されてきた。たとえば、土を入れた土嚢（福島民報2014年3月14日12時08分配信）、水を満たしたペットボトル（郡山市立橘小学校ホームページ2011年6月7日）、素材としての硫酸バリウム（福島民報2014年7月26日11時21分配信）等々。

■ 郡山市立橘小学校の水入りペットボトルによる放射線遮蔽（2011年6月7日）
小学校の先生が生徒のために、放射線遮蔽を考案した。では空間線量はどれくらいになるだろうか……

第8章

これらは適切な遮蔽方法であろうか？　また、これらの施工前にどれくらいの空間線量に落とすことができるか、おおまかな目安がつかないだろうか。さらに、事故後、いろいろな遮蔽効果があると言われる素材が開発されてきたが、遮蔽効率の高い材料はどんなものであろうか。また、空気に遮蔽効果があるのであろうか？（逆に言うと、空気中ではγ線はどれくらいの距離まで到達するのかという問いと等価である）。本章ではこれらに答えていくことにする。

8－2　線減弱係数

ガンマ線の遮蔽については、よく、鉛で遮蔽する等の説が言われているので、読者も一度は耳にしたこともあろう。前節で説明したが、γ線（光子、ここではエネルギーの高い電磁波で粒子性が現れる領域という意味）と物質との相互作用は、光電効果、コンプトン散乱、電子対生成であった。この素過程を利用しつつ遮蔽を行うのであるが、実際の遮蔽では上記の素過程は陽に見えないが、線減弱係数という形で遮蔽性能に関わってくる。

図8-1にγ光子が物質の中で減弱していく様子を模式的に示した。ある単位面積あたり厚さΔxの領域に、単位時間N個の光子が入射されている様子である。このため、Nの次元は［個/cm^2/s］であり（これをフラックス或いはフルエンス率という）、xの次元は［cm］である。通常、このcgs単位系が使用されている。ここでもそれに倣うことにしよう。

この領域で消滅あるいは考慮している領域からはずれる光子の数をΔNとすると、ΔNは、入射する光子数Nに比例するが、領域の厚さΔxにも比例するであろう。その比例係数をμとすると、次式が成り立つ。

$$-\Delta N = \mu \cdot N \cdot \Delta x$$

これから次の微分方程式が導かれ

$$\frac{1}{N}\frac{\mathrm{d}N}{\mathrm{d}x} = -\mu$$

これを解くと次式が得られる。

$$N = N_0 \exp(-\mu \cdot x) \tag{8-1}$$

ただし、N_0は体系に入射する（$x = 0$の場所での）最初の光子数である。また、μの次元は［cm^{-1}］をもつ。この比例係数を線減弱係数と呼ぶ。(8-1)式が、遮蔽を規定する基本的な表現となる。前述したが、μの中に素過程が反映されるとともに、その素過

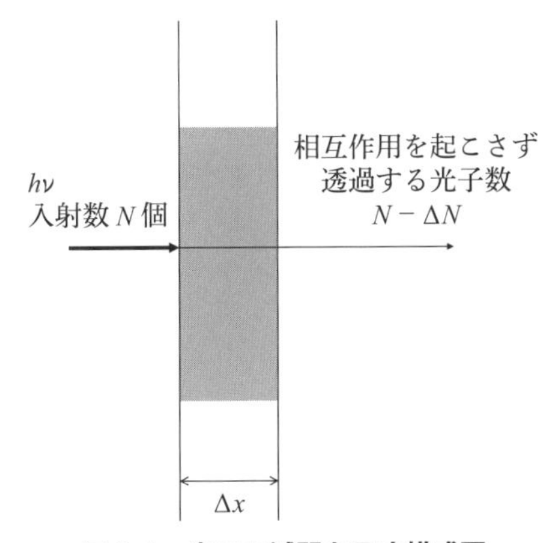

図 8-1　光子の減弱を示す模式図

程を通して物質の特性が反映されることになる。μ の逆数 $1/\mu$ は、γ 線が無傷で走る平均距離を表していて「平均自由行程」とよばれる。γ 線が平均自由行程だけ進むと γ 線光子数は $1/e = 0.368$ 倍に数が減少するので、平均自由行程は遮蔽距離の目安になる。

さて、(8-1)式をあらためて見てみよう。この式は、距離 x の場所での粒子束（フラックス）を表している。この衝突せずにここまで移動した光子は、入射したときのエネルギーを保存していることに注意しておこう。γ 光子は荷電粒子と異なり、材料中を走っている最中は、材料の電子と相互作用をしない限りにおいては、元のエネルギーを保存する。つまりその光子は減速していないのである。ここが荷電粒子と大きく異なる特徴である。

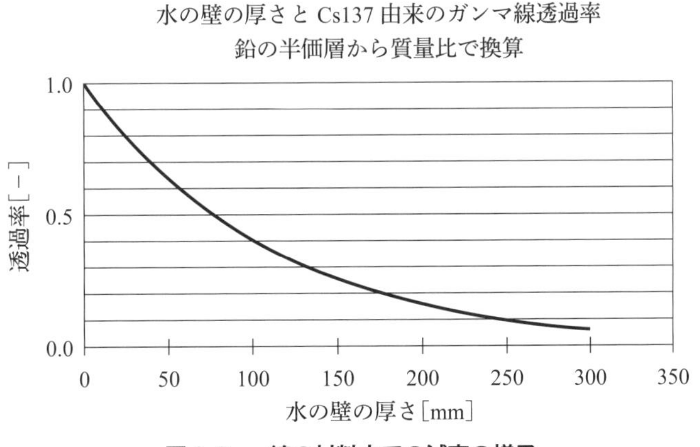

図 8-2　γ 線の材料中での減衰の様子

図 8-2 に γ 線の材料中での減衰の様子を示した。前述したように「減衰」という言葉を使っているが、数が減少していることを意味しており、エネルギーが減衰している訳ではない。例題を解いて、現象について理解を深めよう。

第8章

例題 1　1/10 価層を求める。

外部被ばくを考えよう。^{137}Cs からの 0.66 MeV の細いビーム γ 線を 10 分の 1 まで遮蔽したい。どれくらいの厚さの鉛が必要となるのであろうか？　この厚さを 1/10 価層という。鉛の線減弱係数は 1.13 cm^{-1} である。ただし、ln10 = 2.303　である。

【解答例】

初期のフラックスを I_0 とし、距離 x の場所で I_0 が 10 分の 1 になったとすると、次式が成り立つ。

$I_0/10 = I_0 \exp(-1.13 \cdot x)$

$\ln 10 = 1.13 \cdot x$　　なので $x = 2.0$ (cm)　となる。

では、同様にして次の問題を解いてみよう。

練習問題 8.1

^{137}Cs からの細いビームの γ 線を半減するまで遮蔽したい。どれくらいの厚さの鉛が必要となるのであろうか？　鉛の線減弱係数は 1.13 cm^{-1} である。この厚さを半価層という。

ただし　ln2 = 0.693 である。

表 8-1 に鉛の半価層と 1/10 価層を γ 線のエネルギーに対して示した[1]。遮蔽する厚さは、γ 線のエネルギーによって異なることが理解できる。

表 8-1　ガンマ線エネルギーによる鉛の半価層と 1/10 価層の依存性[1]

ガンマ線のエネルギー (MeV)	質量減弱係数 (cm^2/g)	半価層 (cm)	1/10 価層 (cm)
0.5	1.54E−01	0.4	1.34
1.0	6.84E−02	0.9	2.96
1.5	5.10E−02	1.2	3.98
2.0	4.54E−02	1.4	4.47

例題や練習問題から線減弱係数が遮蔽能力を表していることが理解できた。光子と物質との主な素過程は、光子のエネルギーによって異なるが、基本的に、光電効果、コンプトン散乱、電子対生成であった。これらの相互作用が線減弱係数を決定しているのである。

前章の図 7-8 からわかるように、光子のエネルギーおよび吸収物質の原子番号によって、素過程が異なってくるのであった[2]。

8－3　質量減弱係数

本章では、「遮蔽効果の高い材料はどんなものなのか？」に答え、遮蔽効果を評価するのが目的であった。遮蔽効果の高い材料については、線減弱係数が高い材料であれば良いのであるが、それだけでは材料を選定できない。そこで、質量減弱係数を導入することでそれに答えよう。

表 8-1 で見たように、線減弱係数 μ は γ 線のエネルギーと物質物性に規定されるが、一般に高いエネルギーの γ 線の方が物質を透過しやすい。これが理由でエネルギーの高い γ 線を硬いと表現し、エネルギーの低い γ 線を軟らかいと表現することがある。

線減弱係数 μ を物質の密度 ρ で除した μ_{m} を質量減弱係数といい、物質によってあまり変化せず、γ 線のエネルギーにのみ依存することが知られている。これを利用すると、一つの材料の情報から異なる材料に対しても遮蔽厚さを推定することができるようになる。気体、液体、固体を問わずこの値が利用できることは、単位質量当りの減弱がほぼ同じであることを意味している。

$$\mu_{\mathrm{m}} = \mu / \rho$$

単位は［cm^2/g］となり、直感的に理解できにくい次元である。

実際の減衰の計算は、線減弱係数に変換して計算する。極論すると、この値は線減弱係数を推定するために利用すると考えるとわかりやすい。すなわち、この値に物質の密度を乗ずれば、線減弱係数が求められるのである。図 8-3 に空気と水の質量減弱係数の光子エネルギー依存性を示した[3)]。空気の密度は約 10^{-3} g/cm^3 であり、水の密度の約

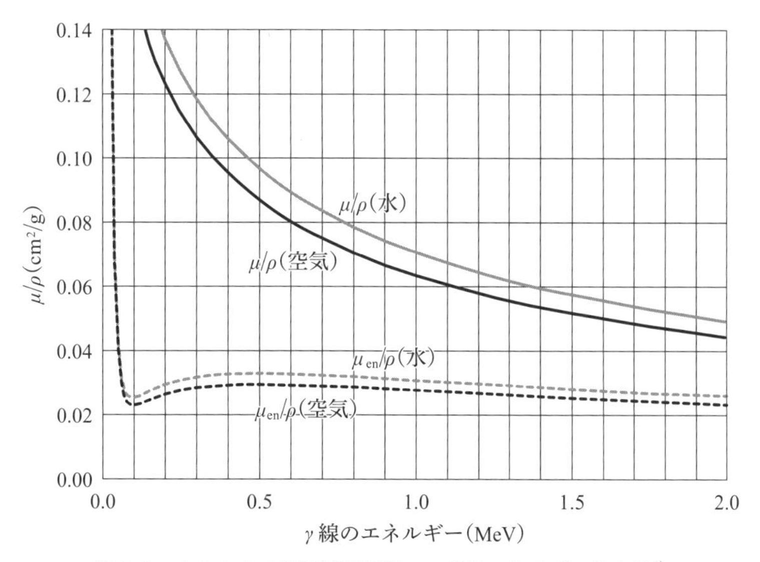

図 8-3　空気と水の質量減弱係数の γ 光子エネルギー依存性[3)]

＊出典：京都市立芸術大学名誉教授、藤原隆男先生提供。

第8章

1/1000である。それにもかかわらず質量減弱係数は、ほぼ同じと見なすことができることがわかる（μ_{en}はエネルギー吸収係数。ここでは議論しない）。

これらのデータから、密度の高い材料では線減弱係数が大きくなり、遮蔽効果が高くなることが推論できる。このことは、遮蔽材料の選択の大きな指針を与えるものである。逆に言うと、軽量な遮蔽効果の高いγ線の遮蔽体の開発は、基本的に困難であることを意味している。ただし、γ線でなくβ線であれば、軽量の遮蔽体は有り得る（放射性セシウムはβ線も放出することを思い出そう）。

では、質量減弱係数は何故、物質によって変わらないのであろうか。γ線のエネルギーが0.5 MeV前後の領域では、図7-8からも解るように、γ線は「コンプトン散乱」という形で電子と衝突する。コンプトン散乱の確率は物質にはあまり依存せず、電子の数で決まることが知られている[2)]。すなわち、γ線の物質内の自由行程は物質中の電子の数密度に反比例する（単位体積当たりの電子数）ことになる。ここで物質中の単位体積当たりの電子数を概算してみよう。密度ρ、原子番号Z、質量数N、アボガドロ数Aとする。

$$\text{単位体積中の電子数} = \frac{\rho}{N} A \cdot Z = \rho \cdot A \frac{Z}{N} \approx \rho \frac{A}{2}$$

となり、ρのみに依存することがわかる。このため、単位体積当たりの電子の数密度はρに比例し、比例定数は材料にかかわらずほぼ一定である。結局、γ線光子の物質中の平均自由行程（$1/\mu$）は電子の数密度に反比例し、数密度はρに比例していることになる。

$$(1/\mu) \propto 1/(\text{電子の数密度}) = 1/\left(\rho \frac{A}{2}\right)$$

比例定数をkとして、上式を変形すると　$\mu = k \cdot \rho \frac{A}{2}$

であり　$\mu_m = k \cdot \frac{A}{2}$　は定数となる。

したがって、μ_mは材料にかかわらずほぼ一定となるのである。このことを利用して、以下の練習問題を解いてみよう。

練習問題 8.2

^{137}Csのγ線を鉛で10分の1にするには、約2 cmの厚さが必要であった。これをコンクリートで同じ程度まで遮蔽するにはどれくらいの厚さが必要であるか。なおコンクリート（密度2.3 g/cm^3）鉛（密度11.3 g/cm^3）として計算せよ。また、水の場合はどうか（ヒント：質量減弱係数μ_mは材料によって殆ど変わらず、この値に密度を乗ずれば線減弱係数になる）。

^{137}Cs の γ 線（0.66 MeV）を遮蔽するのに（10 分の 1 にフラックスを減弱させる）、鉛で約 2 cm、コンクリートで約 10 cm 必要である。ニュースで見る作業員の防護服は γ 線の遮蔽には役に立たない事が理解できる。この防護服は、RI の体内への取り込みを防いだり、休憩所に RI を持ち込まないために着用しているのである。

γ 線遮蔽の本質は、電磁波と物質との相互作用であった。質量減弱係数の導入で適切な遮蔽物質の選択指針が得られた。次に光子エネルギーに関してはどうであろうか？

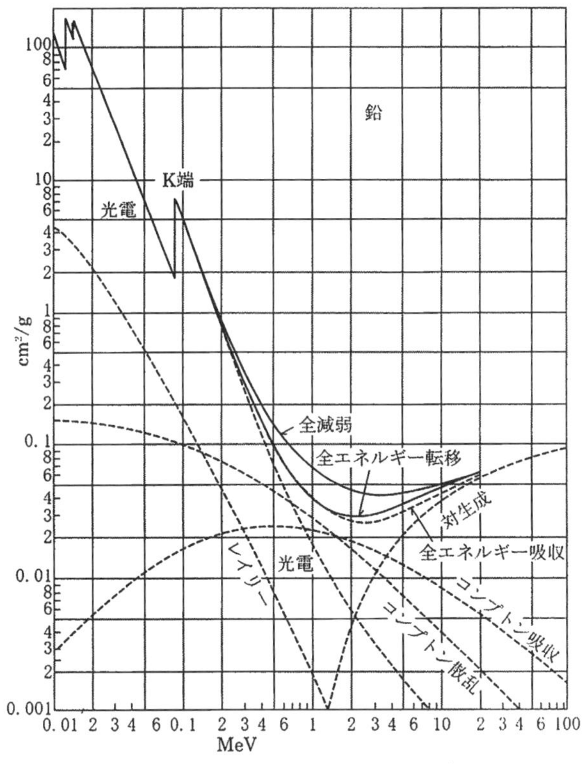

図 8-4　鉛に対する質量減弱係数[4)]

＊出典：柴田徳思（編）『放射線概論（第 9 版）』（2016）通商産業研究社より転載。

図 8-4（図 7-5 と同じ図を再掲載）に鉛に対する質量減弱係数の光子エネルギー依存性を示した[4)]。光電効果、コンプトン散乱、電子対生成による減弱の総和であることがわかる。しかしながら、光子のエネルギーによって主となる現象が異なるため、質量減弱係数を相互作用ごとに分けて考えると、光電効果によるもの τ、コンプトン効果によるもの σ、電子対生成によるもの κ の和として表される。

$$\mu_m = \tau_m + \sigma_m + \kappa_m$$

練習問題 8.3

^{137}Cs のガンマ線の質量減弱係数は図 8-4 から 0.1 cm^2/g と読み取れる。鉛の密度を 11.3 g/cm^3 として半価層を求めよ。また水ではどうか。ただし ln2 = 0.693 である（質量減弱係数を読み取ってしまえば、後は、今までの議論と同じである）。

表 8-2 にいろいろな核種からでてくる γ 線の鉛、鉄、コンクリートに対する半価層と 1/10 価層を示した。核種によって半価層、1/10 価層が異なることがわかる。

表 8-2　いろいろな核種における半価層と 1/10 価層[5)]

核種	遮へい材					
	鉛		鉄		コンクリート	
	半価層	1/10 価層	半価層	1/10 価層	半価層	1/10 価層
^{24}Na	1.7	5.6	—	—	—	—
^{60}Co	1.2	4.0	2.0	6.7	6.1	20.3
^{124}Sb	1.4	4.5	—	—	7.0	23.0
^{131}I	0.7	2.4	—	—	4.6	15.3
^{137}Cs	0.7	2.2	1.5	5.0	4.9	16.3
^{182}Ta	1.2	4.0	—	—	—	—
^{192}Ir	0.6	1.9	1.3	4.3	4.1	13.5
^{198}Au	1.1	3.6	—	—	4.1	13.5
^{226}Ra	1.3	4.4	2.1	7.1	7.0	23.3

※単位は cm　※半価層、1/10 価層とは、それぞれ放射線量率を 1/2、1/10 にする厚さ。
＊出典：消防庁ホームページ（http://www.fdma.go.jp/）より転載。

2013 年 12 月 27 日、時事ドットコムに以下のような記事が掲載された。水は、利用しやすい遮蔽体であることが理解できる。ただし密度が金属に比較して低いので、遮蔽体の厚さを大きくする必要がある。

遮蔽は福島だけの問題でなく、火星などへの宇宙旅行にともなう被ばくも問題となってきた。宇宙での放射線の主成分は陽子線であるので、福島のガンマ線と問題は異なる。この遮蔽をウェットタオルで遮蔽体を作る試みがなされている（小平聡、「ウェットタオルを用いた宇宙滞在中の宇宙放射線被ばくの低減法」、Isotope News、8、724、2014 年、19-22 頁）。また、この記事は時事ドットコムにも掲載された（2013 年 12 月 27 日 20 時 05 分配信）。

水は、宇宙でも利用しやすい遮蔽体であることが理解できる。ただし密度が金属に比較して低いので、遮蔽体の厚さを大きくする必要がある。

今までの検討を利用して、空気中をγ線はどこまで到達するか検討してみよう。つまり遮蔽がない場合は、線源からどの辺りまで離れなければならないのであろうか。これは空気を遮蔽体と考えて、半価層あるいは1/10価層を計算すれば良いのである。次の練習問題をやってみよう。

練習問題 8.4

^{137}Csが放出する光子の空気中での1/10価層を求めよ。ただし、γ線束は細いビームとして放出されているとし、空気の質量減弱係数は0.075 cm^2/gで、空気の密度は1.3×10^{-3} g/cm^{3}である。また半価層はどれくらいか。ただし ln10 = 2.303、ln2 = 0.693である。

ここで、本章の最初の記事の土壌の遮蔽と、ペットボトルによる遮蔽を検討してみよう。彼らの工夫の正当性を確認することが目的である。この計算のためには、土壌の密度が必要である。表8-3に各種土壌の密度（比重）を示した[6)]。土（通常状態）の1.6 g/cm^{3}の密度を利用して計算してみよう。また、重要な質量減弱係数であるが、空気の質量減弱係数は練習問題8.4からは0.075 cm^2/gであり、練習問題8.3からは鉛の質量減弱係数0.1 cm^2/gが与えられている。ここでは空気の質量減弱係数を利用するが、密度の近い鉛の方が望ましいと思われる。ただし土壌の密度も、押し固め具合によってかなり変わるので、本計算は目安を与えるものと考えておこう。計算では、土壌の厚さ30 cm、水の厚さ15 cmであった。

第8章

土壌の厚さ30 cmの場合では土（通常状態）の線減弱係数は、

表 8-3　各種土壌の密度[6)]

物の種類	密度（t/m^3）	物の種類	密度（t/m^3）
土（乾燥状態）	1.3	鉛	11.4
土（通常状態）	1.6	銅	7.85
土（飽水状態）	1.8	亜鉛	6.0
砂（乾燥状態）	1.7	アルミニウム	2.7
砂（飽水状態）	2.0	ジュラルミン	2.7
砂混じり砂利（乾燥状態）	2.0	黄銅	8.6
砂混じり砂利（飽水状態）	2.3	ガラス	2.5〜2.6
砂利（乾燥状態）	1.7	アクリル樹脂	1.18
砂利（飽水状態）	2.1	エポキシ樹脂	1.12
花崗岩	2.7	松脂	1.11
凝灰岩	0.7	栗	0.62
砂岩	2.0	ひのき	0.44
軽石	1.3	桜	0.67
御影石・安山岩	2.7	杉	0.38

＊コンクリートメディカルセンターホームページ（https://concrete-mc.jp/tani-ichiran/）を参考に著者作成。

$$0.075\ \mathrm{cm^2/g} \times 1.6\ \mathrm{g/cm^3} = 0.12\ /\mathrm{cm}$$

したがって、土の厚さ 30 cm では、

$$\exp(-0.13 \times 30) = \exp(-3.9) = 0.0202$$

となって、2%まで遮蔽できることになる。

一方、15 cm の水の厚さの遮蔽では、同様にして

$$\exp(-0.075 \times 1 \times 15) = \exp(-1.125) = 0.324$$

となって 30%まで減衰する。ただし、ペットボトルを積み重ねた場合、接続部の効果は入っていない。

いずれの方法も効果があることがわかる。現場の実情に合わせた工夫である。また、この観点からは、土壌の除染に天地返しは有効であることが予想される。しかしながら、住民からすると、「地下に放射性物質が埋まっていることは安心した生活を送れない」との意見があることも紹介しておく。

8－4　広いビームの場合

今までは狭いビームの場合であったが、広いビームの場合はどういうことが起きるであろうか。若干触れておく。図 8-5 に広いビームが物質に入射した場合の模式図を示した。見てわかるが、後方散乱とか多重散乱現象が起こるのである。すなわち、広い線束の場合、コンプトン散乱による多重散乱の γ 線が透過して、元のビームに加算されるので、細いビームの時よりも線量が高くなる現象が起きる。この現象を取り扱うために、ビルドアップ係数を定義する。

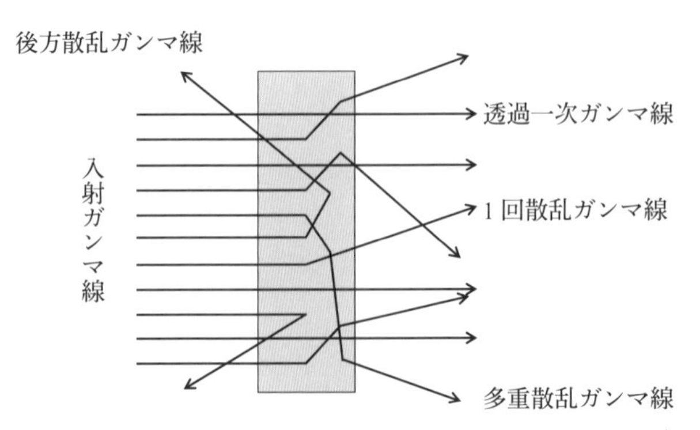

図 8-5　広いビームが壁状物質に入射したときの光子の挙動[7)]

＊兵藤知典『放射線遮蔽入門』産業図書（1979）を参考に著者作成。

ガンマ線が広い線束である場合は、物質中で散乱（コンプトン散乱）された散乱線の寄与が加わるため、線束は（8-1)式より大きくなる。この効果をビルドアップ係数 B で表し、下式で評価する（B は簡単な式では表されないが、目安が与えられる）[1]。

$$I = I_0 B e^{-\mu x} \qquad \begin{array}{ll} \mu x < 1 & B = 1 \\ \mu x > 1 & B = \mu x \end{array}$$

8－5　点線源

点線源の場合もビームとは異なる扱いが必要である。減弱については同じ取り扱いをするのであるが、点線源の場合は、容易に理解できるように、線源からの距離に応じてフラックスが変化するからである。よく知られているように、フラックスは距離の二乗に反比例する。しかしこの記述は正確でなく、計測器の計測面の立体角に比例すると言ったほうが正確である（図 8-6（a））。この図では、S が計測面であり、立体角とは、線源を中心に半径 1 の球を考え、その球面上に S を射影した時の面積で、この面積で立体角を表示するのである。ちょうど、二次元の角度を表記するのに、半径が 1 の円の円周の長さを示して、角度を表示するのに類似している。

このため、計測面が線源から R の距離にあった場合の立体角（球面上の面積）は、S/R^2 となる。（半径が 1 の球を基準に考えると比例定数は R となるので、面積比は、その二乗になる）このため、距離の二乗に反比例することになる。ところが、距離 R が小さくなるにつれて立体角は大きくなり、$R = 0$ で S/R^2 は発散する。このため距離ゼロでは評価できないほどの大きな被ばくをするという論調もネットでは見られる。このような条件に対しては、立体角の評価をあらためて行う必要がある。

ここでの問題は比例定数を R としたことによる問題である。$R \gg 1$ であるならば、問題はないが $R \sim 1$ 程度になると球面上の面積（立体角）は S/R^2 にはならず、実際に球面上の面積を考えて計算する必要が出てくるのである。つまり、球面上の立体角を表す面が（球面の一部）平面と見なせなくなる場合は、実際に球の一部としてその面積を求める必要があるのである。

$R < 1$ で実際に立体角を定義にしたがって計算してみよう。図 8-6（b）の頂角が θ の時の立体角 ω を求める（R が単位球の半径より小さい場合）。実際は図の球の一部の表面積が立体角（S）となる（球面上の一部を球帽という）。この球帽の面積を求めよう。球帽の端部の周囲長を求めて、それを θ で積分すれば良いことが理解できるであろう。この長さは $2\pi r \sin\theta$ である（切断面の円の半径が $r \sin\theta$ である球の半径を r としている。後に $r = 1$ を代入する）。これに $r \cdot d\theta$ を乗ずれば $d\theta$ の部分の球帯（球面上を一周するハチマキ状の部分）の面積 dS となる。図 8-6（c）の斜線部である。

S は dS の θ を $0 \sim \theta$ の範囲で積分すればよいので、

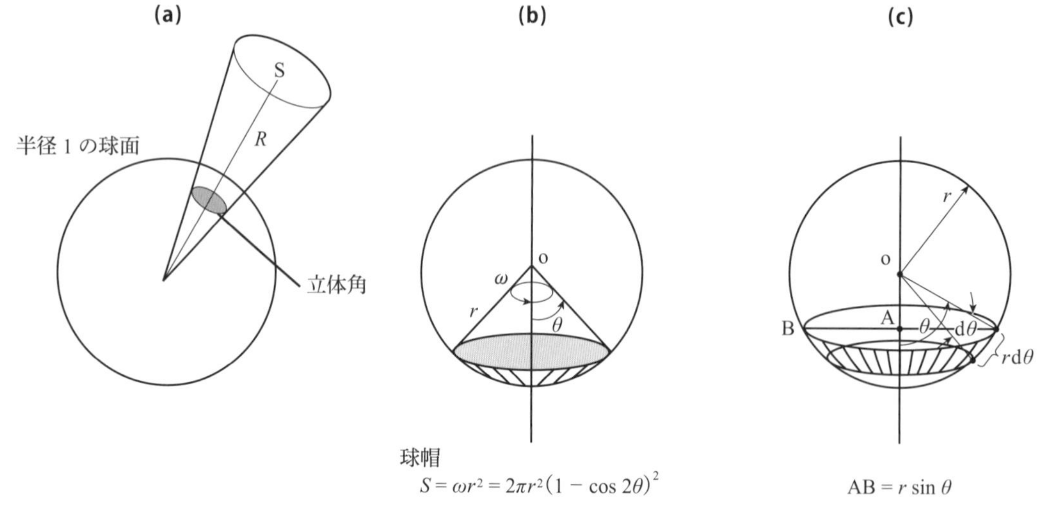

図 8-6　立体角の定義（a）、立体角が示す球帽の面積（b）、球帯の面積（c）

$$\mathrm{d}S = 2\pi(r\sin\theta)\cdot r\mathrm{d}\theta$$
$$S = \int_0^\theta 2\pi r^2 \sin\theta\cdot \mathrm{d}\theta = 2\pi r^2(1 - \cos\theta)$$

立体角は単位球表面の面積なので $r = 1$ を代入して

$$\omega = 2\pi(1 - \cos\theta)$$

である。

今回の、$R \to 0$ の極限は、$\theta \to \pi/2$ であるので、$R \to 0$ の極限の立体角は $\omega = 2\pi(1 - \cos\theta) = 2\pi$ である。つまり、$R \to 0$ で発散するのではなく、2π に収束する。一方、$\theta = \pi$ の条件は原点を中心に全空間を見た立体角であるが、これは 4π である。点線源からは、光子が 4π 方向に等方的に放射されているとすると、距離をゼロにした場合の立体角は 2π だったので、その半分の光子に被ばくすることになると考えられる。直感的にも平面を近づけていけば、線源に接した場所では、平面では放射している半分の光子を受けることが理解できるであろう。

8－6　雪での遮蔽

2012 年 2 月 7 日の読売新聞に以下のような記事が掲載された。

> 2012 年の 2 月、福島県各地での空間線量が低減したことが報告された。その理由は積雪であると推定されている（たとえば、読売新聞 2012 年 2 月 7 日、福島民報 2012 年 2 月 7 日 18 時 17 分配信、産経新聞 2012 年 2 月 5 日 19 時 32 分配信）。具体的にどれくらいかというと、赤宇木地区で 30 μSv/h から 19.7 μSv/h へ、長泥地区では 10 μSv/h から 5.9 μSv/h へと低減した（読売新聞）。

上記の現象は積雪かどうか確認してみよう。これには積雪による遮蔽計算をすればよい。まず、積雪の雪の密度が必要である。そこで、表 8-4 に雪の密度を示した。

表 8-4　各種雪の密度[8)]

雪の種類		密度（g/cm^3）
かわき新雪（密度の小さな軽い雪）		0.02～0.07
ぬれ新雪（密度の大きな重い雪）		0.1 程度
一般的な新積雪	本州	約 0.1
	北海道や本州の山岳地帯	約 0.05
積雪（外気温 3°C以下）	新雪	0.08 程度
	粗目雪	0.05 程度
空気		1.3×10^{-5}

この表から、一般的な雪の密度を 0.1 g/cm^3 として、実際に雪による γ 線の遮蔽について検討してみよう（練習問題 8-5）。

練習問題 8.5　雪による ^{137}Cs の γ 線の遮蔽を考える。

雪の密度を 0.1 g/cm^3 として、積雪の日における空間線量率の変化について検討してみよう。地上から 1 m の位置に計測器を置いていると考え、積雪がない場合、1 m の積雪があった場合、1 m の水の層があった場合（湛水状態）の条件で、空間線量率はどのように変わるであろうか？　雪で遮蔽されるのか？　水深 1 m の場所にがれきがあった場合の模擬もこの計算で求められる。ただし、光子の多重散乱は考えないこととする。

鉛の ^{137}Cs からの γ 線の質量減弱係数は 0.1 cm^2/g であり、鉛の密度は 11.3 g/cm^3 である。放射線は地面から垂直に放射されているものとせよ。また、空気の密度は 1.3×10^{-3} g/cm^3 である。ただし、次の数値が使えるものとする。

$\exp(-0.01) = 0.99$, $\exp(-0.1) = 0.905$, $\exp(-1) = 0.37$, $\exp(-10) = 4.5 \times 10^{-5}$

第8章

8－7　0.23 μSv/h（1 mSv/年）の導出[9)]

一般公衆の被ばく限度は、1 mSv/年であった。これを満足する単位時間あたりの被ばく線量率は 0.23 μSv/h とされている。この値は、どこから導出されたのであろうか。実際に、1 mSv を（365 日 × 24 時間）で割っても、0.23 μSv/h とはならない。実際は、0.11 μSv/h である。この導出の中に、屋内の遮蔽効果 0.4 倍が利用されている。この値の是非は別として、0.23 μSv/h を導出してみよう。

ここで、追加被ばくを考える。年間 1 mSv である。この追加被ばくを、日常の活動パターンを屋外に 8 時間、屋内に 16 時間滞在すると仮定する。屋内では、遮蔽効果があるため、屋外の 0.4 倍の被ばくをすると考える。

毎時 X μSv として、

$(8X + 16X \cdot 0.4) \cdot 365 = 1000$（μSv）……年間の許容追加被ばく線量

$X = 0.19$ μSv/h

となる。これが追加被ばく 1 mSv/年のラインである。つまり、0.19 μSv/h であれば、上記の生活パターンで、年間 1 mSv の追加被ばく以内に抑えることができると考えられる。ところが、実際に測定する場合は、これに自然放射線による被ばくが付加されることになる。この自然被ばくは、大地からの 0.04 μSv/h があるので、実際に追加被ばくで管理すべき値は、両者を加えた、0.23 μSv/h となるのである。注意すべきは、実際は、0.19 μSv/h 以下で管理すべきなのであるが、自然放射線がどうしても計測に入ってくるので、その分を上乗せした値で、被ばく管理をするという考え方である。

なお自然放射線による効果は、宇宙線と大地からの放射線があり、これらはそれぞれ年間 0.29 mSv と 0.38 mSv である。毎時に直すと、0.03 μSv/h および 0.04 μSv/h である。しかしながら、通常の測定器（NaI シンチレータ）では、宇宙線からの寄与は計測されないので、結局、大地からの寄与のみを加えているのである。

8－8　問題提起に対する考え方

土壌によるセシウムからのガンマ線の遮蔽は効果的で、汚染物を埋めたりその上に土壌を被せたりして、空間線量を低減することができる。また、水の壁あるいは雪が降り積もっても空間線量は低減する。基本的に遮蔽材としての性能は、その密度に関係し、密度の大きいものの方が遮蔽効果は高い。遮蔽効果の高い材料が開発されたと発表されてきたが、その遮蔽効果を遮蔽材の密度の観点から整理すると、どの材料も変わらないと言える。つまり遮蔽効果の高い材料は、密度の大きい材料であり、現実的に遮蔽効果が高い材料は鉛や鉄となるのである。

冒頭のペットボトルによる遮蔽であるが、詳細は本文に記載してあるが、15 cm の水の層ができたと同程度だとすると、30％程度までの遮蔽が可能となる。事故当時の学校の先生方の生徒たちを思いやる気持ちがさせた遮蔽なのであろう。

8－9　おわりに

本章では、遮蔽の見積の基礎的な部分について述べた。実際は、いろいろ複雑な現象が起きるが、それらもまた光子と物質との相互作用の結果、起こるものである。また、その相互作用は質量減弱係数に集約され、それには物質の特性と、光子のエネルギー依存性が反映されている。この現象を理解すると、素過程と巨視的な遮蔽の話を統一的に理解できるであろう。

本章を終わるにあたり以下のような住民の方々の意見があることを指摘したいと思う。章末問題でも触れたが、天地返しの是非と同じ背景の問題と思われる。

> 「環境省は「ため池に水を張っていれば、水が放射線を遮る効果があり、周辺に影響はない」として、「ため池」を国が除染費用を負担する対象として認めていない。ため池の中には、池の底が地上に姿を現す時期もあるため池の底にたまった泥土は放射能濃度が高く、泥が乾燥すると土ぼこりが立って被ばくの恐れが高くなる」

参考文献

1）日本アイソトープ協会（編）『アイソトープ手帳（10版）』p. 126（2011）
2）柴田徳思（編）『放射線概論（第9版）』通商産業研究社，p. 117（2016）
3）藤原隆男「空間線量率の計算」http://w3.kcua.ac.jp/~fujiwara/nuclear/air_dose.html（2018年6月25日）
4）柴田徳思（編）『放射線概論（第9版）』通商産業研究社，p. 107（2016）
5）スタート！ RI119（消防職員のための放射性物質事故対応の基礎知識）、消防庁予防課 特殊災害室
http://www.fdma.go.jp/neuter/topics/houdou/h23/2303/230318_2houdou/01_houdoushiryou.pdf
（2019年1月26日）
6）コンクリートメディカルセンター「単位体積質量・単位体積重量（比重）一覧」,
https://concrete-mc.jp/tani-ichiran/（2019年1月29日）
7）兵藤知典『放射線遮蔽入門』産業図書（1979）
8）山本晴彦「放送大学　平成16年度　第2学期　面接授業（土日型）、専門（産業と技術）「気象環境と自然災害」』の中の「10．気象・天気のはなし⑩積雪」
http://web.cc.yamaguchi-u.ac.jp/~yamaharu/tenki10.htm（2019年1月26日）
9）環境省「安全評価検討会・環境回復検討会 合同検討会」（第1回）参考資料2（別添2）「追加被ばく線量年間1ミリシーベルトの考え方」（2011）

章末問題

1．以下の1)〜4) の用語を説明せよ。
　1）線減弱係数
　2）質量減弱係数
　3）ビルドアップ係数

4）立体角

2. 天地返しによる除染は効率よく経済的でもある。しかしながら住民の方々には受け入れられていない。天地返しについて、自分の意見を確立しよう。もしも、天地返しを是とするなら住民の方々への説得の方法を、また、非とするならば、代替方法について考えてみよう（この問題は、是非の答えはありません。自分の意見をもつための設問です）。

第9章

ベクレルからグレイ（シーベルト）へ

—8000 Bq/kg と 1 mSv/ 年の関係—

9－1　はじめに

福島の汚染土壌などの廃棄物の量が膨大であり、環境省の試算によると 2200 万立方メートルに達すると言われている（http://josen.env.go.jp/chukanchozou/about/）。国の方針としては、すべてを中間貯蔵施設に移送して安全に保管する予定であるが、ポイントとなるのは、低線量汚染土壌をどのように処理するかである（注 1）。もし低線量土壌を再利用できることになると、その輸送コストや保管コストも低減される。8000 Bq/kg 以下の汚染土壌等は 1006 万立方メートル、8000～10 万 Bq/kg のそれは 1035 万立方メートル、10 万 Bq/kg 以上の土壌などが 1 万立方メートルと試算されている。つまり、8000 Bq/kg 以下の汚染土壌等を再利用できるとするならば、廃棄物の量を半減できることになる。また、8000 Bq/kg 以上のものに関しても、放射能濃度を低減し、8000 Bq/kg 以下にすることができれば、さらなる汚染物の量を減らすことができる。この操作を減容化と呼んでいる。減容化に向けた環境整備がなされつつあることが報告されている。

問題提起　「8000 Bq/kg 以下にすると安全か？」

除染土の一部が公共工事に利用することが環境省の有識者検討会で検討されている（たとえば 2016 年 6 月 7 日の日本経済新聞 22 時 12 分、毎日新聞 21 時 52 分、共同通信「47NEWS」19 時 06 分、配信等）。これは放射性物質濃度が基準以下になった汚染土を一定の条件の下、公共工事で再利用できるというもので、近く、環境省が正式決定をする。その条件とは以下のようなものである。

1）管理責任が明確で、長期間掘り返されることがない道路や防潮堤などの公共工事に利用先を限定する。

2）工事中の作業員や周辺住民の被曝線量が年間 1 ミリシーベルト以下となるように放射能濃度（セシウム濃度）を、5000～8000 Bq/kg 以下と定めるとともに、工事終了後、地域住民の被ばく線量が 0.01 mSv 以下となるよう土で覆って遮蔽する。

■ 大量の汚染土
公共工事で利用されることになったが、どこに使うのだろうか。近所の道路に使ってもよいだろうか。

注1：

①工事が1年におよぶ場合は、1 kg あたり 6000 ベクレル（Bq）以下で、9カ月以内で終わる場合は、8000 ベクレル以下

②除染土壌の上には、50 cm 以上の土をかぶせる。

③工事関係者の被ばく量を年間1ミリシーベルト（mSv）以下に抑え、周辺住民については、年間0.01 ミリシーベルト以下にする。

④環境省では今後、福島・南相馬市で実証実験を行うことにしている。

　ただし、この方針に関し賛否両論が出されている。

反対意見としては、たとえば

・廃棄物の処分責任が国から市町村や民間に移るため責任の所在があいまいになる。

・降雨、災害等によるセシウムの環境中への放出が懸念される。

・100 Bq/kg の基準を一気に 80 倍にしたということで納得できない。

賛成意見としては以下のような意見がある。

・廃棄物の量を減らすことになるので、処分場候補地を受け入れやすくなる。

・早期帰還を促すことができるようになる。

・廃棄費用を大幅に圧縮することができる。

練習問題 9.1

記事に書かれている汚染土の処理方法に対する自分の考え方を述べよ。（いずれの意見もそれぞれの理由があり正誤はありません。自分の考えを論理だって説明できることを求めています。本書でここまで学んだことをベースにそれぞれの意見を述べてください）

さて、ここでいう 8000 Bq/kg はどの程度の空間線量になるのであろうか？　特措法によると周辺住民の追加被ばくを 1 mSv/年以下にすることになっているが、これは担保できるのであろうか？　結局、安全かどうか、人体への影響は空間線量（率）で評価することになるので、ここの換算の目安が欲しいところである。この換算ができていなことが、いろいろな意見が出ることの理由の一つと考えられる。本章では、この辺りを議論することにする。

9－2　指定廃棄物

廃棄物にはどのような種類のものがあるのであろうか。そこでは、放射性セシウム濃度が規定されており、その濃度によって扱いが異なっている。

まず 100 Bq/kg 以下のものは、クリアランスレベル以下であり、放射性物質として扱う必要がない廃棄物ということができる。つまり普通の廃棄物として廃棄でき、あるいは問題なく再利用できる基準である[1)]（核原料物質、核燃料物質及び原子炉の規制に関する法律第 61 条の 2 第 4 項に規定する精錬事業者等における工場等において用いた資材その他の物に含まれる放射性物質の放射能濃度についての確認等に関する規則第 2 条[2)]）。

また、8000 Bq/kg は指定廃棄物基準の指定基準であって、これを超えかつ環境大臣が指定したものは、指定廃棄物として、国が処理することになっている[3)]。また、8000 Bq/kg 以下の廃棄物については、通常の廃棄物と同様に地方公共団体あるいは排出者が処理する[4)]。さらに、8000 Bq/kg 超かつ 10 万 Bq/kg 以下の焼却灰等については、一般廃棄物の最終処分場（管理型最終処分場）で埋立処分を行うことができるとしている[5)]。10 万 Bq/kg を超える廃棄物は、中間貯蔵施設へ搬入して保管する。

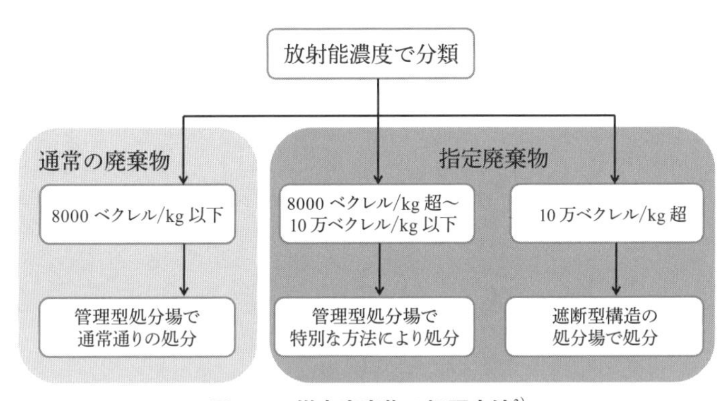

図 9-1　災害廃棄物の処理方法[3)]
福島県内では中間貯蔵施設へすべて搬送する。
＊文献 3）を参考に著者作成。

数字が出てわかりづらいので、図 9-1 にそのフロー図を示した。わかるように、廃棄物は放射能濃度（Bq/kg）で管理されることになる。ただし汚染土壌は放射能濃度にかかわらず中間貯蔵施設に搬入する。このため、2200 万立方メートルの汚染廃棄物の大部分は汚染土壌が占めることになっている。

さて、これらの放射能濃度と、周辺住民の被ばく量 1 mSv/年との関連はどのようになっているのであろうか。本章ではここを議論することが目的である。

9－3　質量吸収係数

空気の吸収線量を計算することにしよう。このプロセスで Bq と Gy あるいは Sv との関連が明らかになってくる。

図 9-2 に光子が物質に入射したときの模式図を示している。エネルギー ε の単位面積当たり、単位時間あたりの入射光子の個数を I とすると、入ってくるエネルギー密度は εI である。したがって、単位時間当たり、単位面積の厚さ Δx の材料で吸収されるエネルギー ΔE は次式で表される。

$$\Delta E = -\mu \cdot \varepsilon \cdot \frac{\Delta I}{\Delta x} \qquad (9\text{-}1)$$

第9章

ここで扱っている I はそもそも単位面積当たりの入射光子なので、右辺は μ を比例定数として（光子のエネルギー）×（体積 Δx 中の消滅粒子数）である。つまり微小体積 Δx あたりのエネルギー消費量（吸収量）となり、これを密度で除せば、微小重量当たりのエネルギー消費となる。

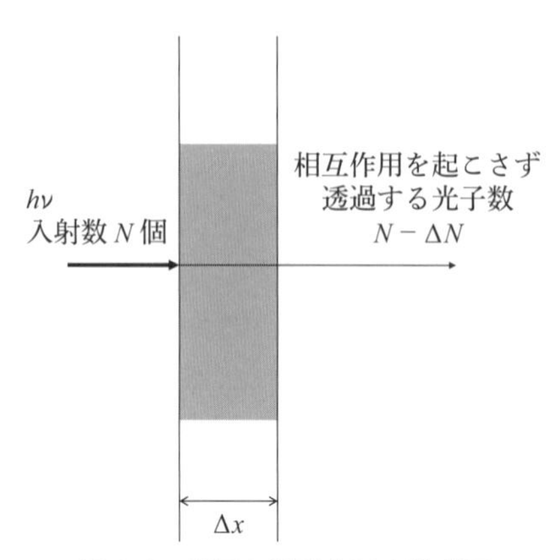

図 9-2　光子の減弱を示す模式図

ここであらためて J を単位時間あたり単位面積あたり入射してくるエネルギーと定義する（J：エネルギーフラックス（エネルギーフラックス密度ともいう）と呼ばれる）。単位は（$\mathrm{J/cm^2/s}$）となる。

すると（9-1)式は次のようになる。

$$\Delta J = -\mu_{\mathrm{en}} \cdot \frac{\Delta J}{\Delta x} \qquad (9\text{-}2)$$

ここで、(9-2)式では、μ を μ_{en} に書き直した。

すると前章の減弱とまったく同じように次式が得られる。

$$J = J_0 \exp\left(-\mu_{\mathrm{en}} x\right) : J(\mathrm{J/cm^2}/s)$$

ただし、J の単位は（$\mathrm{J/cm^2/s}$）であり、μ_{en} は線吸収係数と呼ばれる比例定数である。こうすることにより、減弱の場合と同様な取り扱いができるようになるのである。ここで求めたいのは、微小部分におけるエネルギーの吸収である。すなわち、微小部分に入射してくるエネルギーフラックスと、出て行くフラックスの差額が求めたいものであった。図 9-3 に J の物質中での変化の様子を示しているが、注目している微小領域 Δx で吸収されるエネルギーは、入出エネルギーの差 ΔJ であるから、表面から x の距離の微小領域で吸収されるエネルギーは、$\mathrm{d}J/\mathrm{d}x$ となる。したがって、

$$\frac{\mathrm{d}J}{\mathrm{d}x} = -\mu_{\mathrm{en}} J_0 \exp(-\mu_{\mathrm{en}} x) = -\mu_{\mathrm{en}} J \qquad (9\text{-}3)$$

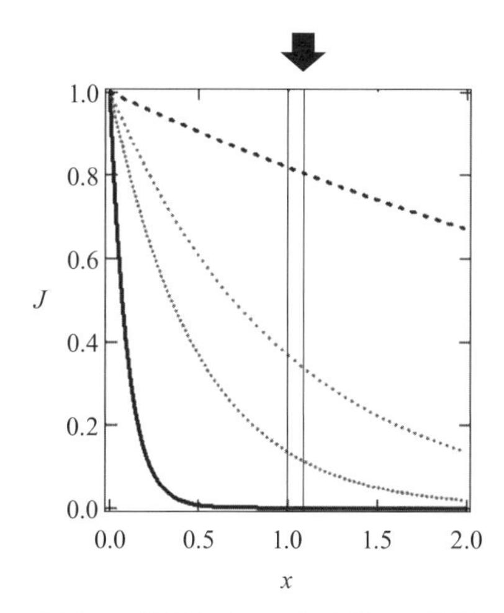

図 9-3　物質中でのエネルギーの吸収

複数の曲線は線吸収エネルギーが異なる物質を示している。

(9-3)式は単位体積あたり単位時間あたりに、微小部分に吸収されるエネルギーを意味している。単位をあらためて見てみると、次のようになっている。

$$[J] = \frac{\mathrm{J}}{\mathrm{cm}^2 \cdot s}$$

$$[\mu_{\mathrm{en}}] = \frac{1}{\mathrm{cm}},\quad [\mu_{\mathrm{en}} J] = \frac{1}{\mathrm{cm}} \cdot \frac{\mathrm{J}}{\mathrm{s} \cdot \mathrm{cm}^2} = \frac{\mathrm{J}}{\mathrm{cm}^3 \cdot s}$$

線減弱係数と同じ取り扱いで、μ_{en}を密度で除しておけば、この値は質量吸収係数と言われ、この値は質量減弱係数と同様、物質によってあまり変わらないことが知られており、グラフや数値で与えられている。

$$\left[\frac{\mu_{\mathrm{en}}}{\rho}\right] = \frac{\mathrm{cm}^2}{\mathrm{g}}$$

結局、(9-3)式を求めたいのであるが、(9-3)式は単位体積あたりの吸収エネルギーなので、単位質量あたりの吸収エネルギー（Gy で定義されている）にするには、密度で除して、(9-4)式のようにする。

$$\frac{1}{\rho}\frac{\mathrm{d}J}{\mathrm{d}x} = -\frac{\mu_{\mathrm{en}}}{\rho} J = -\varepsilon \frac{\mu_{\mathrm{en}}}{\rho} I \qquad (9\text{-}4)$$

質量吸収係数が与えられていることはすでに述べた。ここでεは光子のエネルギー、

第9章

Iはフラックス（単位面積あたり、単位時間あたりに入射する光子数）であった。この式の意味するところは、まず注目する場所でのフラックスIを求めて、光子のエネルギーを乗じて、さらに質量吸収係数を乗ずれば、その位置での吸収エネルギーが求まることを意味している。Iの計算は、減弱の計算で導かれることになる。

このことを例題を使って確かめてみよう。

例題 9-1 ^{137}Csから平行に単位面積（1 cm^2）当たり光子が空気中に毎秒100万光子が放出されている。空気の単位時間当りの吸収線量を求めよ。光子の減弱は考えず単位はGy/hで求めよ。ただし、^{137}Csからの光子のエネルギーは0.66 MeVとし、空気の質量エネルギー吸収係数は、表から読み取ることとする（吸収係数は表から0.03 cm^2/gである）。

【解答例】

単位質量当り、単位時間に吸収されるエネルギーは

$$-\frac{\mu_{en} J}{\rho} = -E\frac{\mu_{en}}{\rho} I \quad \left(\frac{\text{MeV}}{\text{g} \cdot \text{s}}\right)$$

である。この場合、題意より減弱は計算する必要はない。さらに、吸収エネルギーの定義が、［Gy = J/kg］だったので、その次元に換算しておこう。以下を使用して、

$$1\ \text{eV} = 1.6 \times 10^{-19} J$$

これを使って、［MeV/g/s］を［Gy/h］に換算すると、以下のようになる。

$$1\left(\frac{\text{MeV}}{\text{g} \cdot \text{s}}\right) = \frac{1.6 \times 10^{-19} \times 10^{6}(\text{J})}{10^{-3}(\text{kg}) \cdot \frac{1}{3600}(\text{h})} = 1.6 \times 3600 \times 10^{-10}\left(\frac{\text{J}}{\text{kg} \cdot \text{h}}\right) = 5.8 \times 10^{-7}\left(\frac{\text{Gy}}{\text{h}}\right)$$

これを利用して計算していこう。

$$E\frac{\mu_{en}}{\rho} I = 0.66\left(\frac{\text{MeV}}{\text{photon}}\right) \times 0.03\left(\frac{\text{cm}^2}{\text{g}}\right) \times 10^{6}\left(\frac{\text{photon}}{\text{cm}^2 \cdot s}\right)$$

$$= 2.0 \times 10^{4}\left(\frac{\text{MeV}}{\text{g} \cdot \text{s}}\right) = 2.0 \times 10^{4} \times 5.8 \times 10^{-7}\left(\frac{\text{Gy}}{\text{h}}\right) = 1.2 \times 10^{-2}\left(\frac{\text{Gy}}{\text{h}}\right)$$

$$= 12\left(\frac{\text{mGy}}{\text{h}}\right)$$

と求まる。ただし、符号は省いた。つまり1 cm^{2}あたり約100万Bq（分岐率85%）の

セシウムがすべて一方向にγ線を出すとすると、減弱を考えなければ、12 mGy/h程度になる。γ線なので、Gy = Svとすると、これがBqからSvへ換算するための換算係数となるのである。ただし、平行にγ光子が放出されている場合であることに注意しておこう。

9－4　点線源

次に、実際の場合に近い、点線源について考えよう。この場合は、その場所でのフラックスを求めることが必要である（立体角が4πであったことを思い出そう）。あらためて図9-4に球面上の面積要素を示した。この図からわかるように、面積要素は（$r^2\sin\theta d\theta d\varphi$）で表される。$r = 1$として、$\varphi$を0から$2\pi$、$\theta$を0から$\pi/2$で積分すれば単位球の表面積である$4\pi$となり、これが全空間の立体角である。

原点に点線源が置かれている場合、放射線は全空間に等方的に放出されているので、ある地点におけるフラックスは、その地点での立体角（単位球の表面積。図の$r = 1$とした場合の面積要素）に比例するであろう。では原点からの距離が大きくなった場合はと言うと、立体角（単位球上の面積要素）を通過する放射線数は一定であるが、半径が大きくなるとその大きくなった球上の面積要素も大きくなり、単位面積当たりの放射線数は減少する。すなわち（$r^2\sin\theta d\theta d\varphi$）に反比例する。結局、点線源からのフラックスは距離の2乗に反比例して減少することになる。

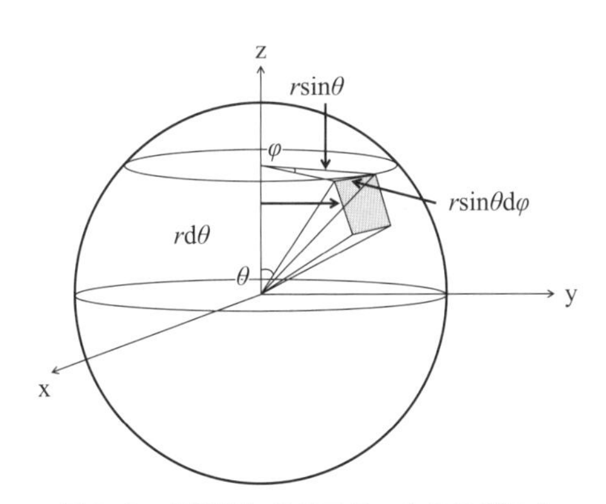

図9-4　点線源からのフラックスの考え方

この辺りは、直感的に理解できるであろう。これを利用した問題を解いて、確認しておこう。

第9章

練習問題 9.2

^{137}Cs の点線源から空気中に毎秒 100 万光子放出されている。線源から 1 m 離れている場所での空気の単位時間当りの吸収線量を求めよ。光子の減弱は考えず空気の単位時間当りの吸収線量を求めよ。単位は Gy/h で求めよ。ただし、^{137}Cs からの光子のエネルギーは 0.66 MeV とし、空気の質量エネルギー吸収係数は表から読み取ることとする（吸収係数は表から 0.03 cm^2/g である）。

まとめておこう。

求めたい場所の吸収線量を求めるには、

1）減弱係数を用いて、その場のフラックスを求める。

2）そのフラックスを用いて $-E\dfrac{\mu_{en}}{\rho}I$ を計算する。

$\dfrac{\mu_{en}}{\rho}$ は質量減弱係数と異なり、質量吸収係数であることに注意しよう。

減弱係数には、吸収のみならず散乱による減弱が入っている。吸収係数には、吸収のみで散乱を入れていない。このため減弱係数の方が大きくなる。特に、このエネルギー領域では（セシウムの放射する γ 光子のエネルギー領域という意味）、コンプトン散乱が主となっているので減弱係数と吸収係数の値は異なっている（図 8-3 参照）。

9－5　実効線量率定数（1 cm 線量当量率定数）

通常、上記計算は煩雑なので、実効線量率定数あるいは 1 cm 線量当量率定数（1 cm 線量当量は後の章で述べる。ここでは実効線量と同じ意味として考える）が与えられ、簡便に計算できるようになっている。

この計算では、点線源からある距離を離れた地点での実効線量率を計算する簡便な方法である。ここでは空気中の γ 線（あるいは X 線）の減衰を無視して、線源からのある距離での実効線量率を求めるのである（^{137}Cs からの γ 線の空気中での 1/10 化層が 230 m 程度あったことを思い出そう）。点線源からの距離の二乗に反比例することを利用して、煩雑な計算は、実効線量定数に押し込んで機械的に計算できるようになっている。

その計算式は（9-5）に与えられる。

$$H(\mu\mathrm{Sv/h}) = \frac{G(\mu\mathrm{Sv\cdot m^2/h\cdot MBq})\cdot \mathrm{Q(MBq)}}{r^2(\mathrm{m}^2)} \tag{9-5}$$

ここで H は実効線量率であり、r は点線源からの距離、Q は線源の放射能強度である。G がここでいう、実効線量率定数である。この定数の中に、Bq から Sv への換算式が押し込められていて、実際の計算をする必要がない。注意しておきたいことは、預託実効線量係数と混同しないようにしよう。こちらは内部被ばくの評価に使用する係数であった。

またこの定数は、福島の汚染廃棄物に応用できるのみならず、RIの取り扱い施設での表面汚染からの被ばくの見積もりをする際に使われる評価方法である。汚染面積が小さくて、距離がある程度離れれば点線源とみなすことができるので、外部被ばくを評価する際に誤差は小さくなるとの考え方からである[6]。表9-1にGを各線源について示した。

表9-1　γ線放出核種と1 cm線量当量率定数[6]

核　種	γ線エネルギー（放出率）	1 cm線量当量率定数 (μSv/h)/(MBq/m²)［点線源で距離1 m］
Cr-51	0.320 MeV（10%）	0.00547
Mn-54	0.835 MeV（100%）	0.130
Co-60	1.173 MeV（100%） 1.333 MeV（100%）	0.354
I-131	0.364 MeV（81%） 0.637 MeV（7.3%）	0.0660
(Cs-137) Ba-137m	0.662 MeV（85%）	0.0927

＊文献6）を参照に著者作成。

この値を利用して、点線源からの実効線量（1 cm線量当量）を計算してみよう。

練習問題9.3

^{137}Csの1 cm線量当量率定数は、表から0.096（μSv/h)/(MBq/m^2）である。1 MBqの点線源から1 m離れた場所での空気中での実効線量率はいくらか。2 m離れた場所ではどうか。また、4 Bq/cm^{2}が福島でのスクリーニング基準であった。車のタイヤが4 Bq/cm^{2}の汚染密度で100 cm^{2}の範囲が汚染されたと考えて、タイヤから50 cm離れて作業することを考えた場合、線源を点線源と考え、その地点での空間線量はどのくらいになるか（点線源と考える)。

9－6　均一に分布している線源

では平面に均一にセシウムが分布していた場合はどうであろうか。若干複雑でかつ、積分が実施できないが、求める式を出しておく。下の計算は、その場所でのフラックス

Iを求める方法である。ここでσは［kBq/m^2］の単位である。（分岐率100%を想定している）また、μは線減弱係数である。

この式の意味が解るであろうか。図9-4と図9-5を参考に考えてみてほしい。

$$I = \int_0^{2\pi} d\theta \int_0^{\infty} dx \frac{\sigma \cdot x \cdot \exp\left[-\mu\sqrt{x^2+h^2}\right]}{4\pi(h^2+x^2)} = \int_0^{\infty} dx \frac{2\pi \cdot x \cdot \sigma \exp\left[-\mu\sqrt{x^2+h^2}\right]}{4\pi(h^2+x^2)}$$

$$= \int_0^{\infty} dx \frac{\sigma \cdot x \cdot \exp\left[-\mu\sqrt{x^2+h^2}\right]}{2(x^2+h^2)} \qquad (9\text{-}6)$$

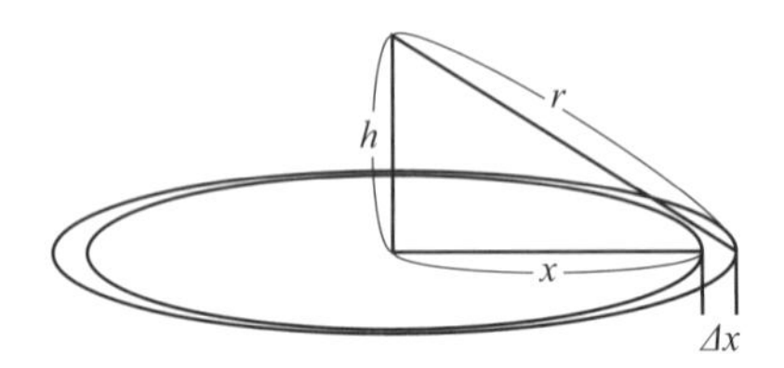

図9-5　均一に放射性物質が分布していた時、地上からhの場所でのフラックスの求め方

> **練習問題 9.4**
> (9-6)式を、図9-5を参考に説明せよ。
> ヒント：$x \cdot d\theta \cdot dx$が微小部分の面積であり、この部分からのフラックスは
> $\sigma \cdot x \cdot d\theta \cdot dx$となる。これを点線源と考え、減弱も考慮する。

上式を実際に積分することは困難であり、数値積分を用いるのであるが、ここでの興味は均一に分布した放射性物質（セシウム）からの空間線量の概略を導く換算係数を推定することであった。すなわち、BqからGy（Sv）への変換である。そこで、次のような仮定をおいて、概略を計算してみよう。

γ線は減衰しない。その代わり半価層までの距離（～70 m）がその点の空間線量に効くとしよう（田崎晴明「ベクレルからシーベルトへ」 http://www.gakushuin.ac.jp/~881791/housha/docs/BqToSv.pdf）。すると与えられた式の指数関数の項が消えて、容易に積分することができるようになる。また積分範囲も上限が決まってくる。

$$I = \int_0^{2\pi} d\theta \int_0^{70} dx \frac{\sigma \cdot x}{4\pi(h^2+x^2)} = \int_0^{70} dx \frac{2\pi \cdot \sigma \cdot x}{4\pi(h^2+x^2)}$$

$$= \frac{\sigma}{2}\int_0^{70} dx \frac{x}{h^2+x^2} = \frac{\sigma}{2} \cdot \frac{1}{2}\left[\log(h^2+x^2)\right]_0^{70} = \frac{\sigma}{4} \cdot 8.497 \approx 2.1 \cdot \sigma$$

ただし、σ の単位［kBq/m^2］であり、地上から 1 m を想定し、$h = 1$ とした。これが、地上から 1 m でのフラックスの概算値である。フラックスが解ったので、これに光子のエネルギーと質量エネルギー吸収係数を乗ずれば、吸収エネルギーが導かれる。注意したいのは、エネルギーを計算するときに導いた単位系は cgs だったので、σ も cgs に換算して線量率は計算しよう。

$$\sigma\,\mathrm{kBq/m^2} = \sigma \cdot 10^{-1}\,\mathrm{Bq/cm^2}$$

$$\begin{aligned}
E\frac{\mu_{en}}{\rho}I &= 0.66\left(\frac{\mathrm{MeV}}{\mathrm{photon}}\right) \times 0.03\left(\frac{\mathrm{cm^2}}{g}\right) \times 2.1 \cdot \sigma \cdot 10^{-1}\left(\frac{\mathrm{photon}}{\mathrm{cm^2 \cdot s}}\right) \\
&= 0.041 \cdot \sigma \cdot 10^{-1}\left(\frac{\mathrm{MeV}}{\mathrm{g \cdot s}}\right) = 0.041 \times 5.8 \times 10^{-7} \cdot \sigma \cdot 10^{-1}\left(\frac{\mathrm{Gy}}{\mathrm{h}}\right) \\
&= 0.24 \times 10^{-7} \cdot \sigma \cdot 10^{-1}\left(\frac{\mathrm{Gy}}{\mathrm{h}}\right) \\
&= 2.4 \times 10^{-9} \cdot \sigma\left(\frac{\mathrm{Gy}}{\mathrm{h}}\right) = 2.4 \times 10^{-6} \cdot \sigma\left(\frac{\mathrm{mGy}}{\mathrm{h}}\right) \qquad (9\text{-}7)
\end{aligned}$$

つまり、σ［kBq/m^2］で均一に分布している ^{137}Cs からの、地上 1 m における空間線量率の近似値は、約 $2.4 \times 10^{-6}\sigma$［mGy/h］である。

IAEA の資料（IAEA-TECDOC-1162，Printed by the IAEA in Austria，August 2000）によるとこの値は、2.1×10^{-6} である。良い一致をしている。

実際にこのような換算係数を得るには、もっと複雑な数値計算を与えられた体系で実施することになる。次の問題をやってみよう。上述の考え方（9-7)式が必要な体系である。

例題 9-2　^{137}Cs の点線源から 4π 方向に空気中に毎秒 100 万光子放出されている。100 m 離れている民家の実効線量を類推したい。次の問いに答えよ。ただし、^{137}Cs からの光子のエネルギーは 0.66 MeV とし、必要な定数はグラフから読み取り、空気の密度は密度を 1.3×10^{-3} g/cm^3 とする。また、直接線のみを考えることとする。次の順序で答えよ。

1）減弱を考えない場合どれくらいのフラックスになるか。（1/s/cm^2）

2）100 m 離れていたら、どれくらい減弱が起こるか。（割合で答えよ）

3）減弱を考えた場合の 100 m の場所でのフラックスを求めよ。

4）この地点での空気吸収線量はどれくらいか。

5）実効線量限度と比較せよ。

ただし、指数関数はテーラー展開して一次までの近似値を求めよ。e = 2.72 とせよ。

$$f(x) = f(a) + f'(a)(x - a) +$$

【解答例】

1）$10^6/[4 \times 3.14 \times (10000)^2] = 7.96 \times 10^{-4}(1/cm^2/s)$

2）空気の質量減弱係数は 0.075 cm²/g である。したがって空気の線減弱係数は、

$0.075 \times 1.3 \times 10^{-3} = 9.75 \times 10^{-5}(1/cm)$

100 m 離れているので、約 0.38 になる。

3）$7.96 \times 10^{-4}(1/cm^2/s) \times 0.377 = 3.00 \times 10^{-4}(1/cm^2/s)$

4）この地点での実効線量は、

$$
\begin{aligned}
E(\mu_{en}/\rho)I &= 0.66[\mathrm{MeV}] \times 0.03[\mathrm{cm^2/g}] \times 3 \times 10^{-4}[\mathrm{photon/s \cdot cm^2}] \\
&= 5.94 \times 10^{-6}[\mathrm{MeV/g \cdot s}] \\
&= 5.94 \times 10^{-6} \times 5.8 \times 10^{-7} = 3.4 \times 10^{-12}[\mathrm{J/kg \cdot h}] \\
&\cong 3.4 \times 10^{-6}\,\mu\mathrm{Gy/h}
\end{aligned}
$$

5）$1\,y = 8760\,h$ なので、$3.4 \times 10^{-6} \times 8760 = 0.03\,\mu$Sv/年（実効線量限度以内である）

9－7　線量換算係数

Bq から Sv への換算はかなり煩雑な計算をする必要があった。しかしながら、核種が決まれば、出てくるγ線のエネルギーも決まるので、空気の減弱係数、吸収係数も決まっているはずである。したがって、体系が決まれば、この換算は基本的にはできるはずである。そこで、面線源における、単位 Bq あたりの 1 m の距離における、吸収線量や実効線量（γ線なので吸収線量と等価）を計算して、表にまとめてある。これを利用することにより容易に Bq から Sv へ換算ができるようになる。この辺りのことは、点線源からの空間線量を類推した事情とよく似ている。

たとえば、点線源に関しては、^{137}Cs + ^{137m}Ba は 9.5×10^{-8} [(mGy/h)/(kBq)] である（IAEA-TECDOC-1162 Printed by the IAEA in Austria August 2000[7)]）。

この数値を練習問題 9.2 と比較してみよう。われわれが行ったのは粗い計算だが、かなり良い一致を見ている。

また、面線源（IAEA では Ground Contamination と表現されている）の場合は

^{137}Cs + ^{137m}Ba は 9.5×10^{-8} [(mGy/h)/(kBq)]　2.1×10^{-6} [(mSv/h)/(kBq/m²)]

である[7)]。これは前述したように、(9-7) で計算をしたのであるが、良い一致をみている。

これらの計算から、基本的な考え方が理解できたであろう。実際に、Bq から Sv への換算は容易なことではない。それゆえ、実効線量率定数や 1 cm 線量当量率定数を利用して見積もることがなされる。あるいは、実験的に求めた回帰直線が利用されることもある[8)]。

それゆえ、Bq から Sv への換算への統一した単位での記載は困難であるが、逆に線量限度から放射能密度を制限することが行われる。良い例が、8000 Bq/kg の数値である。この数値を導出するのも、いろいろな仮定を入れて導出されている。その概略は本章末の【付録】に述べておいた。

ここでは、簡単な仮定をして8000 Bq/kgの放射能密度のイメージをつかむことにしよう。土壌が均一に8000 Bq/kgで汚染されているとして、そこで作業する（地上1 mの位置での空間線量で代表させる）とした場合の年間の被ばく量を計算してみよう。考え方の流れを述べると、まず、表面汚染密度を導出し、この値からIAEAのGround Contaminationの^{137}Csで2.1×10^{-6}、^{134}Csで5.4×10^{-6}［(mSv/h)/(kBq/m^2)］を利用して地上1 mの線量当量率を求める。この条件で、重機作業をした場合の年間の被ばく線量を類推することにする。手順は、①表面汚染密度の類推、②作業条件の設定、③年間被ばく量の推定である。

① 表面汚染密度の類推

表面汚染密度に換算する。セシウムの分布状態を仮定する。セシウムが土壌表面から5 cmの深さまで均一に分布するとする（5 cmまでにセシウムは95%以上存在することが知られている）。また、土壌の密度は1.5 g/cm^{3}とすると、1 kgの土壌の体積は670 cm^{3}となる。670 cm^{3}の5 cm厚さの薄い直方体を考えると、底面の面積は130 cm^{2}である。この直方体の土壌にセシウムが均一に分布していると考えよう。

次に、この土壌の中から、どれくらいγ線が地表表面に出てくるかである。そこで、土壌中のγ線の半価層を計算する。質量減弱係数は0.075 cm^2/gであるので、線減弱係数は0.11/cmである。したがって、半価層は6 cm程度となる。そこで、5 cm深さまでのセシウムからのγ線はすべて地表に出てくると仮定しよう。これで汚染密度が計算できるようになった。つまり、8000 Bq/130 cm^{2}である。

② 作業条件の設定：実際に環境省が想定した作業条件を考える[9)]

・高放射能レベル環境の作業は年間1000時間。毎日4時間（一日の半分の時間を高放射能レベル下での作業）、重機に乗っての作業を250日間従事する。
・重機作業の遮蔽係数（低減率）は0.4で被ばく量を推定することにする。つまり重機によって遮蔽されると考えている。

③ 年間被ばく量の推定

IAEAのGround Contaminationの値を利用する。^{137}Csで2.1×10^{-6}、^{134}Csで5.4×10^{-6}［(mSv/h)/(kBq/m^2)］を利用する。両者同量のBq数とし、それぞれの空間線量への寄与を計算する。$8000\ \mathrm{Bq}/130\ \mathrm{cm}^2 = 8\ \mathrm{kBq}/(130 \times 10^{-4}\ \mathrm{m}^2) = 610\ \mathrm{kBq/m}^2$なので、^{137}Csと^{134}Csとも305 kBq/m^{2}存在するとしよう。

^{137}Csの寄与は年間で

$$305\ \mathrm{kBq/m^2} \times 2.1 \times 10^{-6}\ (\mathrm{mSv/h})/(\mathrm{kBq/m^2}) \times 1000\ (\mathrm{h}) \times 0.4 = 0.26\ \mathrm{mSv}$$

^{134}Csの寄与は年間で

$$305\ \mathrm{kBq/m^2} \times 5.4 \times 10^{-6}\ (\mathrm{mSv/h})/(\mathrm{kBq/m^2}) \times 1000\ (\mathrm{h}) \times 0.4 = 0.67\ \mathrm{mSv}$$

したがって、作業者は年間 0.93 mSv 程度の被ばく量となる。一般公衆の被ばく限度が 1 mSv/年なので、この限度内に収まっていると言える。極めて荒い計算で年間の被ばく線量を推定したが、1 mSv 程度弱の被ばく量となることを導くことができたと言える。

ここでは考え方を示すとともに 8000 Bq/kg の感覚を得るために、荒い計算例を示した。実際の計算では精密な数値計算を基にした遮蔽計算をしているし、セシウムの減衰も考慮している。その結果 8000 Bq/kg が導出されたのである。

最後に次のニュース記事を読んで、自分の意見をまとめてみよう。

指定廃棄物の処理については、特措法の基本方針において当該指定廃棄物が保管されている都道府県内において行うことになっている（宮城県・茨城県・栃木県・群馬県・千葉県)。各県内一か所の最終処分場に集約して処理をする（環境省　放射性物質汚染廃棄物処理情報サイト　福島県以外の各県における取組み　宮城県における取組み　資料 1)。

現状、指定廃棄物の一時保管場所が充分でなく保管場所がひっ迫しており、処分場の建設が急がれている。しかしながら、指定廃棄物の処分場の建設を巡り、混乱が続いている。(たとえば、日経新聞 2015 年 12 月 13 日 19 時 33 分、毎日新聞 2016 年 3 月 19 日 21 時 22 分、産経ニュース 2016 年 3 月 20 日 07 時 06 分発信等）宮県では最終処分場の候補地となった栗原市、大和町、加美町から住民の反対を理由に「候補地返上」の意向が示された。

練習問題 9.5

指定廃棄物の処理はどうしたらよいであろうか？

特に管理型処分場で保管管理することが決められている場合、その管理型処分場の設置に地域住民は反対している。一方で、各戸に保管している指定廃棄物の処分に各自困難を感じている。どのような方策があるであろうか（自分の考えを述べてください)。

9－8　問題提起に対する考え方

放射能強度（Bq）から空間線量への換算は、放射性物質の空間分布に依存する。その換算は容易ではないが、すでに計算されており、実効線量率定数とか 1 cm 線量当量率定数などで与えられている。この定数の使い方は、本章の（9-5)式を参照にしてもらうとして、この換算係数を駆使して、除染の作業員の被ばくの可能性が検討された。その結果、8000 Bq/kg 以下であれば、作業員の被ばく線量を年間 1 mSv 以下にすることができることが示された。これが理由で、8000 Bq/kg の線引きがなされたのである。しかしながら、記事にもあるように、汚染土壌の再利用先を見つけることが今後の大きな課題となると考えられる。

低濃度の汚染土壌の公共事業での使用は可能となったが、依然として住民の方々の心配は残っており、根強い反対があるのも事実である。

9－9　おわりに

本章では線量換算係数の概略を述べ、Bq/m^2 あるいは Bq/kg から吸収線量に換算する方法について説明した。また、詳細は述べなかったが、8000 Bq/kg の根拠となるような考え方を紹介した。実際に被ばくの恐れがあるような場合、その被ばく線量の類推方法は類似の考え方で推定する。

本章で吸収線量の概念が理解できたであろうか。実際、この方法は、放射線治療のような医療応用にも適用できる考え方である。

参考文献

1）原子力安全委員会「ウラン取扱施設におけるクリアランスレベルについて」
https://www.nsr.go.jp/archive/nsc/haiki/page5.htm
2）環境省「100 Bq/kg と 8,000 Bq/kg の二つの基準の違いについて」
https://www.env.go.jp/jishin/attach/waste_100-8000.pdf（2018 年 6 月 25 日）
3）環境省「放射性物質汚染廃棄物処理情報サイト 指定廃棄物について」
http://shiteihaiki.env.go.jp/radiological_contaminated_waste/designated_waste/（2018 年 6 月 25 日）
4）環境省「放射性物質汚染廃棄物処理情報サイト『指定廃棄物の処理法』」
http://shiteihaiki.env.go.jp/faq/（2018 年 6 月 25 日）
5）環境省「8,000 Bq/kg を超え 100,000 Bq/kg 以下の焼却灰等の処分方法に関する方針について（お知らせ）」
http://www.env.go.jp/press/press.php?serial=14161（2018 年 6 月 25 日）
6）原子力安全研究協会「緊急被ばく研修　緊急被ばく医療のための基礎資料」
http://www.remnet.jp/lecture/b03_02/3-1.html
7）IAEA, “IAEA-TECDOC-1162 Generic procedures for assessment and response during a radiological emergency,” IAEA in Austria August 2000
8）文部科学省「文部科学省による放射線量等分布マップ（放射性セシウムの土壌濃度マップ）の作成について」放射性物質の分布状況等に関する調査（2011）
9）日本原子力研究開発機構　安全研究センター「福島県の浜通り及び中通り地方（避難区域及び計画的避難区域を除く）の災害廃棄物の処理・処分における放射性物質による影響の評価について」第三回災害廃棄物安全評価検討会 資料 4（2011）
https://www.env.go.jp/jishin/attach/haikihyouka_kentokai/03-mat_3.pdf

第9章

章末問題

次の（　　　）内の1〜11に適切な言葉を入れよ。

1. 光子の物質による吸収は、減弱と同じような考え方ができる。線減弱係数に相当するのが（　1　）であり、質量減弱係数に相当するのが、（　2　）である。減弱係数と吸収係数では、（　3　）の方が小さい。これは、（　4　）は吸収と散乱の結果であるが、（　5　）は物質による吸収のみを考えているからである。
2. 吸収線量を求めるためには、（　6　）に、光子の（　7　）と単位面積当たり通過した光子の数である、（　8　）を乗ずることで求められる。吸収線量率を求めるには、（　8　）の代わりに、（　9　）を乗ずることになる。
3. 点線源から離れた場所での、直接線による空気吸収線量率を求めるには、フラックスは距離の（　10　）に反比例すること、さらに距離による減弱を考えてその場所での、光子の（　11　）を求める。その後、そのフラックスによる吸収エネルギーを求めるのである。
4. 平面に均一に分布した線源から、ある高さの位置での空気吸収線量率を求めるには、まず、ある平面上の微小面積からのフラックスへの寄与を点線源とみなして求める。続いて、微小面積を積分して平面に拡張し、平面からの測定点におけるフラックスを求める。ただし、その計算には、減弱も考慮することを忘れてはいけない。フラックスが求められると、それに、光子エネルギーと質量吸収係数を乗ずれば、空間線量率が求められることになる。

【付録】

1. 8000 Bq/kgの根拠

日本原子力研究開発機構安全研究センター「福島県の浜通り及び中通り地方（避難区域及び計画的避難区域を除く）の災害廃棄物の処理・処分における放射性物質による影響の評価について」（平成23年6月19日）より次のような方針である。

①処理にともなって周辺住民の受ける追加的な線量が1 mSv/年を超えないようにする。

②処理を行う作業者が受ける追加的な線量が可能な限り1 mSv/年を超えないことが望ましい。比較的高い放射能濃度の物を取り扱う工程では、電離放射線障害防止規則を遵守する等により、適切に作業者の受ける放射線の量の管理を行う。

具体的には、運搬、分別、焼却、埋立処分等の通常の処理の条件を仮定し、作業者と周辺住民への追加的な被ばく線量を計算し、1 mSv/年を超えないような放射能密度が決められた。

その結果、廃棄物の放射性セシウム濃度が8000 Bq/kg以下であれば、通常の処理を行った場合の周辺住民、作業者に対する追加的被ばく線量は年間1 mSv/年を下回るとの結論であったのである。

次のような解体・分別や焼却処理等の作業工程を考え、それぞれの作業での被ばく形態を想定している。

解体・分別作業に係る評価経路（解体・分別シナリオ）

No.	評価対象	線　源	対象者	被爆形態
1	山積みされた災害廃棄物の分別作業	山積みの災害廃棄物	作業者	外部
2				粉塵吸入
3				直接経口
4	ビルなどのコンクリート建造物（廃棄物）の解体作業	コンクリート廃棄物	作業者	外部
5	自動車などの金属廃棄物の解体・分別作業	金属廃棄物（自動車）	作業者	外部
6				皮膚

＊出典：平成 23 年 6 月 19 日　日本原子力研究開発機構　安全研究センター。

焼却処理に係る評価経路（焼却処理シナリオ、1/3）

No.	評価対象		線　源	対象者	被爆形態
7	可燃物の取り扱い	積み下ろし作業	可燃物	作業者	外部
8					粉塵吸入
9					直接経口
10					皮膚
11		運搬作業		作業者	外部
12	焼却炉作業	焼却炉補修作業	焼却炉内の焼却灰	作業者	外部
13					粉塵吸入
14					直接経口
15					皮膚

＊出典：平成 23 年 6 月 19 日　日本原子力研究開発機構　安全研究センター。

たとえば、分別作業者の外部被ばくは次式で示される。

$$D_{0,\mathrm{ext}}(i) = C_{\mathrm{w0}}(i) \cdot F_{\mathrm{w0}} \cdot S_0 \cdot t_0 \cdot DF_{0,\mathrm{ext}}(i) \cdot \frac{1 - \exp(-\lambda(i) \cdot t_2)}{\lambda(i) \cdot t_2}$$

ここで、

$D_{0,\mathrm{ext}}(i)$　：放射性核種 i による外部被ばく線量（μSv/y）
$C_{\mathrm{w0}}(i)$　：災害廃棄物中の放射性核種 i の濃度（Bq/kg）
F_{w0}　：災害廃棄物の線源に対する希釈係数
S_0　：分別作業時の外部被ばくに対する遮蔽係数
t_0　：分別に係る年間作業時間（h/y）

$DF_{0,\mathrm{ext}}(i)$：放射性核種 i の外部被ばくに対する線量換算係数（μSv/h per Bq/kg）
$\lambda(i)$　　：放射性核種 i の崩壊定数（1/y）
t_2　　　：被ばく中の減衰期間（y）

t_0 は、年間の作業時間。1 日 8 時間、年間 250 日の労働時間のうち半分を廃棄物のそばで作業する 1000（h/y）。t_2 は、全作業を通じての期間。1 年間を想定。最後の項で減衰を計算にくりこんでいる。DF は、線量換算係数。底面 200 m^2、上面 100 m^2 高さ 5 m で、密度 1.5 g/cm^3 のコンクリートとしており、地上 1 m で底面の一辺の中天から 1 m の位置で求めている。数値計算により線量換算係数を導いている。

各種の作業の中で、年間 1 mSv の被ばくとなるような、放射能密度を計算し、最も放射能密度が低い値としている。この値が 8000 Bq/kg であったのである。

2. 管理区域

放射性同位元素等による放射線障害の防止に関する法律による管理区域の定義によると、次のいずれかの条件を超える恐れのある場所である。

①外部放射線に係る線量については、実効線量が 3 月あたり 1.3 mSv
②空気中の放射性物質の濃度については、3 月についての平均濃度が空気中濃度限度の 10 分の 1
③放射性物質によって汚染される物の表面の放射性物質の密度については、表面汚染密度（α 線を放出するもの：4 Bq/cm^2、α 線を放出しないもの：40 Bq/cm^2）の 10 分の 1
④外部放射線による外部被ばくと空気中の放射性物質の吸入による内部被ばくが複合するおそれのある場合は、線量と放射能濃度のそれぞれの基準値に対する比の和が 1

管理区域内には関係者以外の立入りを禁止し、不用意な立入りによる放射線被ばくを防止することが義務つけられている。しかしながら福島の事故直後には、上記を超える条件の場所が広範囲に現れた。このため、従来の管理手法を実施することが困難な状況になっているため、われわれは、その従来の管理手法を理解しつつ、適切な行動を取る必要があると思われる。これが本章の目的であった。

3. 指定廃棄物で新ルール

一度指定廃棄物になった廃棄物でも、経年変化で放射能濃度が減少した場合、指定をはずすことができる。

> 環境省は、指定廃棄物の指定解除の要件や手続きを整備した。（放射性物質汚染対処特措法施行規則の一部改正（平成 28 年 4 月 28 日公布・施行））
>
> これによると、一度 8000 Bq/kg を超え指定廃棄物に指定されていた廃棄物でも、この基準を（減衰して）下回った場合、指定を解除し一般ごみと同様の処分が可能となった。

さらに付け加えると、特措法 基本方針（平成23年11月11日閣議決定）注2によると、

「除去土壌の収集、運搬、保管及び処分の実施に当たっては、飛散流出防止の措置、モニタリングの実施、除去土壌の量・運搬先等の記録等、周辺住民の健康の保護及び生活環境の保全への配慮に関し必要な措置をとるものとする。また、安全な運搬、保管等のため、減容化、運搬、保管等に伴い周辺住民が追加的に受ける線量が年間1ミリシーベルトを超えないようにするものとする」

となっている。

注2：環境省「減容処理後の浄化物の安全な再生利用に係る基本的考え方骨子」、中間貯蔵除去土壌等の減容・再生利用技術開発戦略検討会（第3回）資料3
http://josen.env.go.jp/chukanchozou/facility/effort/investigative_commission/pdf/proceedings_160330_03.pdf

第 10 章

ベクレルから濃度へ
—セシウムの濃度は驚くほど低い—

10－1　はじめに

本章ではまず ^{134}Cs を取り上げ、^{137}Cs との相違について議論する。特に、その減衰に触れ、^{137}Cs と比較しつつ空間線量への寄与を考える。つまり、十分減衰するまでの時間について考察することにする。その過程で、半減期について学ぶことになる。また、半減期がわかると Bq 数が計算できることになり、その Bq 数から濃度が計算できる。新聞記事でも Bq を使った濃度、たとえば前章で触れた 8000 Bq/kg のような濃度の記述はあるが、ppm とか ppb のような記述は現れない。Bq 数とこの濃度との関係はどのようになっているのであろうか？　たとえば、排水処理基準や重金属濃度等は ppm のような濃度で規定されているが、放射性同位元素では Bq/kg で規定される。これはどのような理由があるのであろうか。あるいは、放射性同位元素も ppm のような濃度規制をすれば、他の物質とも統一が取れるし、理解がしやすい。しかるに Bq 表示になっているのは何か理由があるのであろうか。本章ではこの辺りを議論することにする。

問題提起　「"高濃度セシウム" は本当に濃度は高いのか？」

汚染水の海への漏洩の問題に関し、漏えい源とみられるトレンチ内の滞留水から、1リットル当たり 23 億 5000 万ベクレルの放射性セシウムが検出されたと東電は発表した（たとえば、2013 年 7 月 27 日、日経新聞、西日本新聞 12 時 23 分、エキサイトニュース 17 時 18 分、同年 7 月 28 日、福島民報 11 時 32 分、配信等）。トレンチ内に滞留している水から検出された放射性物質は 1 リットル当たり、セシウム 134 が 7 億 5000 万ベクレル、セシウム 137 が 16 億ベクレル、（ストロンチウムなど）ベータ線を放出する放射性物質は 7 億 5000 万ベクレルだった。

■ 福島第一原子力発電所敷地内では大量の汚染水が貯蔵され、今なお汚染水タンクが造られている。
ではその中の放射性物質の濃度はどれくらいだろうか。

第10章

1リットルあたり23億5千万ベクレルと記載されているが、濃度については見当がつかない。数値があまりにも大きすぎることと、ベクレル/リットル（Bq/L）の単位に馴染みがないことが理由であろう。この辺りも議論していくことにする。

10－2　^{134}Csについて

ここではまず、^{134}Csを取り上げてみよう[1)]。半減期が2年なので、あまり新聞では深くは議論されていない。事故直後はセシウム134と137はほぼ同量放出されたと考えられている[2)]。

^{134}Csの特徴は、①半減期が約2年、②一つの崩壊で二つ以上の光子を放出することである。注意したいことは、Bq数は原子の崩壊速度であり、光子を放出する速度ではないことである。したがって、単位時間に放出される光子数はBq数より多いことも有り得るのである。また^{134}Csは人工的につくられる放射性同位元素であり、天然にはほとんど存在しない（宇宙線と大気中のキセノンの反応でごく少量生成する）[1)]。原子炉内では作られるのであるが、^{133}Csが中性子捕獲して生成する。生成過程は以下のようである。まず核分裂生成物である^{133}Xe（半減期5.3日）がβ崩壊して^{133}Cs（安定核）が生成される（^{133}Xeの生成過程は幾種類もある）。この^{133}Csが中性子を捕獲して^{134}Csになるのである。反応式で書くと^{133}Cs（n，γ）^{134}Csである[2)]。ポイントは核分裂そのものでは作られないことであり、^{137}Csの生成過程と大きく異なるところである。したがって^{134}Csが環境中に存在しているということは人工的に漏出したことを意味する[1)]。

電気出力100万KWの軽水炉を1年間運転した際にできる^{134}Csは5〜20 × 10^{16} Bqであり[1)]、^{137}Csのそれは1.4 × 10^{17} Bq[3)]で、放射能強度比は（^{134}Cs/^{137}Cs）は0.4〜1.5の範囲と言われている[1)]。ここで放射能強度比とはBq単位での比較を意味しており、事故当時は放射能強度比はほぼ1、つまりBq数で測った^{137}Csと^{134}Csは、ほぼ等量発生したと考えられている[2)]。

半減期は^{134}Csの方が小さいが、空間線量に対しての寄与はどうであろうか？　実は^{134}Csは^{137}Csの2倍程度あるのであるのであるが、まず、ここを見ていこう。^{134}Csの崩壊図を見てみると、たくさんのγ線が放出されることに驚くであろう。表6-1に^{137}Csと^{134}Csの比較を示した[4)]。まず^{134}Csで注目するところは、1崩壊当たりの放出割合である。6種類の光子が放出されている（この表以外にも、さらに放出割合が小さなγ光子も放出されることが知られている）。この発生割合を合計すると200%を超えることがわかる。つまり一回の崩壊で2本以上のγ線を放出するのである。^{137}Csは85.1%と1崩壊あたり1光子に満たない。さらに、^{134}Csのγ線の最も大きなエネルギーは1.36 MeVであるが、^{137}Csは0.66 MeVである。

また、よく知られているように、半減期は2年と30年である。最も注意してもらいたいのは土壌沈着あたり周辺線量率である。これは大きな面線源で地上1 mの位置での周辺線量率である。^{134}Csでは5.4 × 10^{-6}（mSv/h）/（kBq/m^2）であり、^{137}Csでは2.1

$\times 10^{-6}$ (mSv/h)/(kBq/m^2) である。前章でも示した値が示されている。点線源からの空間線量は 1 cm 線量当量で、^{134}Cs では ^{137}Cs の 2 倍程度であることが理解できる。例題を解いて、復習を兼ねこの辺りを検討してみよう。

例題 10-1 1 MBq の ^{134}Cs の点線源から光子を放出している。線源から 1 m の距離での吸収線量（率）を求め、^{137}Cs（0.092 μGy/h）と比較せよ（練習問題 9.1）。ただし、^{134}Cs の光子エネルギーと放出率と質量吸収係数（cm^2/g）は以下のとおりである。

エネルギー	放出割合	質量吸収係数
563 keV	8.4%	0.030
569 keV	15.4%	0.030
605 keV	97.6%	0.030
796 keV	85.5%	0.029
802 keV	8.7%	0.028
1365 keV	3.0%	0.025

【解答例】

$$-E\frac{\mu_{en}}{\rho}I\left(\frac{\mathrm{MeV}}{\mathrm{g\cdot s}}\right)$$

$$=\left(\begin{array}{l}0.563\times0.084\times0.03\\+0.569\times0.154\times0.03+0.605\times0.976\times0.03+0.796\times0.855\times0.029\\+0.802\times0.087\times0.028+1.365\times0.03\times0.025\end{array}\right)\frac{10^6}{4\pi(100)^2}$$

$$=\frac{4.45\times10^4}{4\pi(100)^2}=0.354\left(\frac{\mathrm{MeV}}{\mathrm{g\cdot s}}\right)=0.354\times5.8\times10^{-7}\left(\frac{\mathrm{Gy}}{\mathrm{h}}\right)=2.05\times10^{-7}\left(\frac{\mathrm{Gy}}{\mathrm{h}}\right)$$

$$=0.205\ \mu\mathrm{Gy/h}$$

^{137}Cs の場合は以前計算したように

$$E\frac{\mu_{en}}{\rho}I=0.66\left(\frac{\mathrm{MeV}}{\mathrm{photon}}\right)\times0.03\left(\frac{\mathrm{cm}^2}{\mathrm{g}}\right)\times7.96\left(\frac{\mathrm{photon}}{\mathrm{cm}^2\cdot\mathrm{s}}\right)$$

$$=0.158\left(\frac{\mathrm{MeV}}{\mathrm{g\cdot s}}\right)=0.158\times5.8\times10^{-7}\left(\frac{\mathrm{Gy}}{\mathrm{h}}\right)=0.92\times10^{-7}\left(\frac{\mathrm{Gy}}{\mathrm{h}}\right)=0.092\ \mu\mathrm{Gy/h}$$

10－3　半減期

例題で ^{134}Cs の方が 2 倍、空間線量率に寄与があることが明らかになったが、このような 2 種類の線源が共存しているのが福島の現状である。この空間線量率はどのように時間とともに変化していくのであろうか。事故後3年ほど経つが、自然減衰であれば、どのくらい減衰しているのであろうか。あるいは、十分減衰するのを待つのであれば、どれくらい待たねばならないのであろうか。よく「30年待つ必要がある」と聞くが、それで良いのであろうか？　これらの問いに答えるためには、半減期の概念の導入が必要である。まず半減期について説明し、その後で福島の空間線量率の減衰について考えていこう。

図10-1に放射性核種が時間とともに減衰していく様子を模式的に示してある。基本的には指数関数的に時間とともに減衰していく。これを定式化していこう。

残存する原子数をNとする。壊変速度は原子数に比例するので、比例定数をλ（壊変定数と呼ばれる）とすると、次式が成り立つ。

$$\frac{\mathrm{d}N}{\mathrm{d}t} = -\lambda N$$

$$N(t) = N_0 \exp(-\lambda t)$$

原子数が半分になるまでの時間（半減期）を$t_{1/2}$とすると、

$$\frac{1}{2} = \frac{N(t_{1/2})}{N_0} = \exp(-\lambda t_{1/2})$$

$$\ln 2(=0.693) = \lambda t_{1/2}$$

$$t_{1/2} = \frac{0.693}{\lambda}$$

$$N = N_0 \exp\left(-\frac{0.693}{t_{1/2}}t\right)$$

このグラフが図10-1である。

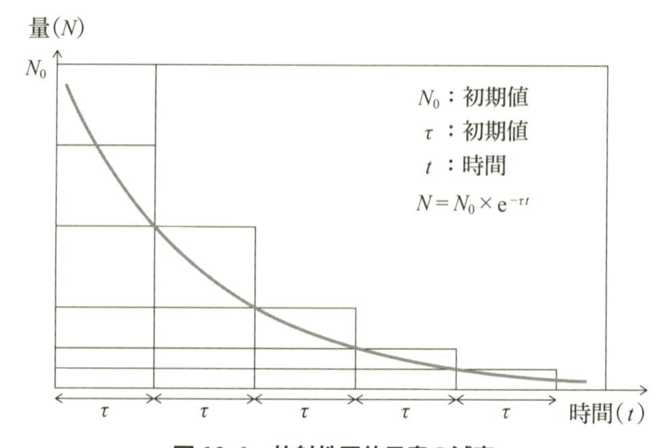

図10-1　放射性同位元素の減衰

一方、壊変速度（放射能）は次式で与えられることがわかる。

$$\frac{\mathrm{d}N}{\mathrm{d}t} = -\lambda N$$

$$= -\frac{0.693}{t_{1/2}}N$$

半減期の概念がわかったところで、福島の問題、つまり ^{137}Cs と ^{134}Cs が混在している場合の放射能の減衰をどう考えたらよいかを考えよう（以下、^{137}Cs と ^{134}Cs の初期に同じ Bq 数あったとして考えていく）。

^{134}Cs と ^{137}Cs の空間線量率への影響をあらためて書き下すと（面線源）、

^{134}Cs　が 5.4×10^{-6}　(mSv/h)/(kBq/m^2)

^{137}Cs　は 2.1×10^{-6}　(mSv/h)/(kBq/m^2)

^{134}Cs の方が空間線量率には約 2 倍効いてくる。また、計算したように、Bq 数は空間線量率に比例していた（練習問題 10.1）。したがって、減衰していけば（Bq 数が減れば）その空間線量率への効果も減少していくはずである。そこで、空間線量率の時間依存性を Bq の時間依存性と考えても良いので、dN/dt で置き換え、^{134}Cs の方が 2 倍空間線量率に効くことを考慮して、時間依存性を下のようにして求めた。

$$D(t) = \frac{2.1}{7.5}\exp\left(-\frac{0.693 \cdot t}{30 \cdot 365 \cdot 24 \cdot 3600}\right) + \frac{5.4}{7.5}\exp\left(-\frac{0.693 \cdot t}{2 \cdot 365 \cdot 24 \cdot 3600}\right)$$

右辺第 1 項が 137 の効果であり、第 2 項が 134 の効果である。それぞれの半減期が反映されている。これを図示したのが、図 10-2 である。この図では、^{134}Cs と ^{137}Cs 単体の場合での減衰の様子も合わせて示している。

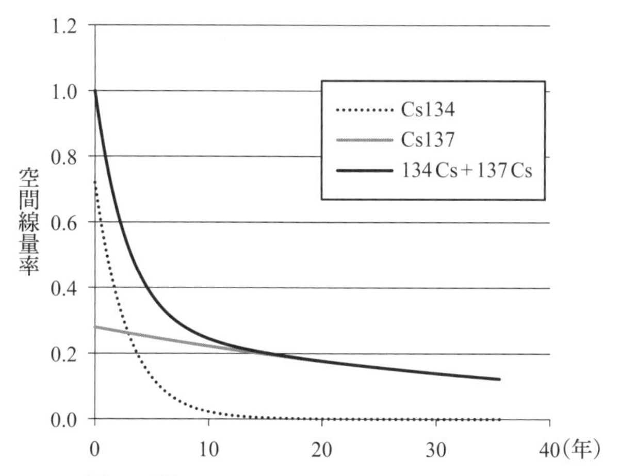

図 10-2　^{137}Cs、^{134}Cs および両者が共存している場合の減衰の様子

事故で同数（同じ Bq 数という意味）放出されたとすると、直後では、セシウム 134 の空間線量への効果は大きいが、徐々にセシウム 137 の方が大きくなり、事故後 3 年の場合、それぞれの寄与はほぼ同程度となる。また、3 年後には（除染をしなくても）空間線量率は約 2 分の 1 となるが、それ以降、減衰の速度は遅くなる（セシウム 137 が顕著になるため）。

10－4　Bq から濃度に

ここでは Cs の濃度を計算してみよう。Bq/kg ではなく、ppm あるいは ppb の単位で濃度を表すのである。ここから放射性物質の特徴が明確にされることになる。濃度を計算するためには、前述の半減期の計算が役に立つ。次の式を思い出そう。$\mathrm{d}N/\mathrm{d}t$ は Bq であった。

$$\frac{\mathrm{d}N}{\mathrm{d}t} = -\lambda N$$

$$= -\frac{0.693}{t_{1/2}} N$$

この式から存在する原子数を計算し、アボガドロ数で除してモル数を計算するのである。モル数がわかれば、濃度が計算できることになる。実際に計算してみよう。濃度を計算する前に Bq を計算することからやってみる。

例題 10-2　1 g の ^{56}Mn がある。半減期は 2.58 時間である。この Bq 数を求めよ。

【解答例】

$$\frac{\mathrm{d}N}{\mathrm{d}t} = -\lambda N$$

$$= -\frac{0.693}{t_{1/2}} N$$

$$-\frac{\mathrm{d}N}{\mathrm{d}t} = \frac{0.693}{t_{1/2}} N = \frac{0.693}{2.58 \times 3600} \cdot \frac{1}{56} \times 6.02 \times 10^{23}$$

$$= 8 \times 10^{17}\ [\mathrm{Bq}]$$

つづいて、われわれの体の中にある ^{40}K（カリウム 40）からの放射能を計算してみよう（練習問題 10.1）。

練習問題 10.1

カリウム（K）はわれわれの生活に必須の元素であるが、その中には ^{40}K が存在し、それによる内部被ばくを受けている。人体を構成している元素組成を見ると、カリウムは体重に対して 0.20％である。体重 60 kg の成人男性を考えると ^{40}K はどれくらいの Bq 数体内に存在するか。ただし ^{40}K の質量数を 40、天然存在比は 0.012％、半減期は 1.28×10^9 年（4.04×10^{16} 秒）、アボガドロ数は 6×10^{23} とする。
（われわれは毎日約 4000 Bq の ^{40}K からの内部被ばくを受けている。年間、約 0.17 mSv である）

これで放射能を計算することができるようになった。また、われわれの体の中には 4000 Bq 程度の ^{40}K があることもわかった。

次に、誤解されやすいのであるが、半減期の差異による放射能強度である。「半減期が長い元素と短い元素が同じ原子数であった場合、放射能強度はどちらが強いか？」という問いに答えよう。

放射能強度（Bq 数）は以下の式で表された。

$$\frac{\mathrm{d}N}{\mathrm{d}t} = -\frac{0.693}{t_{1/2}}N$$

この式からは、同じ原子数（N）であるなら、半減期が短い方が放射能強度は強いことがわかる。しかし、放射能強度（Bq）は原子数の影響を受けるので半減期のみでは判断できない。

まだ答えていなかった問がある。「どれくらいの時間が経ったら、放射能はなくなると見なせるか？」である。指数関数であるので、時間がいくら経っても放射能はなくならない。そこで、初期値の 0.1 ％程度になったら放射能はなくなったと考えよう。このようになるまでには、どれくらいの時間がかかるのであろうか？　天下り的ではあるが、半減期の 10 倍の時間が経った時の放射能を考えよう。

$$N = N_0 \exp\left(-\frac{0.693}{t_{1/2}}t\right) \quad t = 10t_{1/2}$$

$$\frac{N}{N_0} = \exp\left(-\frac{0.693}{t_{1/2}} \cdot 10t_{1/2}\right) = \exp(-6.93) = 0.000978$$

見てわかるように、半減期の 10 倍の時間が経てば初期の 0.1％となり、ほぼ減衰しきったと考えて良いであろう。これからすると、半減期 30 年の ^{137}Cs が減衰してしまうまでに、300 年かかることになる（実際は、1 mSv/年までには、これほどはかからないと思われるが）。これが除染をする意味である。

さて、いよいよ濃度を計算してみよう。まず例題を解いて、そのプロセスを理解することにする。

例題 10-3 東京電力は 3 号機の使用済み核燃料プールの内の様子をカメラで撮影するとともに、プール水を採取して検査した。プール水中で高濃度の放射性物質を検出した。(たとえば 2011 年 5 月 10 日、毎日新聞、朝日新聞 21 時 22 分、読売新聞 20 時 40 分、等)

主要な放射性物質の濃度はいずれも 1 立方センチメートル当たり、^{137}Cs(半減期約 30 年)15 万 Bq、^{134}Cs(同 2 年)14 万 Bq、^{131}I(同 8 日)1 万 1000 Bq だった。

^{137}Cs と ^{134}Cs はそれぞれ単体のイオンとして存在するものとして、それぞれの水 1 g 当りのグラム数を計算するとともに濃度を計算せよ。

【解答例】

減衰しているため放射能強度は $-\dfrac{\mathrm{d}N}{\mathrm{d}t}$ で示すことに注意。

$$^{137}\mathrm{Cs}\quad -\frac{\mathrm{d}N}{\mathrm{d}t}=\frac{0.693}{t_{1/2}}N=\frac{0.693}{30\times365\times24\times3600}\cdot\frac{x}{137}\cdot6.02\times10^{23}=15\times10^{4}$$

$$x=4.66\times10^{-8}(\mathrm{g})\qquad 46.6\ \mathrm{ppb}$$

$$^{134}\mathrm{Cs}\quad -\frac{\mathrm{d}N}{\mathrm{d}t}=\frac{0.693}{2\times365\times24\times3600}\cdot\frac{x}{134}\cdot6.02\times10^{23}=14\times10^{4}$$

$$x=2.84\times10^{-9}(\mathrm{g})\qquad 2.8\ \mathrm{ppb}$$

$$^{131}\mathrm{I}\quad -\frac{\mathrm{d}N}{\mathrm{d}t}=\frac{0.693}{8\times24\times3600}\cdot\frac{x}{134}\cdot6.02\times10^{23}=1.1\times10^{4}$$

$$x=2.39\times10^{-12}(\mathrm{g})\qquad 2.4\times10^{-3}\ \mathrm{ppb}=2.4\ \mathrm{ppt}$$

理解できるように、濃度は大変薄いものである。この程度の濃度を測定することは通常の元素では高度の技術が必要であるが、RI では容易に測定できるのである。

上述の問題を参考に、次の練習問題を解いてみよう。

練習問題 10.2

本章冒頭の新聞記事について放射性セシウム(^{137}Cs)の濃度を計算してみよう。

新聞記事によると、高濃度汚染水 1 リットルあたり、^{137}Cs が 16 億 Bq であったというが、^{137}Cs の濃度はどれくらいか。

10－5　放射平衡

あらためて ^{137}Cs の崩壊図を見てみよう（図 6-2[5)]）。^{137}Cs は半減期 30 年の β 崩壊を起して ^{137m}Ba になり、^{137m}Ba は半減期 2.55 分の γ 崩壊で ^{137}Ba になる。γ 崩壊のガンマ線のエネルギーは 0.66 MeV である。

・^{137m}Ba では約 90％が γ 線のまま放出され、10％は内部転換により電子を放出する。
・電子軌道に空席が生じ、外殻電子が落ちてき、これが特性 X 線となる。
・この特性 X 線の代わりにオージェ電子が放出されることもある。
・分岐率が 94.6％で最大 0.512 MeV をもつ β 線が放出され、そのうちの 90％が γ 線なので、γ 線の放出率は 85.1％である。

結局、^{137}Cs の場合、一崩壊あたり 85.1％の割合で γ 線が放出されるので、γ 線をすべて数えて、0.851 で除せば、Bq 数を求めることができるようになる。Bq 数がわかれば濃度は計算できる。基本的には、Bq 数を求めるのには γ 線を計測することになるが、0.851 で除すことは単位時間当たりの光子の放出数がほぼ Bq 数と同じということを意味している。

しかし、^{137}Cs の半減期は 30 年、^{137m}Ba のそれは 2.55 分である。γ 線を計測して Cs の Bq 数になるのであろうか？　以下のような疑問が生じる。

① β 崩壊と γ 崩壊における崩壊定数は、10^7 倍異なっている。
　^{137}Cs の崩壊定数は、$0.693/(30 \cdot 365 \cdot 24 \cdot 3600) = 7.32 \times 10^{-10}$ $[s^{-1}]$
　^{137m}Ba の崩壊定数は、$0.693/(2.55 \cdot 60) = 4.53 \times 10^{-3}$ $[s^{-1}]$
　これほど大幅に異なる崩壊定数なのに、γ 線を測定して 0.85 で除すとしても、本当に Cs の Bq 数になるのであろうか？
② γ 線の計測なので、^{137m}Ba の Bq 数であれば理解できるが、なぜ、Cs の Bq 数が求まるのであろうか？

そこで壊変の様子を考察することにしよう。分岐率、放出割合両方とも 100％に近いので、すべての ^{137}Cs が ^{137m}Ba になり、すべての ^{137m}Ba が γ 線を放出すると考えても概算をする上では問題はないだろう。つまり下のように考えるのである。N_1 と N_2 の関係を求めていき、①と②の疑問に答えていくことにしよう。

$$\underset{^{137}\mathrm{Cs}}{N_1} \xrightarrow[\substack{30\text{年} \\ \lambda_1}]{\beta^-} \underset{^{137m}\mathrm{Ba}}{N_2} \xrightarrow[\substack{2.5\text{分} \\ \lambda_2}]{\gamma} {}^{137}\mathrm{Ba}$$

それぞれの原子数を N_1、N_2、$t=0$ の原子数を N_1^0、N_2^0 とし、崩壊定数を λ_1、λ_2 とすると次式が成立する。ちょっと取りつき難いが、落ち着いて式をフォローしてみよう。

$$\frac{dN_1}{dt} = -\lambda_1 N_1 \tag{10-1}$$

$$\frac{dN_2}{dt} = \lambda_1 N_1 - \lambda_2 N_2 \tag{10-2}$$

$$N_1 = N_1^0 \exp(-\lambda_1 t)$$

$$\frac{dN_2}{dt} + \lambda_2 N_2 = \lambda_1 N_1^0 \exp(-\lambda_1 t)$$

$$\frac{dN_2}{dt}\exp(\lambda_2 t) + \lambda_2 N_2 \exp(\lambda_2 t) = \lambda_1 N_1^0 \exp(-\lambda_1 t)\cdot\exp(\lambda_2 t)$$

$$[N_2 \exp(\lambda_2 t)]' = \lambda_1 N_1^0 \exp(-\lambda_1 t + \lambda_2 t)$$

$$N_2 \exp(\lambda_2 t) = \frac{\lambda_1}{\lambda_2 - \lambda_1} N_1^0 \exp(-\lambda_1 t + \lambda_2 t) + C$$

$$N_2 = \frac{\lambda_1}{\lambda_2 - \lambda_1} N_1^0 \exp(-\lambda_1 t) + C\exp(-\lambda_2 t)$$

$t=0,\ N=N_2^0$ なので、

$$N_2^0 = \frac{\lambda_1}{\lambda_2 - \lambda_1} N_1^0 + C$$

$$C = N_2^0 - \frac{\lambda_1}{\lambda_2 - \lambda_1} N_1^0$$

結局

$$N_2 = \frac{\lambda_1}{\lambda_2 - \lambda_1} N_1^0 \exp(-\lambda_1 t) + \left(N_2^0 - \frac{\lambda_1}{\lambda_2 - \lambda_1} N_1^0\right)\exp(-\lambda_2 t)$$

$$N_2 = \frac{\lambda_1}{\lambda_2 - \lambda_1} N_1^0 [\exp(-\lambda_1 t) - \exp(-\lambda_2 t)] + N_2^0 \exp(-\lambda_2 t) \tag{10-3}$$

となる。

^{137}Cs の半減期は 30 年、^{137m}Ba の半減期は 2.5 分なので、λ_1 と λ_2 の大小関係を考えてみると前述したが、両者は大きく異なり、λ_2 の方がはるかに大きい。実際、以下のような値となっている。

$$\lambda_1 = \frac{0.693}{30 \times 365 \times 24 \times 3600} (= 7.3 \times 10^{-10}) \ll \lambda_2 = \frac{0.693}{2.5 \times 60} (= 4.6 \times 10^{-3})$$

これらが指数関数の中に入っているので、指数関数そのものの値も両者で異なっている。
たとえば
$t = 3600$ として、$\exp(-\lambda_1 \cdot t)$ と $\exp(-\lambda_2 \cdot t)$ を計算してみると次のようになる。

$$\exp(-3600 \cdot \lambda_1) \approx 1、\exp(-3600 \cdot \lambda_2) \approx 6.18 \times 10^{-8}$$

このため、λ_2 に関する項が消去できて次式を得る。

$$N_2 = \frac{\lambda_1}{\lambda_2} N_1^0 \exp(-\lambda_1 t) \tag{10-4}$$

$$N_2\lambda_2 = N_1\lambda_1 \tag{10-5}$$

ここで次の関係を思い出そう。

$$\frac{\mathrm{d}N}{\mathrm{d}t} = -N\lambda$$

この式と $N_2\lambda_2 = N_1\lambda_1$ を考え合わせると、N_1 と N_2 の放射能（Bq 数）は等しいことを意味している。つまり、^{137}Cs と ^{137m}Ba の壊変速度（放射能強度）は等しいのである。これが理由で、^{137m}Ba の放射能強度（γ 線）を測定して、若干の定数を乗じて（0.851 で除して）^{137}Cs の壊変速度を導くことができるのである。ちなみに、放射能強度を C とすると、

$$N_1 = \frac{C}{\lambda_1}、N_2 = \frac{C}{\lambda_2}$$

であるので、$N_1 \gg N_2$ となっている。
N_1 と N_2 の時間変化を比較してみよう。

$$N_2 = \frac{\lambda_1}{\lambda_2} N_1^0 \exp(-\lambda_1 t) \tag{10-6}$$

$$N_2\lambda_2 = N_1\lambda_1 = \lambda_1 N_1^0 \exp(-\lambda_1 t) \tag{10-7}$$

なので、N_2 も N_1 と同様の速度で壊変していく。その様子を図 10-3 に示した。N_1 核種

第10章

は親核種、N_2は娘核種と呼ばれる。

したがって、^{137m}Baの壊変率（放射能：γ崩壊）を^{137}Csの壊変率（β^-崩壊）として良いのである。

この考えの元に、γ線のBq数をそのまま利用して、β線のBq数としてCsの原子数を計算しても良いことがわかる。この関係を永続平衡という（ただし最終的には分岐率を考える必要がある）。

ここで若干t〜0の時を議論しておこう。$t = 0$の時は$N_2 = 0$なので最初から親核種と同じ壊変定数で減少していくわけではない。娘核種の半減期が無視できない程度の時間が短い状態（親核種は変化しないと考えてよい）の時は、(10-3)式に戻って$N_2^0 = 0$とすると、大括弧内のみが現れる。大括弧内の第一項目は1で変化せず、二項目が1から減少していく。このため、大括弧内の値は、あたかも次式のように見え、ゼロから立ち上がっていくことになる。

$$[1 - \exp(-\lambda_2 t)]$$

この値は、娘核種半減期の10倍程度になると、1にごく近くなり（250分なので30年に比べると無視できる範囲）、それ以降は親核種と娘核種は同じ壊変定数で変化していく。ただし、娘核種の数は（10-6)式で示されたように親核種よりはるかに少なくなる。^{137}Csの数と^{137m}Baの核の数の比は1.6×10^{-7}となる。この辺りの様子はその比が大きいので、わかりにくい。そこで壊変定数が100倍違う（$\lambda_1 = 1$、$\lambda_2 = 100$）仮想的な親と娘核種の放射能強度の時間依存性を示したのが図10-3である（縦軸は任意単位）。放射能強度とは（10-7)式で示されるものであるが、ある時間が経つと（娘核種の半減期の10倍程度）親と娘核種の放射能強度は等しくなる。等しくなるまでの初期の様子もこの図に示されている。この辺りの様子が図10-3の時間の短い領域に示されている。原子数は、(10-7)式からわかるように、この表の値をそれぞれの壊変定数で除せ

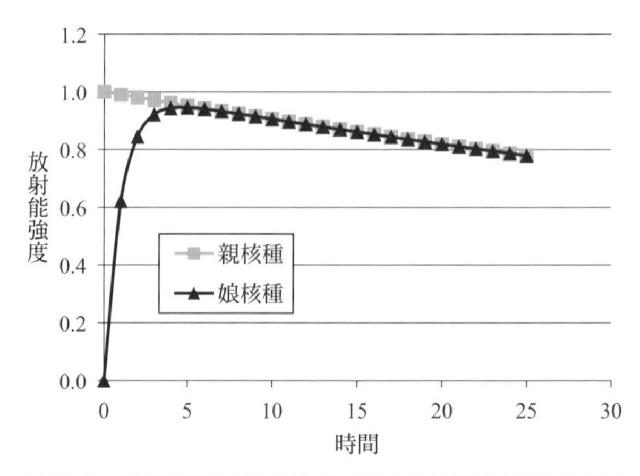

図10-3　永続平衡の親核種と娘核種の放射能強度の時間変化

ばよいので、娘核種の原子数は 100 分の 1 となる。

一方、$\lambda_1 < \lambda_2$ の場合は、両者の壊変率の比は一定であるが、1 ではない（放射能は同じでない）。また娘核種は親核種の半減期で減少する。これを過渡平衡という。

(10-3)式から変形していく。

$$N_2 = \frac{\lambda_1}{\lambda_2 - \lambda_1} N_1^0 \left[\exp(-\lambda_1 t) - \exp(-\lambda_2 t)\right] + N_2^0 \exp(-\lambda_2 t)$$

$\lambda_1 < \lambda_2$ なので、指数の部分 $\exp(-\lambda_2 t)$ は無視できて、

$$N_2 = \frac{\lambda_1}{\lambda_2 - \lambda_1} N_1^0 \exp(-\lambda_1 t) = \frac{\lambda_1}{\lambda_2 - \lambda_1} \mathrm{N}_1$$

$$\frac{N_2}{N_1} = \frac{\lambda_1}{\lambda_2 - \lambda_1}$$

$$\frac{N_2\lambda_2}{N_1\lambda_1} = \frac{\lambda_2\lambda_1}{\lambda_2\lambda_1 - \lambda_1^2} = 1 + \frac{\lambda_1^2}{\lambda_2\lambda_1 - \lambda_1^2} = 1 + \frac{N_2}{N_1} > 1 \qquad (10\text{-}8)$$

放射能比は 1 より大きく、娘核種の放射能の方が高い。娘核種の放射能の減衰の壊変定数は親核種と同じとなる。図 10-4 を見てみよう。親核種、娘核種の放射能強度（$N_1\lambda_1$ および $N_2\lambda_2$）である（縦軸は任意単位）。今回は λ_2 が λ_1 より 10 倍大きい場合を図 10-4 に示した。(10-8)式で示されるように、娘核種の放射能強度の方が大きい。ただし、初期は親核種のみであるので過渡平衡になるまでの時間がかかる。

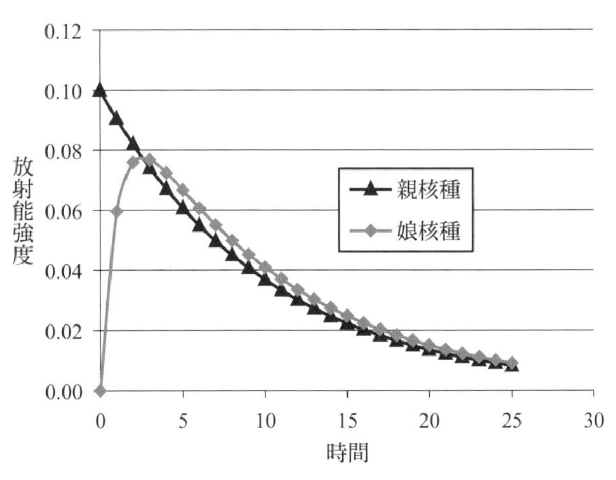

図 10-4　過渡平衡の親核種と娘核種の放射能強度の時間変化

あらためて図 6-2 を見てみよう。^{137}Cs の崩壊図であるが、^{137}Cs の濃度を概算する場合、Bq 数が判れば良いのであるが永続平衡に達していると考えて、Cs からの β 壊変

第10章

(Bq) が ^{137m}Ba の γ 壊変と同じと考えて求めれば計算ができる(γ 線光子の放出率を ^{137}Cs の Bq 数とみなすということ)。

練習問題 10.3

下の表は文科省が発表した(2011.4.12, 1304635_0412.pdf)データを大阪市立大学が RI ニュースとして刊行したものから転載したものである[6)]。その中で表の 2 行目は 5 cm の厚さの表土を採取し 1 kg 当たりの放射線量としたものである(Bq/kg)。湿土の密度を 1.6 g/cm^3 とすると、1 m^2 は 80 kg に相当する。したがって、この値に 80 kg/m^2 を掛ければ、放射能量の表面密度(Bq/m^2)となり、この値が 3 行目に示されている。この値から、4 行目に空間線量率として示されている。

この結果から、^{137}Cs の土壌 1 kg 当たりに含まれるモル数を求めよ。ただし ^{137}Cs の半減期を 30 年とせよ。

表 10-1 湿度 1 kg あたりの放射性物質量 [Bq/kg] 地点 32

	^{131}I	^{134}Cs	^{137}Cs	^{89}Sr	^{90}Sr
3 月 16 日※	10 万	2 万	1.9 万	81	9.4
MBq/m^2※※	8	1.6	1.52	—	—
μSv/h(地上から 1 m)	15.8	12.7	4.5	—	—

※文科省 4 月 12 日発表:5 cm の表土を採取し、1 kg あたりの放射線量としたもの元データ。
※※湿土の密度を 1.6 g/cm^3 とすると、1 m^2 は 80 kg に相当するので、80 倍で換算した。

10－6 分岐比

ここで分岐率(割合)について述べておこう。二つの崩壊が同時に起こる核種について考えよう。片方の崩壊定数を λ_1、もう一方を λ_2 とする。どちらの崩壊も互いに無関係に、その時に残っている原子数に比例すると考えられるので、

$$\frac{\mathrm{d}N}{\mathrm{d}t} = -N\lambda_1 - N\lambda_2 = -N(\lambda_1 + \lambda_2) = -\lambda N$$

$$\lambda = \lambda_1 + \lambda_2$$

λ_1/λ、λ_2/λ、これらを分岐比と呼ぶ。それぞれの半減期との関係は、

$$N = N_0 \exp(-\lambda t) = N_0 \exp\left(-\frac{0.693}{t_{1/2}} t\right)$$

$$= N_0 \exp(-\lambda_1 t) \exp(-\lambda_2 t)$$

$$= N_0 \exp\left(-\frac{0.693}{t^1_{1/2}} t\right) \exp\left(-\frac{0.693}{t^2_{1/2}} t\right)$$

なので、

$$\frac{1}{t_{1/2}} = \frac{1}{t_{1/2}^{1}} + \frac{1}{t_{1/2}^{2}}$$

となる。

ある元素から崩壊する場合、分岐比の合計は 1 になるが、光子放出割合の合計は、1 を超える場合もあることに注意しておこう（^{134}Cs の場合がそうである）。次の問題を解いて確認をしておこう。

練習問題 10.4

^{40}K は半減期 12.8 億年（1.28×10^9 y）で、ベータ崩壊 89%、電子捕獲 11% で分岐している。全半減期から全崩壊定数を求めるとともに、それぞれのみが起こるとした場合の、それぞれの部分半減期を求めよ。

10－7　問題提起に対する考え方

放射性物質の濃度を通常の ppm や ppb に換算する方法は、放射能強度と半減期から、その核種の原子数を計算し、存在モル数を推定する。このモル数から存在する重量が計算できるので、濃度に換算することができるようになる。放射能強度で評価すると多く存在しているように感じられるが、通常の濃度に換算すると、ppb あるいは ppt といった、ごく微量の濃度であることがわかる。通常の手法では濃度を測ることが困難な濃度である。この濃度が計算できるのは、放射能をもっているからである。

10－8　おわりに

ここでは、複数の核種が存在する場合の空間線量率の変化について検討した。特にセシウムの場合は、134 と 137 が存在し、それぞれの半減期が異なるとともに、その空間線量率への寄与も異なっている。これを考慮した上で、空間線量率の時間変化について検討し、今後の減衰の様子を予想した。さらに、半減期の考察および崩壊率（Bq 数）からその元素の数を計算し、その元素の濃度を類推した。非 RI の元素に比較して、RI は高感度で測定できるため、Bq/kg あるいは Bq/L といった単位が使用されることを見た。

続いて逐次崩壊の例をあげ、放射平衡の概念を導入し、永続平衡と過渡平衡を導いた。永続平衡は、後ほど出てくるがミルキングといった手法を理解するうえで重要な考え方である。

参考文献

1）原子力資料情報室「セシウム-134（^{134}Cs）」 http://www.cnic.jp/knowledge/2596（2018年6月27日）
2）河田燕，山田崇裕「原子力事故により放出された放射性セシウム $^{134}Cs/^{137}Cs$ 放射能比について」『Isotope News』，No. 697，pp. 16-20（2012）
3）原子力資料情報室「セシウム-137（^{137}Cs）」 http://www.cnic.jp/knowledge/2597（2018年6月27日）
4）JAEA 福島研究開発部門「放射性セシウム」
https://www.jaea.go.jp/fukushima/pdf/gijutukaisetu/kaisetu06.pdf
5）村上悠紀雄ほか（編）『放射線データブック』地人書館（1982）
6）大阪市立大学大学院医学研究科 放射性同位元素実験施設，『RI ニュース』No. 319（2011）

章末問題

つぎの（　　）内の1〜8に適切な言葉を入れよ。

1. 放射能強度（Bq 数）は、現存する放射性同位元素の原子数に比例するが、その比例定数を（ 1 ）という。また、原子数が初期の2分の1になるまでの時間を（ 2 ）という。（ 1 ）と（ 2 ）の関係は、両者を掛け合わせると（ 3 ）になる。
2. 半減期が長い元素と短い元素が同じ原子数であった場合、放射能は半減期の（ 4 ）元素の方が強い。また、放射能が初期の0.1％以下になり、ほとんどなくなってしまうまでの期間は、半減期の（ 5 ）倍程度である。
3. 放射性同位元素が崩壊し、新たにできた元素（娘核種という）も放射性同位元素であった場合、それも崩壊する。最初の核種を親核種と呼ぶが、親核種の半減期が娘核種の半減期よりはるかに長い場合、親核種の放射能と娘核種の放射能が等しくなる。さらに、娘核種は親核種と同じ半減期で崩壊していく。この状態を（ 6 ）平衡という。一方、壊変率の比は一定であるが1ではない（放射能は同じでない）が、娘核種が親核種と同じ半減期で崩壊していく状態を（ 7 ）平衡という。
4. ある核種が複数の崩壊が起こることがあるが、それぞれの割合を（ 8 ）という。これは、それぞれの崩壊が独立に起こると考えると、それぞれの崩壊定数が求まるが、それぞれの崩壊定数の和に対する、それぞれの割合になる。また、それぞれの半減期の逆数の和は、その核種全体の半減期の逆数となる。

第11章

ベータ線とベータ崩壊

―ベータ線放出核種の生体影響―

11－1　はじめに

現在（2014年6月）でも事故後の汚染水の問題が解決しておらず、海水中に漏れ出たセシウムやストロンチウム、さらにはトリチウムが問題となっている。特にトリチウムは回収が難しく、その汚染が心配されている。この問題は以前から取り上げられていたが、その解決策はまだ見つかっていない。これらの放射性同位元素に共通していることはベータ線を放出することである。これは原子核から放出される電子のことで、ガンマ線が電磁波であることを考えると、その挙動は大きく異なっていることが予想される。

汚染水に含まれるトリチウムの問題について、報道された記事を時系列で見てみることにしよう。現在も切迫した問題であることが類推できるであろう。

問題提起　「今も問題の汚染水中のトリチウム」

【2013年4月】原子炉建屋に日量400トンの地下水が流入し、それが滞留している汚染水と混合し、新たな汚染水ができている。汚染水中のトリチウムの処理技術が存在しておらず、トリチウムの除去技術が確立しない限りにおいては、汚染水をため続けるしか方法がないと経産省はしている。（日本経済新聞2013年4月12日11時22分配信）

【2016年4月】経産省は、トリチウムの最短で低コストでの処分方法は海洋投棄であるとの試算結果をまとめた。これはトリチウムが通常の浄化処理で取り除けないことによる。（毎日新聞2016年4月19日6時30分配信）

【2018年5月】 福島第一原子力発電所におけるタンクの増設が限界に近付いているにもかかわらず、事態は膠着したままである。（産経ニュース　2018年5月29日16時00分配信）

■ トリチウム汚染水を海洋投棄してよいのだろうか……

ここではトリチウムを主に検討するが、あわせてストロンチウム（^{90}Sr）の問題にも触れることにする。いずれもベータ線を放出する核種である。

11－2　ベータ崩壊

トリチウムの壊変図を図 11-1 に示す[1)]。半減期 12.3 年、ベータ崩壊が 100％、崩壊後、^{3}He になる。ベータ崩壊の β 線のエネルギーが 0.0186 MeV である。

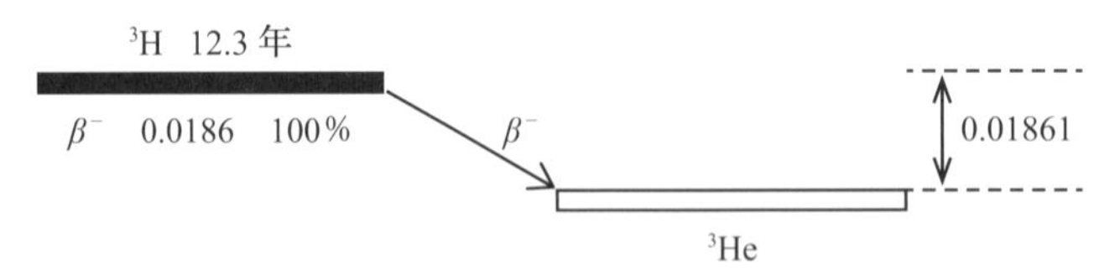

図 11-1　トリチウムの壊変図[1)]
＊文献 1）を参考に著者作成。

ベータ（β）壊変とは原子核から β 線（ここでは電子と考えておく。このためここでは便宜上 β 粒子との表現もする）が放出される現象であるが、その際、β 線のみならず中性微子（ニュートリノ）も放出される。崩壊のエネルギーは β 線と中性微子に分配されるため、分配の割合によって β 線のもつエネルギーは異なってくる。結果的に、β 線のスペクトルは連続スペクトルになり、最大エネルギーは崩壊のエネルギーと等しくなる（図 11-2）。β 線は核の崩壊にともなって原子核から放出される電子である。したがって、熱電子、二次電子、電界放出電子、エキソ電子、光電子など核崩壊の過程とは異なる機構による電子、あるいは加速器による高エネルギー電子などは β 線とは呼ばれない。一方、中性微子は電荷をもたず、物質とほとんど相互作用をしないため通常は観測できない。

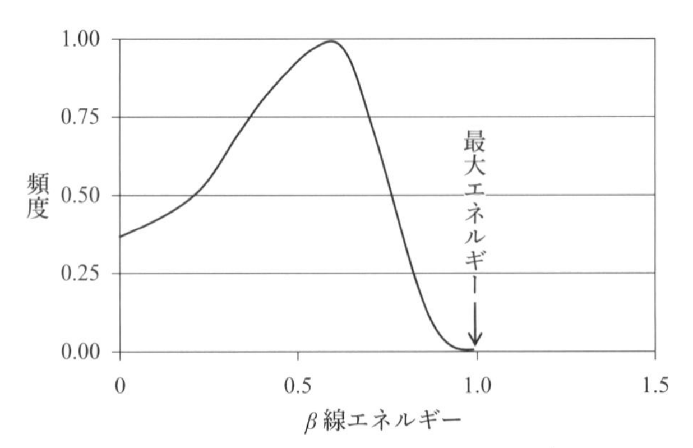

図 11-2　β 線のエネルギースペクトル[2)]
＊文献 2）を参考に著者作成。

β線の最大エネルギーは核種ごとに値が決まっている。小さいものとしては^{3}Hの18 keVや^{63}Niの66 keV、大きいものとしては^{90}Yの2.3 MeVや^{32}Pの1.7 MeVが知られている。崩壊図で示されるβ線のエネルギーは、この最大エネルギーを示しているのである。

では、そもそもβ崩壊とはどのような崩壊なのであろうか。β崩壊とはβ線を放出する崩壊をいうのではないのである。実は、原子核内で陽子が中性子に、あるいは中性子が陽子に変換する現象を「ベータ崩壊」と呼ぶのである。具体的に見てみよう。代表的には以下に示すように、β^{-}崩壊、β^{+}崩壊、軌道電子捕獲の3形態が存在する。

$$n \rightarrow p^{+} + e^{-} + \bar{\nu}_e \qquad \beta^{-}\text{崩壊}$$
$$p^{+} \rightarrow n + e^{+} + \nu_e \qquad \beta^{+}\text{崩壊}$$
$$p^{+} + e^{-} \rightarrow n + \nu_e \qquad \text{軌道電子捕獲}$$

まず、β^{-}（ベータマイナス）崩壊である。β^{-}崩壊は陰電子崩壊ともいい、（陰）電子と（反電子）ニュートリノを放出する。中性子が陽子に変化する際に放出される電子をβ線という。普通β線といった場合、このβ^{-}崩壊で放出される電子のことをいう。中性子が陽子に変わるので、電子を放出することになり、質量数は変わらず、原子番号が一つ増加する。基本的に中性子が多い核で起こる。

一方、β^{+}崩壊（ベータプラス崩壊あるいは陽電子崩壊）は陽電子と（電子）ニュートリノを放出する。この場合は、陽子が中性子に変化するのであるが、その過程で、陽電子とニュートリノを放出する。したがって、質量数は変わらないが原子番号が一つ減ることになる。陽子が多い（中性子が少ない）核で起こる。ただ、親核と娘核の状態エネルギーの差が1.02 MeV以上でなければ起こらない。

さて、軌道電子捕獲についてである。このプロセスでは軌道電子を原子核内に捕獲し、陽子が中性子に変化する過程であり、その結果ニュートリノを放出する。このためこのプロセスのみであれば、検出は難しい。しかし、軌道電子がなくなるため、特性X線を放出したりオージェ電子を放出したりすることにより検出ができるようになる。軌道に空席が生ずると、外側の軌道電子がその空席に遷移して、軌道のエネルギー差に相当するX線を放出することが起こるが、この放出されるX線が特性X線であった。また、特性X線の替わりに軌道電子がこのエネルギーを受け取って放出されることも起こるが、この電子のことをオージェ電子と呼ぶのであった。β^{+}崩壊は、親核と娘核のエネルギー差（質量の差と言ってもよい）が1.02 MeV以上でなければ起こりえないのであるが、軌道電子捕獲は陽子が電子を捕獲して中性子に変化するので、そのような制限はない。崩壊後、質量数は変わらないが原子番号が一つ減る。

いずれの崩壊様式においても質量数は変わらない。β崩壊は、質量数が等しいが原子番号が異なる同重体を作る崩壊様式と言っても良い。同重体は原子番号が変化するので、親核種と娘核種の化学的性質は異なることになる。

次に、β^+ 崩壊の条件である 1.02 MeV のエネルギー差について述べる[2)]。この議論は電子の過不足を考えるとわかりやすい。β^+ 崩壊では、陽電子を放出した後の娘核種は原子番号が一つ減ることになるので、軌道電子が一つ余ってしまう。この電子二つ分（陽電子と陰電子）のエネルギー差を補えるだけ親核のエネルギーは娘核のそれより大きい必要がある。つまり親と娘の質量差が最低 1.02 MeV 以上ないと β^+ 崩壊は起こらないことになる（電子の質量エネルギーは 511 keV であった）。また親核から放出された陽電子と対消滅して 511 keV の γ 線を 2 本出すが、このエネルギー分だけ、親核のエネルギーが娘核より大きいと考えてもよい。

では、β^- 崩壊ではどうかというと、崩壊後は原子番号が一つ増えるので、娘核種は原子構造としては電子を一つ格納する場所がある。放出された陰電子はその軌道に入ることはないが、そこに入るとすると計算上電子の過不足はない。

また、軌道電子捕獲でも原子番号が一つ減るが、この過程ですでに軌道電子が一つ減っているので電子の過不足はない。

このように β^+ 崩壊のみが、親核種と娘核種の質量差が最低 1.02 MeV 以上ないと起こらないことになる。このため、軌道電子捕獲の方が β^+ 崩壊より起こりやすいことになり、これが理由で軌道電子捕獲しか起こらない核種が多く存在する。

ここで電子捕獲に類似する現象、内部転換（電子）について述べておく。この現象は電子捕獲と混同しやすいので注意が必要である。この現象は γ 線を放出するかわりに軌道電子を原子核外へ放出する現象である。その後は、特性 X 線が放出されたりオージェ電子が放出されたりするので両者は似ている。両者の違いは、電子捕獲がベータ崩壊の一種であるのに対し、内部転換は γ 崩壊の一過程である。このため内部転換では原子番号の変化はなく、ニュートリノの放出もない。

さて上で説明したことを、具体的に崩壊図で説明してみよう。図 11-3 は ^{40}K の崩壊図である。89.3％の分岐比で β^- 崩壊して、^{40}Ca になる。その時の β^- 線の最大エネルギーは 1.314 MeV である。一方、10.7％の割合で軌道電子を捕獲し、その後 γ 線の放出をともなって ^{40}Ar に変化する。見てわかるように、^{40}K は二つの種類のベータ崩壊が起こる核種である。

なお、^{40}K は天然カリウム中に 0.0117％の割合で存在し、カリウム 1 グラム当りの放

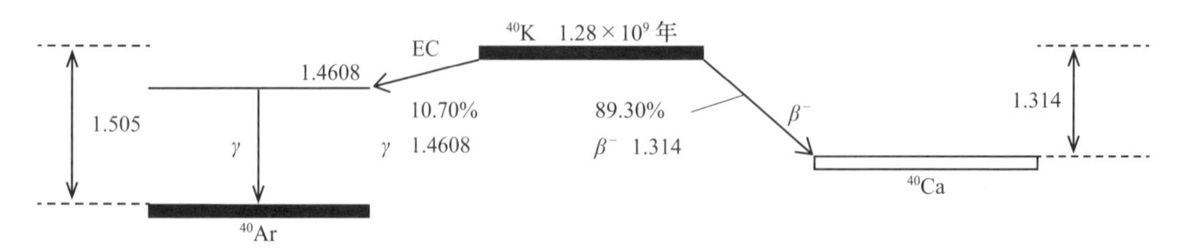

図 11-3　^{40}K の崩壊図[1)]
＊文献 1）を参考に著者作成。

射能強度は 30.4 Bq で[3]、半減期は 12.8 億年である。カリウムは岩石に多く含まれるほか、動植物の必須元素である。人体には約 4000 Bq 存在し、0.17 mSv/年の被ばくをもたらすことは前述した。

例題 11-1 β 崩壊についての記述である。(　　　) 内の 1〜6 に言葉を入れよ。

ベータ崩壊は、弱い相互作用によって起きる放射性壊変の一群を意味する。この中にはベータ粒子と反電子ニュートリノを放出する（ 1 ）、陽電子と電子ニュートリノを放出する（ 2 ）、（ 3 ）を（ 4 ）に取り込み、電子ニュートリノを放出する（ 5 ）、が含まれる。いずれのモードで崩壊しても、質量数は変化しない。つまり、ベータ崩壊は（ 6 ）を推移する現象である。

【解答例】

1. β^- 崩壊　2. β^+ 崩壊　3. 軌道電子　4. 核内　5. 軌道電子捕獲　6. 同重体

11－3　ベータ線と物質との相互作用

β 線（特に断らない限り、以降 β 線とは β^- 線を意味することにする）の透過力は、α 線より強く、空気中で数 m に到達するものもある。β 線の発見の経緯からもそのことがうかがえる[4]。しかし γ 線に比べるとその透過力はかなり弱いので、放射性核種（たとえば ^{137}Cs）が地中や建材中に存在する場合は、ほとんどが遮蔽されてしまい外部被ばくは考慮しなくてよい（^{137}Cs からの γ 線は外部被ばくを考慮する必要があることは言うまでもない）。γ 線と対照的である。一方、空気中における β 線の飛程は前述したように数 m になる場合もあり、この場合は外部被ばくを考慮する必要がある。ここでは、このような問題に答えるため、β 線の空気を含め材料中の飛程を考えよう。代表的な β^- 崩壊核種からの β 線のエネルギーと空気中での最大飛程を表 11-1 に示す[2]。短いものから長いものまで存在することがわかる。

第11章

表 11-1　代表的な核種からの β 線のエネルギーおよび空気中の最大飛程

核　種	エネルギー keV（%）	速度/C %	空気中最大飛程 mg/cm^2	cm
^{3}H	18.6（100）	26	0.86	0.72
^{14}C	157（100）	64	34	29
^{32}P	1711（100）	97	914	760
^{90}Y	2280（100）	98	1250	1030
^{106}Rh	3541（ 79）	99	1960	1620

＊出典：上蓑義朋「今こそ復習！主任者の基礎知識―「もっと基礎を、ここが肝」編―第 1 回物理の話題（1）Isotope News, No. 712, pp. 67-71（2018）.

β線は本質的には電子なので、物質中では軌道電子や原子核とクーロン相互作用をする。軌道電子と相互作用する場合は、ターゲットを電離したり励起したりするが、自分自身はエネルギーを失い減速する。その際、電子の質量が小さいので、その反作用として運動方向は変化する。また、核と相互作用する場合にも核の近傍でクーロン力により加速度を受け、その運動方向は変化する。この場合は制動放射が発生することになる。いずれの場合でもβ線の軌道は頻繁に運動方向が変化する。このためβ線の飛程は、最初に物質に侵入した方向へ投影した飛程である投影飛程で議論する。投影飛程は、見方を変えれば、材料に垂直にβ線が照射された時の材料表面からの侵入の深さと考えることもでき、遮蔽を考える場合は、この投影飛程が重要である。

図 11-4 にβ線が物質中に侵入した際の動きを、α線、γ線と比較して示した。他の放射線と比較して特徴的な動きをすることが理解できる。図中の点は電離を意味している。ただしこの図では、深さ方向の距離に対しては正確な対比を示していない。α線の最大飛程はβ線に比較してかなり短いことに注意しよう。この辺りは、後の章で定量的に計算して比較することにする。またβ粒子やα粒子は電荷をもっているので、すべての粒子が物質と相互作用をし、すべての粒子がエネルギーを失いつつ物質を通過していく。γ光子と対照的である。

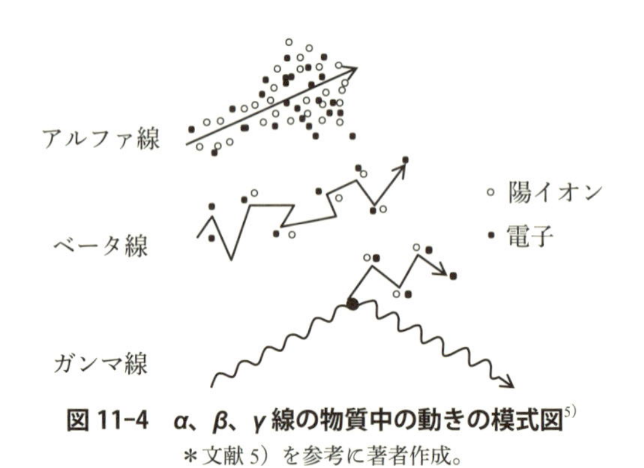

図 11-4　α、β、γ 線の物質中の動きの模式図[5)]

＊文献 5）を参考に著者作成。

もう一つ重要なことがある。それは、β線は連続スペクトルを示すので、固有の（投影）飛程をもたないことである。また、物質中で方向が頻繁に変わるので、同じ投影飛程を示したとしても、β粒子が通過してきた距離は粒子によって異なることになる。このように複雑な挙動をするβ線であるが、β線の粒子数は物質の厚さに対して、全体として指数関数的に減少する。

図 11-5 にβ線の（GM 計数管による）計数率と物質の厚さの関係を示した[6)]。計数率はβ粒子の個数に比例しているので、この図の縦軸は、その厚さを通り抜けるβ粒子の数に比例していると考えられる。β粒子の数は厚さに対して指数関数的に減少していくことがわかる。ただし、前述したが、通り抜けてくるβ粒子のそれぞれは、物質中の異

なった距離を走っている。

また、厚さの大きい領域になると、計数率が変化せず水平になっている。これは制動放射によるものである。前述したが、β粒子は原子核の近傍を通過する際、加速度を受けて電磁波（制動放射あるいは制動X線）を発生する。この制動X線はβ粒子と比較して減衰されにくいため、これを遮蔽するにはもっと遮蔽厚さが必要である。つまり制動X線はβ粒子が減衰する領域内では減衰しないと見なしてもよいのである。その結果、すべてのβ粒子が遮蔽された後でも、制動X線は残存し、それが計測器で検出されるのである。このため、計数率が変化しなくなった時点ですべてのβ粒子が遮蔽されたと考えてよいので、計数率の減少する直線と水平の直線の交点の厚さが、入射β線の最大飛程を示すことになる。

残存する制動X線を遮蔽するには、電磁波と同様な遮蔽の考え方が必要になる。このためβ線の遮蔽には、制動X線をあまり発生しない低原子番号の物質（プラスチックなど）を使用し、その後、発生した制動X線を原子番号の高い物質（鉛や鉄など）で遮蔽することが行われる。

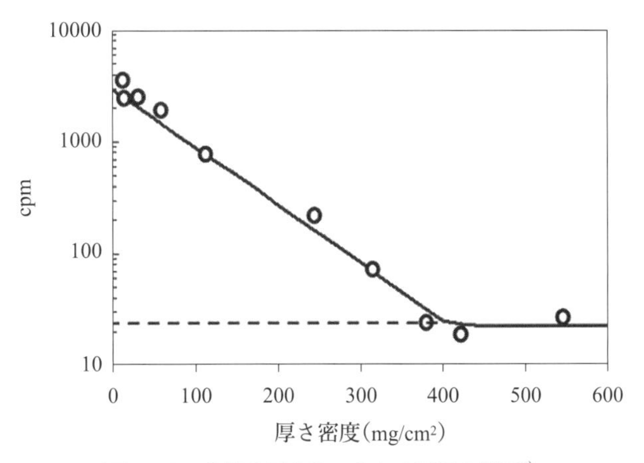

図 11-5　β線のアルミニウムの透過の様子 [6)]

ここで、β線の減衰の様子を定量化してみよう。図11-5からの帰納である。図をあらためて説明すると、β線の入射方向に垂直に物質の厚さを増すとβ粒子の数は指数関数的に減少する。これを定式化しよう。γ線の場合と類似しているので、γ線の場合の線減弱係数と同様な定数を導入する。β粒子の場合はエネルギーが吸収される割合が多いので、線吸収係数として導入される。

$$N = N_0 \exp(-\mu \cdot x) \qquad (11\text{-}1)$$

$$= N_0 \exp(-\mu_m \cdot \rho \cdot x) \qquad (11\text{-}2)$$

第11章

ここでN_0およびNは、物質中に入射するあるいは物質中のxの位置での、単位面積当たり、単位時間あたりに通過するβ粒子の数である（フラックス）。μは線吸収係数、μ_mは質量吸収係数である。γ線の場合と同じ取扱いであることがわかるであろう。また、μ_mを利用する理由も、γ線の場合と同様で、物質によってあまり変化しない値になるからである。

さて、このままでよいのであるが、少し違った取り扱いをすることが多い。次式のように（11-2)式を変換する。

$$N = N_0 \exp\left[-\mu_m \cdot (\rho \cdot x)\right] \tag{11-3}$$

こうすると、厚さの項が（$\rho \cdot$x）となり、厚さに密度を乗じたもので、「厚さ密度」と称される。次元は［g/cm^2］であるが、実際は［mg/cm^2］で表される。γ線の場合は、減弱の計算に質量減弱係数に密度を乗じて、線減弱係数を求めて、(11-1)式から減弱を計算した。今回は、質量吸収係数はそのまま利用する代わりに、厚さを厚さ密度で表して計算することが行われる。本質は同じであるので、問題はないであろう。

図11-5をあらためて見てみよう。横軸の次元が厚さ密度になっていることがわかる。このためこの図の傾きそのものが、質量吸収係数となる。また、前述したが、減少する直線と水平の直線の交点が最大飛程である。

実際にβ線に対する最大飛程を計算してみよう。β線に対する最大飛程（R）は、上記のように厚さ密度として表される。実際の計算は、アルミニウムで得られた実測データから、以下の式で飛程は近似される（Featherの方法[7]）。ここで、Eはβ線の最大エネルギー（MeV）であり、Rが求める最大飛程である。エネルギー領域は低エネルギー側と高エネルギー側に分けて与えられている。Rは厚さ密度［mg/cm^2］の次元で与え

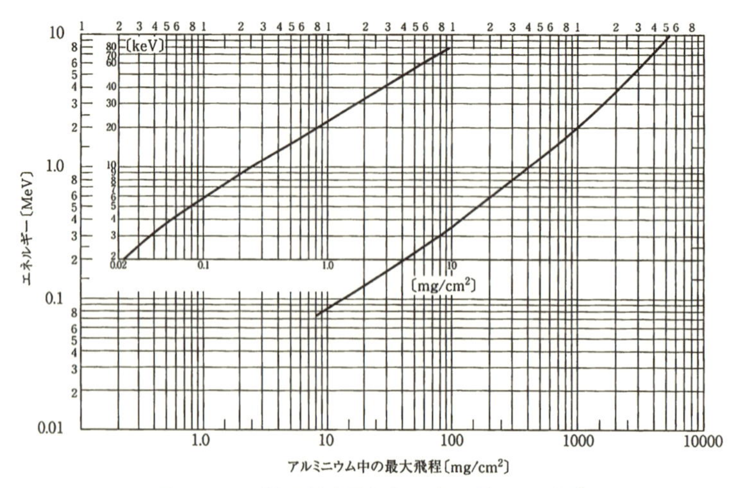

図11-6　β線の最大飛程とエネルギーの関係[7]

＊出典：日本アイソトープ協会（編）「アイソトープ手帳（11版）」(2011）より転載。

られている。R に密度を乗ずれば、最大飛程が求まる。なお、アルミニウム以外の材料に関してもこの値は、取扱いが質量吸収係数と同じなので、利用できることになる（図11-6）。

$$R = 0.542E - 0.133 \qquad 0.8 < E < 3 \ [\mathrm{MeV}]$$
$$R = 0.407E^{1.38} \qquad 0.15 < E < 0.8 \ [\mathrm{MeV}] \qquad R \ [\mathrm{g/cm^2}]、E \ [\mathrm{MeV}]$$

Featherの式を覚える必要は無いが、大体の桁数を理解しておくことは重要である。表11-1にいろいろな核種から放出される β 線のエネルギーと質量吸収係数、空気中の最大飛程について示した。

練習問題 11.1

^{137}Csからのベータ線の最大エネルギーはどれくらいか。このベータ線の最大飛程は、空気中でどれくらいか。また生体ではどれくらいか。ただし、空気の密度を 1.3×10^{-3} g/cm^3 とする。（分岐比の大きい β 崩壊を想定せよ）

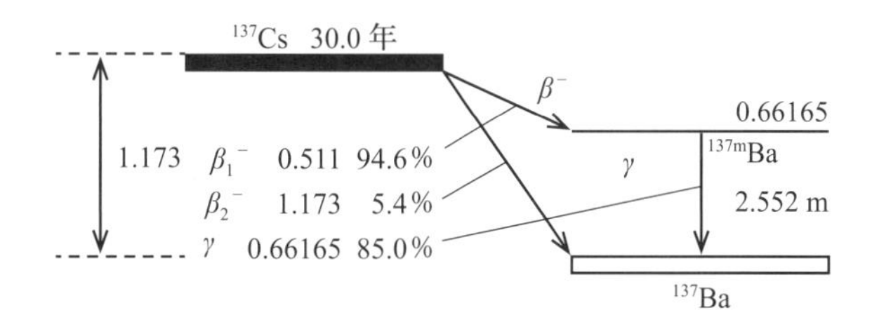

11－4 トリチウム（^{3}H）

いよいよトリチウムの問題を考えよう。図11-1からわかるように、トリチウムは半減期が12.3年、β 線の最大エネルギーは18.6 keVである（平均エネルギーは5.7 keV）。このエネルギーの β 線には、Featherの式は応用できないが、最大飛程は空気中で0.72 cm、水中では0.56 μmである。このため、トリチウムからの β 線による外部被ばくの影響は無視できる。内部被ばくの方が重要である。

トリチウムは水素の同位体であり三重水素と呼ばれる。福島で事故を起こした沸騰水型原子炉（BWR：boiling water reactor）の中ではトリチウムは主としてウラン（U）の核分裂のうち三体分裂によって生成される[8]。燃料被覆管が健全であれば出てくることは無いが、環境中に排出されると水素（H_2）や水蒸気（H_2O）の水素の一部が置き換わった、トリチウムガス（HT）やトリチウム水（HTO）ができる。

トリチウム水（HTO）の形で環境に放出されたトリチウムは、生物体へは比較的簡単に取り込まれる[9]。トリチウム水は飲料水や食物を通した経口摂取、水蒸気として含む空気の吸入摂取、いずれの場合も摂取されたトリチウム水は体内に吸収され、全身にほぼ均等に分布する。これは水の形態の摂取であることが理由である。

またトリチウムは、蛋白質、糖、脂肪などの有機物にも結合する。この結合したトリチウムを有機結合型トリチウム（OBT：organically bound tritium）と呼ぶが、HTO と比較して体内に長く留まる[9)]。HTO の生物学的半減期は 7〜18 日であるが OBT のそれは 40 日程度である。β 線の放射線荷重係数は 1 であるので、生物学的効果比（RBE）は 1 になるべきであるが 1.0〜2.0 程度と言われる[10)]。表 11-2 にトリチウム β 線の RBE について示した。

表 11-2　トリチウム β 線の RBE[9)]

生体学的指標	基準放射線	トリチウム β 線の RBE
マウス $LD_{50/30}$	250 kV　X 線	〜1
細胞増殖抑制（そら豆）	171 kV　X 線	1
脾重量	低線量 γ 線	1.3
胸腺重量	低線量 γ 線	1.5
マウス $LD_{50/30}$	低線量 γ 線	1.7
細胞染色体異常	γ 線	1.2-1.6
ヒトの細胞増殖抑制	低線量 γ 線	2
ヒトの細胞コロニー形成	γ 線	1

＊出典：放射線影響協会「トリチウムの挙動に関する参考資料」（1998 年 3 月）より転載。

ここで、実効線量係数を見て、他の RI との比較をしておこう。表 11-3 に実効線量係数を示した。成人に関しては経口摂取、吸入摂取ともに OBT と HTO で 2.3 倍程度異なる。また、ガス状の HT を吸入摂取する場合と HTO あるいは OBT を吸入摂取する場合を比較すると、4 桁ほど実効線量係数が異なっている。

表 11-3　トリチウムの化学形態（および年齢）による実効線量係数の違い[11)]

年齢	線量係数（Sv/Bq）　単位摂取放射能あたりの実効線量					
	経口摂取		吸入摂取（可溶性またはガス状のトリチウム）			
	HTO	OBT	HTO	OBT	HT	CH_3T
3ヶ月	6.4×10^{-11}	1.2×10^{-10}	6.4×10^{-11}	1.1×10^{-10}	6.4×10^{-15}	6.4×10^{-13}
1 歳	4.8×10^{-11}	1.2×10^{-10}	4.8×10^{-11}	1.1×10^{-10}	4.8×10^{-15}	4.8×10^{-13}
5 歳	3.1×10^{-11}	7.3×10^{-11}	3.1×10^{-11}	7.0×10^{-11}	3.1×10^{-15}	3.1×10^{-13}
10 歳	2.3×10^{-11}	5.7×10^{-11}	2.3×10^{-11}	5.5×10^{-11}	2.3×10^{-15}	2.3×10^{-13}
15 歳	1.8×10^{-11}	4.2×10^{-11}	1.8×10^{-11}	4.1×10^{-11}	1.8×10^{-15}	1.8×10^{-13}
成人	1.8×10^{-11}	4.2×10^{-11}	1.8×10^{-11}	4.1×10^{-11}	1.8×10^{-15}	1.8×10^{-13}

＊出典：武田洋「トリチウムの影響と安全管理」日本原子力学会誌，Vol. 39，No. 11，pp. 914-942（1997）より転載。

最後に ^{137}Cs、^{134}Cs、および ^{40}K との比較をしてみよう（表 11-3、表 11-4 は単位が異なることに注意）。トリチウムはセシウム、カリウムと比較して、実効線量係数が 3 桁ほど低いことが理解できる。この点からは、他の放射性元素と比較して、内部被ばくに対しての危険性は小さい。

表 11-4　トリチウムの ^{134}Cs、^{137}Cs および ^{40}K との実効線量係数の比較[10)]

放射性核種	放射性物質を 1 Bq 飲み込んだ場合（経口摂取）	
	線量係数（mSv/Bq）	カリウム 40（自然核種）との比較
トリチウム	1.8×10^{-8}	0.003
セシウム 134	1.9×10^{-5}	3
セシウム 137	1.3×10^{-5}	2
カリウム 40（自然界核種）	6.2×10^{-6}	1

＊文献 10）を参考に著者作成。

練習問題 11.2

トリチウムの生体影響について次の文章を読んで下の①～⑤の問いに答えよ。

トリチウムは水素の同位体であり水素あるいは水蒸気の水素と容易に置き換わる。それらを吸入摂取した場合、表 11-3 でもわかるようにトリチウムガス（HT）の線量係数はトリチウム水（HTO）のそれの 10,000 分の 1 倍である。つまり吸入摂取した場合、水蒸気として吸入摂取した方が被ばくの影響は大きい。また経口摂取した場合は、トリチウム水を吸入摂取した場合とほぼ同じである。トリチウム水蒸気を吸入摂取した場合、トリチウムは肺を通して血中に移行するため短時間のうちに体内に分布する。一方、経口摂取されたトリチウム水は消化器から吸収されることになる。特筆すべきは、トリチウムは皮膚からも吸収されることである。いずれの場合もトリチウムは水の形態で摂取されることが理由である。

またトリチウムは、たんぱく質、糖、脂肪と結合し有機結合型トリチウム（OBT）として存在し、体内では HTO より長く留まることが知られている。

トリチウムの被ばく事故が 1960 年代にヨーロッパで起きており、被ばく者は死亡している。注目すべきは、被ばく者の臓器中のトリチウム量が体液中よりも 6～12 倍高いことで、体内では OBT として存在しているものの方が HTO より多いと推定される＊。

このように体内に吸収されやすいトリチウムであるが、^{134}Cs や ^{137}Cs と比較して、実効線量係数は約 1000 分の 1 であり、トリチウムの生物濃縮はないことが確認されている。

①トリチウムの被ばくでは、通常、外部被ばくを無視するがそれはなぜか。

②トリチウムが体内に吸収されやすい性質をもつがそれはなぜか。
③生体内のトリチウムは二つの化学形態をもつがそれは何か。
④上記のうち長い生物学的半減期をもつトリチウムはどのよう化学形態をしているか。
⑤トリチウムの生物学的効果比について述べよ。

＊出典：原子力百科事典 ATOMICA「トリチウムの生物影響」（09-02-02-20）
http://www.rist.or.jp/atomica/data/dat_detail.php?Title_No=09-02-02-20

さて、トリチウムを分離するにはどうしたらよいのであろうか？　水あるいは水素と異なる物性を利用して分離することになるのであるが、気体の場合は、深冷分離といって、液化温度が異なることを利用する方法がある。水素、重水素、トリチウムの各成分の沸点はそれぞれ 20.4 K、23.6 K、24.9 K であり、沸点の違い（あるいは沸点近くの温度での蒸気圧の違い）を利用した蒸留法で深冷分離と呼ばれる。また、H_2O、HTO、T_2O の蒸気圧の違いにより分離する方法があり、水蒸留法と呼ばれているが、分離効率が低く、大規模施設となる。いずれにしても、現状で大規模な汚染水に対処できる技術とは言い難い。ここに汚染水問題のネックがある。

11－5　ストロンチウム

次にストロンチウム（Sr）を取り上げよう。^{90}Sr（ストロンチウム 90）も β 線を放出する核分裂生成物である。この核種も汚染水の中に存在する。2013 年 6 月 19 日(水)のニュースを見てみよう。

産経新聞、時事通信、NHK NEWS WEB（13 時 00 配信）等によると、東京電力は、福島第 1 原発の 2 号機タービン建屋東側で採取した地下水から、1 リットル当たりストロンチウム 90 が 1 千ベクレル、トリチウムが 50 万ベクレルを検出したと発表した。それぞれ排出基準は 30 ベクレルと 6 万ベクレルである。

Sr は放射性 I や放射性 Cs と異なりガス化し難いため、事故時の放射性 Sr の拡散の範囲は小さいものと考えられている。しかしながら、Sr は核分裂生成物のため、汚染水中には大量に存在するものと考えられる。Sr の特徴を把握するために次の問題をやってみよう。

練習問題 11.3　崩壊図を見て、下の（　　　）の 1〜6 に適切な言葉や数字を入れよ。
また、最大エネルギーのみが決まる崩壊である理由を述べよ。なお崩壊様式は最頻の崩壊を考えよ。

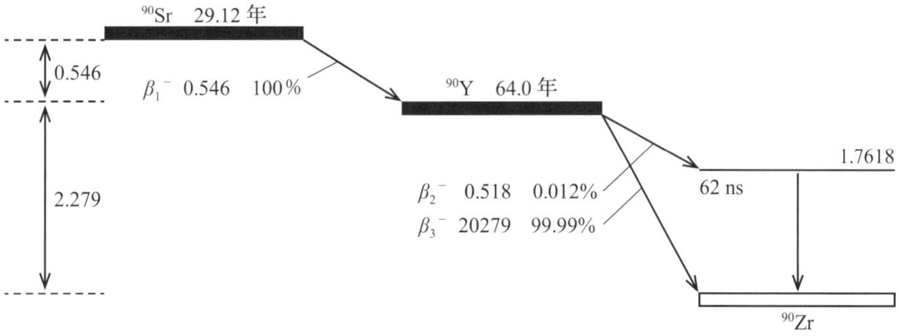

^{90}Sr　29.12 年
0.546
β_1^-　0.546　100％
^{90}Y　64.0 年
2.279
1.7618
62 ns
β_2^-　0.518　0.012％
β_3^-　20279　99.99％
^{90}Zr

^{90}Sr		^{90}Y	
半減期	（　1　）	半減期	（　4　）
崩壊様式	（　2　）	崩壊様式	（　5　）
最大エネルギー	（　3　）	最大エネルギー	（　6　）

練習問題 11.3 でもわかるように、^{90}Sr の特徴は β 線のみが放出されることである。β 線は γ 線と違って、固有のエネルギーをもっていないため、2 種類の核種があり両方が β 線を放出している場合、どちらの（あるいはどの）放射性物質から放出されているかを決めることはできない。崩壊図からわかるように確かに ^{90}Sr の場合は、娘核種である ^{90}Y（イットリウム 90）も β 線のみを放出している。このため、濃度を決めることは難しい。

γ 線の場合は、エネルギーを測定して物質を決めることができ、また γ 線の測定から Bq 数を求め、さらには濃度を決めることができた。β 線の場合はこの手法が使えないのである。このため、^{90}Sr の場合は、以下のような手順を踏んで測定する。

①化学的に ^{90}Sr だけを分離精製する。
（原子価が異なるので ^{90}Y と分離できる）
② ^{90}Sr だけになった後に、十分時間が経つのを待つ。
（約 2 週間、放射平衡が成立するのを待つ）
③今度は、^{90}Y を分離して、^{90}Y からのベータ線を測定する。
（^{90}Sr と比較してエネルギーが大きく測りやすいため、この β 線を測定する）
④ ^{90}Y からの β 線の測定結果から ^{90}Sr の放射能を計算する。
（放射平衡が成り立っているので計算できる）

実は、定量された純粋な ^{90}Sr からの β 線を測定したいのであるが、時間とともに ^{90}Y が生成し、^{90}Y も β 線を放出するので、どちらの β 線を測定しているかの区別がつかない。そこで定量された純粋な ^{90}Y の測定を行うのである。^{90}Y からの β 線は、純粋に ^{90}Y からのみの β 線であることが理由である。この定量された ^{90}Y を分離するために、時間と手順を踏む必要があるのである。β 線の計測には、高感度測定が可能なたとえば、2π ガスフロー型比例計数器が使用される。通常 ^{90}Y が減衰するまで数回の測定を繰り返す。

上記①〜④の手順は、いろいろな方面に利用される。特に、放射平衡が成り立つ逐次崩壊（系列崩壊）で娘核種を取り出したい場合、まず娘核種を化学的に分離する。分離直後は親核種のみであるが、ある時間経てば娘核種ができてくるので、放射平衡が成立するのを待ち、あらためて娘核種を化学的に分離する。この手順を繰り返せば、純粋な娘核種のみ何度も利用することができるようになる。この手法はミルキングと呼ばれる。あたかも乳牛から毎日牛乳を得るように、親核種から一定時間間隔で娘核種を得る方法であるからこう呼ばれる。この手法が利用できるのは、親核種と娘核種の間に永続平衡が成立することが必要で、娘核種の寿命が親核種のそれより短いことが条件である。

具体的な応用としては医学診断に使用される放射性同位元素が挙げられる。これらは体内投与されるので半減期が短いことが条件であるが、逆に製造から使用するまでの時間が短く、実際の使用が困難な場合がある。このような場合、親核種を用意しておき、娘核種を分離して利用することが行われている。放射線診断薬として使用される ^{99m}Tc（テクネチウム 99m、半減期 6 時間）は ^{99}Mo（モリブデン 99、半減期 66 時間）が β^- 崩壊してできるが、^{99}Mo を保有しておいてミルキングにより ^{99m}Tc を分離して利用する。

さて、本題の ^{90}Sr の話に戻ろう。ここでは Feather の式からそれぞれの β 線（^{90}Sr および ^{90}Y）の生体中での最大飛程を計算してみよう。内部被ばくした際には、^{137}Cs ではホールボディーカウンター（WBC）で測定していることを知っているだろう。^{90}Sr も可能であろうか？　生体の密度は水と同じとみなして良いので水のそれを利用する。

^{90}Sr の場合は E_{max} = 0.55 MeV であるので最大飛程で 0.18 cm である。一方 ^{90}Y の場合は、E_{max} = 2.28 MeV であるので最大飛程は 1.1 cm である。これらの β 線は体内で留まり、体外までは透過して来ないのである。このため、^{90}Sr は WBC で測定することはできない。^{90}Sr の内部被ばくの評価には、体外に排出される、尿や汗を測定して蓄積量を推定するバイオアッセイ法による間接的な方法しかないのである。

11 − 6　生物学的半減期

β 線を発生する放射性同位元素が体内に摂取された際の問題を取り上げよう。前述したように、外部からは測定は困難である。ここでは Sr を考えてみよう。Sr は骨に集まりやすいとされているが、このことが引き起こす内部被ばくを検討する。内部被ばくを考えたとき、3 種類の半減期がある。物理学的半減期、生物学的半減期、そして実効半減期である。放射性物質を体内に取り込んだ場合、それが体外に排出されるまでにかかる半減期が生物学的半減期である。一方、体内に取り込まれた Sr は、その壊変によって放射線を発しながら減衰していく。これが物理学的半減期である。生物学的半減期と物理学的半減期の両者が効いて、体内放射性同位元素の量が実際に半分になるまでの時間を実効半減期という。

生物学的半減期が物理学的半減期に比べて十分長い場合（ヨウ素 131 の場合、物理学的半減期 8 日に対して生物学的半減期が 138 日である）、体内で壊変によって壊れるほうが多いので、ほとんど排出されずに体内で崩壊し、被ばくの影響が大きくなる。逆に生物学的半減期に対して物理学的半減期が長い場合（これは生物学的半減期が 70 日程度のセシウムのケースである）、体内で壊変するよりも体外に排出される割合のほうが多くなる。

ストロンチウムの場合は、2 価金属なので、体内では骨のカルシウムと置き換わり、骨に沈着する。このためストロンチウムは体内に長くとどまることになるのである。

今、内部被ばくに関わるストロンチウムを考える。物理学的半減期 τ_p で、以下のように体内のストロンチウムは減衰していく。

$$N(t) = N_0 \exp\left(-\frac{0.693}{\tau_p}\cdot t\right)$$

この量のストロンチウムが体内に存在するので、この中から生物学的半減期 τ_b で排出されていく。したがって、結局、物理学的半減期と生物学的半減期、両方を考慮すると、

$$N(t) = N_0 \exp\left(-\frac{0.693}{\tau_p}\cdot t\right)\exp\left(-\frac{0.693}{\tau_b}\cdot t\right) = N_0 \exp\left(-\frac{0.693}{\tau_{eff}}\cdot t\right)$$

となり、τ_{eff} の半減期で体内から排出（減衰）していくことになる。この τ_{eff} を実効半減期（有効半減期）といい、次のように計算されることは容易に理解できるであろう。

$$\frac{1}{\tau_{eff}} = \frac{1}{\tau_p} + \frac{1}{\tau_b}$$

この実効半減期で体内被ばくが起きるのである。この計算は β 線を発生する元素に限ったことではない。他の放射線を発生する元素にも当てはまるのであるが、生物学的半減期はその元素の化学的性質で決まってくることを理解しておこう。

それでは実際にそれぞれの各種の実効半減期を計算することにする。次の練習問題 11.4 から ^{90}Sr、^{131}I、^{137}Cs のうちで、^{90}Sr の生物学的半減期が特に長いことが理解できるであろう。

第11章

練習問題 11.4　次の表を完成させよ。またストロンチウムの生物学的半減期が長い理由を述べよ。

放射性元素	物理的	生物的	実　効
ストロンチウム 90	29 年	50 年	（　1　）
ヨウ素 131	8 日	138 日	（　2　）
セシウム 137	30 年	70 日	（　3　）

最後に ^{90}Sr と ^{137}Cs の内部被ばくの特徴を挙げるとともに、実効線量係数を比較しておこう。

まず Cs の特徴である[12)]。可溶性 Cs の場合、胃腸管から血液中への吸収は急速であり、ほぼ完全に吸収される。また、体内動態はカリウムと類似しており、血中に取り込まれた後、全身に分布する。筋肉や他の部位に蓄積されたセシウムが主に尿中に排泄される。生物的半減期は 50～150 日である。

一方、Sr の特徴である[12)]。血中への取り込み（成人）は食物中の Sr および可溶形 Sr の吸収は 15％から 45％の間である。Cs と対照的に取り込みは少ない。また、ストロンチウムはカルシウムに比べると、胃腸管からの吸収率が低く、腎臓から効率的に排泄されるため、カルシウムよりは骨に沈着する割合が小さくなるが、血中投与の数カ月以内で、全身残留量のほとんどが骨沈着量となる。

実効線量係数を両者で比較して表 11-5 に示してある。経口摂取と吸入摂取いずれも ^{90}Sr の方が大きい。体内被ばくとしては、同量の Bq 数を摂取した場合は、^{90}Sr の方が被ばく量が多いことになる。

表 11-5　^{90}Sr と ^{137}Cs の実効線量係数の比較[13)]

	経口摂取（mSv/Bq）	吸入摂取（mSv/Bq）
^{137}Cs	1.3×10^{-5}	6.7×10^{-6}
^{90}Sr	2.8×10^{-5}	3.0×10^{-5}

11－7　問題提起に対する考え方

ベータ線の特徴は連続スペクトルをもつことと、ガンマ線と比較してその飛程が短いことである。特にトリチウムのベータ線のエネルギーは低い上、トリチウムは水の水素と置換する（トリチウム水）ので分離は基本的には困難である。通常はイオン交換法とか沈殿法で放射性核種を取り除くのであるが、これらの方法では不可能であることを意味している。また、トリチウムはたんぱく質や脂質の有機物と結合する。このためトリチウムが危険といわれる理由である。しかしながら、トリチウムの預託実効線量を計算する実効線量係数は決して大きいものではなく、天然の ^{40}K よりも小さいことが示されている。

一方で、^{90}Sr はベータ線しか放出せず、その娘核種の ^{90}Y もベータ線しか放出しない。このため、内部被ばくした場合、外部から直接放射線検出器で検出することは難しい。幸いなことに、^{90}Sr の原子力発電所からの放出量は少なく、これらによる被ばくはあまり考えなくてよいのが現状である。

トリチウム海洋放出の際の濃度限度は 60,000 Bq/L となっている。他の放射性同位元素に比較して緩い限度となっている。この理由はトリチウムから放出される放射線がエネルギーの極低い β 線であることが理由である。現在、東京電力が放出する目標としている濃度は 1500 Bq/L である。上述の濃度限度よりかなり低い濃度である。国内の原子力発電所からは 60,000 Bq/L 以下の濃度のトリチウムを含む排水が放出されてきた。住民の方々も納得できる処理方法はどうあるべきなのであろうか。

11－8　おわりに

本章では β 崩壊と β 線について述べた。まず、β 崩壊の代表的な 3 種類の型について述べて、それぞれの特徴をまとめた。次いで、β 線と物質との相互作用について述べて、β 線の遮蔽の問題点について触れた。さらに、汚染水で問題となっている β 線を放出するトリチウムとストロンチウム 90 の特徴をまとめるとともに、生体への影響を述べた。最後に、内部被ばくの考え方の実効半減期について触れ、ストロンチウムの実効線量係数が大きくなる理由を説明した。

参考文献

1) 村上悠紀雄ほか（編）『放射線データブック』地人書館（1982）
2) 上蓑義朋「今こそ復習！主任者の基礎知識―「もっと基礎を，ここが肝」編―第 1 回　物理の話題（1）」『Isotope News』，No. 712，pp. 67-71（2013）
3) 原子力資料情報室「カリウム-40（^{40}K）」http://www. cnic. jp/knowledge/2584（2018 年 6 月 27 日）
4) 原子力百科事典 ATOMICA「α 線、β 線、γ 線の発見」（16-02-01-03），http://www.rist.or.jp/atomica/data/dat_detail.php?Title_Key=16-02-01-03（2018 年 6 月 27 日）
5) 江藤秀雄他『放射線の防護』丸善，p. 52，54（1982）.
6) Oregon State University Extended Campus, Interactions of Radiation With Matter, https://courses.ecampus.oregonstate.edu/ne581/three/index3.htm（Accessed 2018 Jun. 27）
7) 日本アイソトープ協会（編）『アイソトープ手帳（11 版）』p. 131（2011）
8) 上澤千尋「福島第一原発のトリチウム汚染水」『科学』，Vol. 83，No. 58，pp. 504-507（2013）
9) 放射線影響協会「トリチウムの挙動に関する参考資料」（1998 年 3 月）
10) 田内広「トリチウム水の生体影響について」汚染水処理対策委員会トリチウム水タスクフォース（第 3 回）資料 5（2014）

11）武田洋「Ⅲ-3 一般公衆に対して設定された線量係数」『日本原子力学会誌』Vol. 39，pp. 922-123，（1997）
12）栗原治「国際放射線防護委員会（ICRP）の放射性核種の体内摂取に伴う線量評価モデルについて」薬事・食品衛生審議会 食品衛生分科会放射性物質対策部会資料（平成 23 年 5 月 13 日）
13）日本アイソトープ協会（編）『アイソトープ法令集Ⅰ』2018 年版

章末問題

1 （　　）内の 1～9 に言葉を入れよ。

1）ベータ崩壊は、弱い相互作用によって起きる放射性壊変の一群を意味する。この中にはベータ粒子と反電子ニュートリノを放出する（　1　）、陽電子と電子ニュートリノを放出する（　2　）、（　3　）を（　4　）に取り込み電子ニュートリノを放出する（　5　）、が含まれる。いずれのモードで崩壊しても質量数は変化しない。つまり、ベータ崩壊は（　10　）を推移する現象である。

2）電子捕獲は陽子数が過剰で不安定な原子核で起こりやすく、（　6　）と競合する場合も多い。親核と娘核のエネルギー差が（　7　）に満たない場合は、電子捕獲のみが起こる。電子捕獲によって空いた内側の電子軌道に外側の電子が遷移する時、（　8　）を放出する。軌道に生じた孔には、その外側の電子軌道から電子が遷移して、軌道のエネルギーの差に相当する波長の（　8　）が放出される。また、より高い準位の軌道電子がこのエネルギーを受け取って原子外に放出される（　9　）も観測される。

2 ^{90}Sr の内部被ばくあるいは検出について、それぞれの挙げている言葉を使って説明せよ。

① 内部被ばく：β 線、最大飛程、ホールボディカウンター

② ^{90}Sr の検出：β 線、連続スペクトル、放射平衡

第 12 章

アルファ線とアルファ崩壊

—プルトニウムの毒性—

12－1　はじめに

2012 年の 3 月に福島第一原子力発電所から 20～30 km の距離の土壌からプルトニウム（Pu）が検出された。プルトニウムはアルファ崩壊をする核種であり、その毒性が著しいことが知られている。また、2013 年の 4 月には港湾内の海底の土からも見つかっている。これがどういうことを意味しているのか、ここではプルトニウムの毒性をアルファ線の特性と関連づけて検討していくことにする。

まず、以下の記事を読んでみよう。

問題提起　「プルトニウムの危険性は？」

放射線医学総合研究所などのグループが東京電力福島第一原発から 20～30 キロ付近の土壌からプルトニウム 241 を検出した。（たとえば、朝日新聞 2012 年 3 月 8 日、産経新聞 2012 年 3 月 9 日 00 時 54 分、読売新聞 2012 年 3 月 9 日 8 時 04 分、配信等）。

文部科学省による昨年 9 月の調査結果では、プルトニウム 238、239、240 を検出していたが、241 は調査対象外だった。今回検出されたプルトニウム 241 の半減期が 14.4 年であることなどから、昨年の事故で原発の原子炉から放出されたと考えられるという。

福島県の葛尾村（原発の西北西 25 km）、浪江町（北西 26 km）、飯舘村（北西 32 km）、楢葉町の J ヴィレッジ（南 20 km）、水戸市（南西 130 km）、千葉県鎌ケ谷市（南西 230 km）、千葉市（南西 220 km）の地点での土壌を分析した。

浪江町と飯舘村の落葉の層からそれぞれ 34.8 Bq/kg と 20.2 Bq/kg を、また、J ヴィレッジの表土からは 4.52 Bq/kg のプルトニウム 241 を検出した。

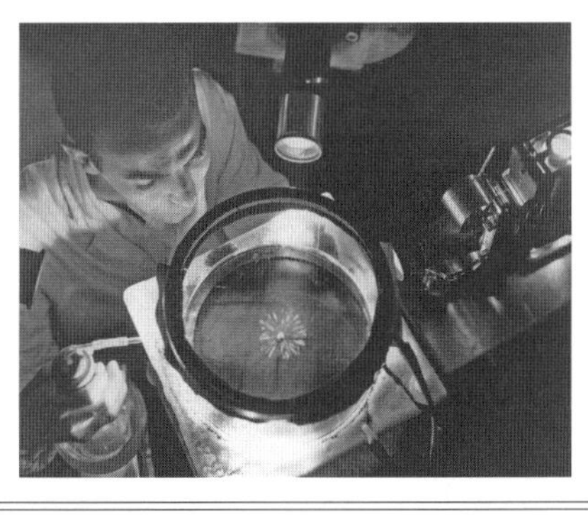

■ アルファ線が空気中で飛ぶ様子を霧箱で見ると特徴的な幾何学模様を呈するが、内部被ばくを考えると……アルファ線は紙一枚で止められるが飲み込んだ場合は危険ではないのだろうか。（写真：NASA）

第12章

前述の記事を見てみると、どうやら、プルトニウムにはたくさんの同位体がありそうである。まず、どんな同位体があるのであろうか、さらにそれらの危険性はあるのであろうか。そもそもそれらはどのような崩壊をするのであろうか。実際、これらはα崩壊をするのであるが、それらの危険性はどのようなものであろうか。この章では、ここを起点に、α線やα崩壊について学んでいくことにする。

12－2　プルトニウム

^{241}Pu（プルトニウム241）は半減期14年で、ほぼ100％の確率でβ^-崩壊する。β^-崩壊後は、^{241}Am（アメリシウム241）となる。この^{241}Amは半減期485年でα崩壊する。図12-1に^{241}Amの崩壊図[1)]を示したが、図中α崩壊をすることが示されている。図の下左へ曲がる矢印がα崩壊を示している。α崩壊した後は、^{237}Np（ネプツニウム237）となり、この核種もα崩壊する。

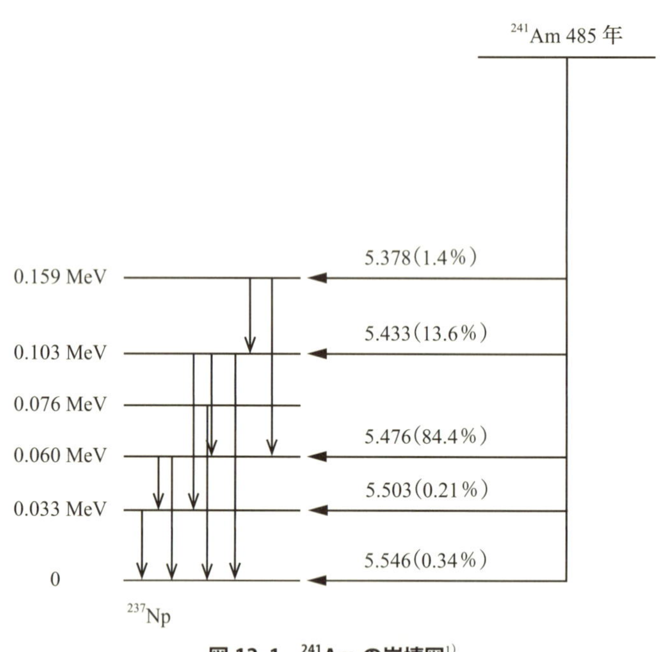

図12-1　^{241}Amの崩壊図[1)]
＊文献1）を参考に著者作成。

α崩壊とは、原子核がα粒子（ヘリウムの原子核）を放出し、原子番号が2減り、質量数は4減ることをいう。では、プルトニウム（Pu）にはどのような同位体があるのであろうか。その中でα崩壊あるいはα粒子を放出するものは何種類くらいあるのであろうか。

表12-1にPuの同位体とそれらの崩壊型および半減期を示した[2)]。表からわかるよう

に、Puの同位体はたくさんあり、そのほとんどがα崩壊をする。これはPuが安定同位体をもたないことが理由である。表中、SFとは自発核分裂のことで、中性子を吸収しなくてもある確率で核分裂を起こす現象をいう。それぞれの核種の半減期が長いことも見て取れる。半減期の短い^{241}Puは14年くらいであるが、β^-崩壊の分岐比が大きい。^{241}Puではほとんどがβ^-崩壊を起し^{241}Amとなる。

表12-1　プルトニウムの同位体の種類と崩壊型および半減期[2)]

同位体	放射性崩壊		
	崩壊型	割　合	半減期
Pu-236	α	1	2.858 y
	SF		3.5×10^9 y
Pu-238	α	1	87.7 y
	SF		5.0×10^{10} y
Pu-239	α	1	24.110 y
	SF		5.5×10^{15} y
Pu-240	α	1	6.564 y
	SF		1.34×10^{11} y
Pu-241	α	2.3×10^{-5}	14.29 y
	β	0.997	
Pu-242	α	1	373.300 y
	SF		6.75×10^{10} y
Pu-243	β		4.956 h
Pu-244	α	1	8×10^7 y
	SF		6.55×10^{10} y

SF：自発核分裂
*出典：W. H. Haynes（Editor in chief）：CRC Handbook of Chemistry and Physiscs 2011-2012 92nd edition, CRC Press.

今回の^{241}Puの検出は、原子炉からの漏えいであることを意味していた（現在では漏えいは自明のこととなっているが、当時は漏えいについて意見がわかれていた）。その理由は、^{241}Puの半減期が14年程度であるため、1950～60年代の核実験で放出された^{241}Puであればすでに減衰しているはずである。また、自然界にはプルトニウムはほとんど存在しないので（ウラン鉱中に微量存在する）、福島で検出されたPuは炉内から漏えいしたものと解釈されるのである。すなわち、原子炉の漏えいが起こっていることの証左となるのである。

12－3　プルトニウムの毒性

プルトニウムは毒性が強く、取り扱いに細心の注意が必要とされているが、その毒性は放射線による毒性と化学的な毒性に分けて考える必要がある。まず化学的な毒性の観点から他の化学薬品との比較をしてみよう。表 12-2 に他の化学物質との毒性の比較を示したが、経口摂取の場合、ニコチン、青酸ソーダやシアン化水素と同程度の毒性がある[3)]。吸入摂取の場合は、その致死量は VX ガス並みとなる。

表 12-2　プルトニウムの毒性と他の毒性物質との比較[3)]

	経口摂取	吸入摂取	対　象
ニコチン	6.5-13 mg/kg		ヒト
青酸ソーダ	6.4 mg/kg		ラット
シアン化水素	3.7 mg/kg		マウス
VX	140 μg/kg	140 μg/kg	ヒト　推定
アブリン	10-1000 μg/kg	3.3 μg/kg	ヒト
ボツリヌス毒素	1 ng/kg	1 ng/kg	ヒト　推定
プルトニウム	0.32 mg/kg	＜ 0.08 mg/kg*	イヌ　静脈注射
ポロニウム 210		10 ng/kg	ヒト

＊Median leathal dose Wiki を参考に著者作成。

Pu は（^{241}Pu はほとんどが β^- 崩壊する）、α 放射体であることをわれわれは知った。表 12-2 で示された、吸入摂取による毒性の高さは、α 線によるものであろうか？

α 線は荷電粒子であるので、物質中の飛程は短いことをすでに知っている。これは、簡単に遮蔽できることを意味しており、直接生体に被ばくしても α 線は皮膚を透過することはできず、外部被ばくはあまり問題ではない。冒頭紹介した ^{241}Pu ではないが、Pu を代表するものとして、最も存在量が多い ^{239}Pu に注目してみよう。^{239}Pu の α 崩壊の際に放出される α 線のエネルギーは約 5 MeV であるが、この α 線の皮膚内の飛程は約 40 μm 程度で（後ほど計算式を与える）、体外被ばくとしての影響は少ない。これは β 線を放出する核種と異なっているところである。生体内部での α 線の飛程が β 線より短いことが理由である。また水に不溶性であるため、付着した Pu でも水で洗い流すことができることも理由である。

一方、内部被ばくをした場合は、その沈着した Pu の周囲に、α 粒子が大きなエネルギーを与えることになる。このため、Pu は体内に摂取された場合、高い放射能による毒性を示すことになるのである。あらためて表 12-2 を見てみよう。吸入摂取の致死量と神経ガスを比較すると、Pu の致死が放射能毒によるとすれば、化学的毒性を上回ることが理解できるであろう。さらに α 放射体であるポロニウム 210 は神経ガスの化学的毒性をはるかに上回っている。

さて、α 放射体である Pu は内部被ばくの観点から危険であることを類推したが、表 12-3 を見ると、経口摂取と吸入摂取で致死量が 4 桁ほど違っている。この現象はどうして起こるのであろうか。この疑問に答えよう。

前述したが Pu は水に不溶性であるため、消化器からの体内への吸収が少ない（0.05%

程度、U（ウラン）では2%程度体内に吸収される[4)]）。このため、経口摂取されたPuはほとんどが排泄される。排泄されなかったPuは血管に取り込まれ、骨と肝臓に沈着する。これはPuが骨親和性をもっているためであり、また肝臓は異物代謝を活発に行う臓器であるためPuに限らず異物が沈着しやすい臓器であることが理由である。

一方、吸入摂取された場合（空気中に浮遊するPu化合物）は、ほとんどが食道に送られるが肺にも沈着する（肺に沈着するのは4分の1程度[5)]）。食道に送られたPuは経口摂取と同様の挙動をするが、肺に沈着したPuは肺に留まったり、リンパ節や血管に取り込まれたりして、骨と肝臓に沈着する。^{239}Puの場合、経口摂取と吸入摂取では1000分の1程度の量でも吸入摂取が問題となる[6)]。このように吸入摂取した方が結果的に骨や肝臓に沈着する量が圧倒的に多いことになる。これが理由で、吸入摂取の影響が大きいと考えられる。

ただし、放射線有害性はすべてのα線源核種と同じであり、Puのみが特別というものでは無い。この点については次節で述べることにする。

このことをもう少し定量的に見ておく。表12-3に実効線量係数を経口摂取と吸入摂取のそれぞれを^{137}Csと比較して示した[7)]。Puの吸入摂取は、^{137}Csと比較して3～4桁、実効線量係数が大きくなっている。これは、前述したようにα線の影響である。

表12-3　^{238}Pu、^{239}Pu、^{137}Csの実効線量係数[7)]

^{238}Puの経口摂取	硝酸塩	4.9×10^{-5}（mSv/Bq）
	不溶性の酸化物	8.8×10^{-6}
	硝酸塩及び不溶性の酸化物以外の化合物	2.3×10^{-6}
^{238}Puの吸入摂取	不溶性の酸化物	1.1×10^{-2}
	硝酸塩及び不溶性の酸化物以外の化合物	3.0×10^{-2}
^{239}Puの経口摂取	硝酸塩	5.3×10^{-5}
	不溶性の酸化物	9.0×10^{-6}
	硝酸塩及び不溶性の酸化物以外の化合物	2.5×10^{-4}
^{239}Puの吸入摂取	不溶性の酸化物	8.3×10^{-3}
	硝酸塩及び不溶性の酸化物以外の化合物	3.2×10^{-2}
^{137}Csの吸入摂取	全ての化合物	6.7×10^{-6}
^{137}Csの経口摂取	全ての化合物	1.3×10^{-5}

12－4　アルファ崩壊する核種

前節でPuの毒性はα放射体であることを述べた。これは、他にもα線を放出する元素があれば、放射能毒のため有害な物質となることを意味している。他のα放射体がどれくらいの毒性をもっているかを示したのが、表12-4である[8)]。^{241}Am、^{228}Th（トリウム228）、^{226}Ra（ラジウム226）はα放射体であるが、確かにがんの発症リスクが高くなっている。UはPuと同様にα放射体であるが、Puの方が比放射能（単位重量当りの放射能の強さ）は約10万倍強い。比放射能は半減期に逆比例するもので、^{239}Puの半減期が2万4千年に対して、^{235}Uが7億年、^{238}Uが45億年である。Puの放射性有毒性は、Uよりも半減期が短いことにある。

日本人が被ばくする自然放射線量についても2013年に1.5 mSvから2.1 mSvに引き上げられた[注1)]。主に海産物に含まれる^{210}Po（ポロニウム210）からのα線による内部被ばくの線量を考慮して上方修正されたものである。これは食物連鎖によって海水中のPoが濃縮されるためである。

注1： 原子力安全研究協会「生活環境放射線（国民線量の算定）」2011年12月

表12-4　各種α放射体の発がん特性[8)]

核　種	半減期（年）	α比放射能（GBq/g）	α線エネルギー（MeV）	骨肉腫のリスク*（%/Gy）
^{235}U	7.04×10^{8}	7.11×10^{-5}	4.43	—
^{238}U	4.47×10^{9}	1.24×10^{-5}	4.18	
3% EU	—	1.42×10^{-5}	—	
^{238}Pu	87.7	633	5.49	
^{239}Pu	2.41×10^{4}	2.3	5.15	75.5 ± 13.8
原子炉級Pu	—	10.8	—	—
^{241}Am	433	127	24.8 ± 5.6	24.8 ± 5.6
^{228}Th	1.91	30.3	38.6 ± 7.4	38.6 ± 7.4
^{226}Ra	1.6×10^{3}	36.6	4.56 ± 0.91	4.56 ± 0.91

＊ビーグル犬での静脈注射適用（Maysら、1787年）。
＊出典：原子力百科事典ATOMICA（09-03-01-05）

練習問題12.1

「Puの放射性有毒性は、Uよりも半減期が短いことにある」とされる。これはどういう意味であろうか。UとPuの比放射能を比較してこのことを説明せよ。

ヒント：^{238}U（半減期　4.47×10^{9}年）と^{239}Pu（半減期　2.41×10^{4}年）の比放射能（単位重量当たりの放射能）の比を計算してみよ。

α線を放出する核種は放射能毒を有することを知った。その毒性の強さは、その核種の化学形態や、半減期に依存するものである。では、α崩壊する核種について検討しよう。どのような核種がα線を放出するのであろうか。あるいは同じことであるがα崩壊する核種はどのような核種であろうか。表12-5にα崩壊する核種とその半減期を示した[9)]。まずわかることは、半減期が大変広範囲にわたっていることである。数十秒から、10^{11}年にわたる。またエネルギーは数MeVである。核種を見てみると、いずれも質量数が大きな核種が挙げられている。どうやら質量の大きい核種がα崩壊するようである。この結論は正しいのであろうか？　あるいは、表 12-5 以外にも α 崩壊する核種も存在するであろうが、その核種の質量数も大きいのであろうか？

図 12-2 にウラン系列の天然の放射性核種を示す[10)]。縦軸に質量数を横軸に原子番号を元素名とともに示している。α 崩壊する場合は、原子番号が 2 減り、質量数が 4 減るので、表中、左ななめ下に向けての矢印が α 崩壊を示している。このように順次崩壊

表 12-5　主要な α 崩壊する核種と半減期および α 線のエネルギー[9)]

核　種	半減期	主要な α 線エネルギーと相対強度
^{147}Sm	1.07×10^{11} y	2.232(110)
^{212}Bi	60.55 m	6.051(72)，6.090(28)
^{210}Po	138.38 d	5.304(100)
^{212}Po	0.296 μs	8.784(100)
^{220}Rn	55.6 s	6.288(99.93)
^{222}Rn	3.824 d	5.490 (99.9)
^{226}Ra	1600 y	4.602(5.5)，4.784(49.5)
^{232}Th	1.405×10^{10} y	3.954(23)，4.013(77)
^{234}U	2.45×10^{5} y	4.723(27.5)，4.775(72.5)
^{235}U	7.038×10^{8} y	4.368(12.3)，4.400(57)
^{238}U	4.469×10^{9} y	4.150(23)，4.197(77)
^{239}Pu	2.413×10^{4} y	5.105(11.5)，5.144(15.1)，5.157(73.3)
^{240}Pu	6570 y	5.124(26.4)，5.168(73.5)
^{241}Am	432 y	5.443(13.1)，5.486(85.2)
^{244}Cm	18.1 y	5.763(23.6)，5.805(76.4)

y：年、d：日、m：分、s：秒、エネルギー単位：MeV
相対強度：α 崩壊の全強度を 100 とする
*出典：白石文夫「応用放射線エネルギー分析法 (6) Ⅲ．アルファ線の「エネルギー分析とその応用」RADIOISOTOPES, Vol. 29, pp. 72-81（1990）より転載。

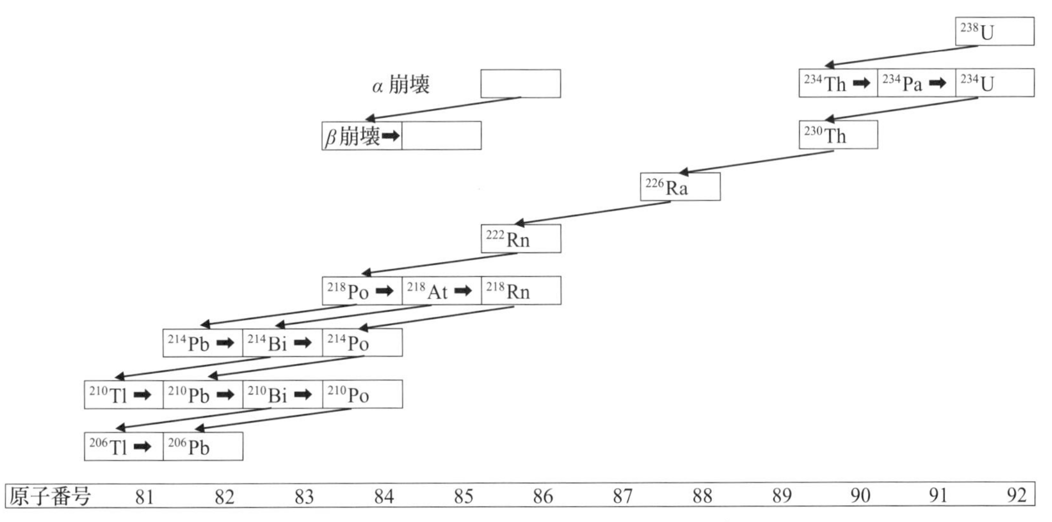

図 12-2　α 崩壊する系列のうちウラン系列[10)]

*文献 10）を参考に著者作成。

を繰り返して次々と核種が変化していく一連の系列を壊変系列（崩壊系列）と呼んでいる。特に α 線を何度も放出して壊変していく系列を、アルファ崩壊系列と呼んでいる。言い換えると、このアルファ崩壊列に入っている核種の同位体が α 線を放出する代表的な核であると言える。アルファ崩壊系列には 4 種類あり、ウラン系列（$4n+2$）、トリウム系列（$4n$）、アクチニウム系列（$4n+3$）、ネプツニウム系列（$4n+1$）である。括弧内で示している式は質量数を意味しており、いずれも質量数が 4 ずつ変化する事が示唆される。つまり α 崩壊するのである。図 12-2 からわかるように、核種としては各系列により親核種は異なるが、ウラニウムから鉛までの元素であり、鉛を除いてこれらの元素は α 線を放出すると考えてよい。

ウラン系列は ^{238}U から ^{206}Pb（図 12-2）、トリウム系列は ^{232}Th から ^{208}Pb、アクチニウム系列は ^{235}U から ^{207}Pb、ネプツニウム系列は ^{237}Np から ^{207}Pb に至る系列である。

12－5　アルファ崩壊を起こす条件

α 崩壊は、下に示すように原子核が α 線（ヘリウムの原子核）を放出して、原子番号（Z）が 2、質量数（A）が 4 だけ少ない原子に壊変する反応である。

$$^{A}_{Z}X \rightarrow {}^{A-4}_{Z-2}Y + {}^{4}_{2}\alpha(\mathrm{He})$$

この反応が起こるかどうかは、下の式が成立するかどうかで決まる。

$$Q = [M_A - (M_{A-4} + M_4)] \cdot c^2 > 0 \qquad (12\text{-}1)$$

ここに M は原子核の質量であり、上式の値は Q 値と呼ばれる。一見、Q 値は 0 のように思えるが、質量欠損を思い出そう。核子が結合して原子核ができるのは、質量欠損ができるためであった。この質量欠損が中性子と陽子をつなぎとめるエネルギーとなっているため、Q 値は 0 ではない。つまり、α 粒子が放出されるためには、親核のエネルギーが娘核と α 粒子のエネルギーの和よりも大きい必要がある。すこしわかりづらいので次のように考えてみよう。

質量欠損（結合エネルギー）の正負を逆転したものを図 12-3 に示す[11)]。横軸に質量数、縦軸に核子当たりの結合エネルギー（質量欠損）である。第 6 章の練習問題には、この正負が逆転しているものが示されている。逆転させた理由は、この図で低い値の方が安定していることを意味しており、ポテンシャルエネルギーの類似で理解しやすいためにこうしている。(12-1)式をそのまま表している（質量欠損で示すと、上下逆転する）。この図から、質量数 56 の Fe が最も安定であることがわかり、つまり、質量欠損あるいは結合エネルギーが最も大きいことになる。実際は核子数を乗ずる必要があるが、(12-1)式からすると、少なくとも ^{56}Fe より質量数が大きい核が α 崩壊して、より

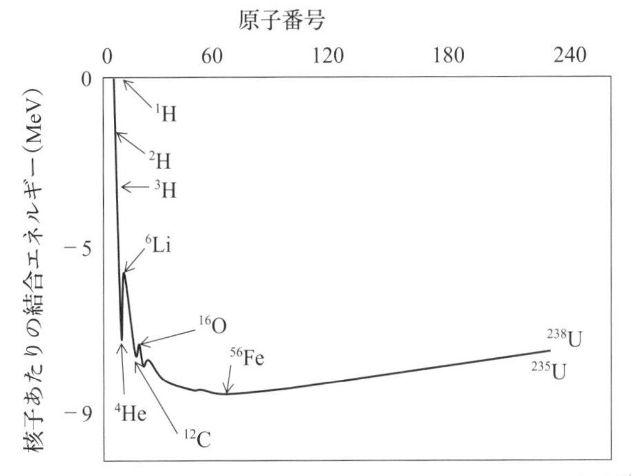

図 12-3　核子当たりの結合エネルギー（核の状態エネルギー）[11)]

＊文献 11）を参考に著者作成。

エネルギーの低い核へと変化することがわかるであろう。また、He を見てみると安定な核（結合エネルギー 28 MeV）なので、直感的ではあるが、α 粒子が放出され得ることが理解できよう。

また、質量数の小さい核は大きくなるように、質量数の大きい核は小さくなるような方向に核反応が起こる。つまり核融合と核分裂である。

Q 値を原子質量公式（図 12-3 を定式化したもの）で、α 崩壊が起こる条件を求めると、質量数を A とすると以下のようになる。

$$A > 190$$

このことから、質量数 A が大きくないと α 崩壊しないことがわかる。すなわち、α 線を放出する核種は基本的に、質量数が大きい核種なのである。

α 崩壊をする核種の崩壊定数と α 線のエネルギーの関係を表した経験式があり、以下の式で表されるが、これを「ガイガー・ヌッタルの法則」と呼ぶ。

$$\log \lambda = a \cdot \log R + b$$

ここで、R は飛程、λ は崩壊定数また、a、b は各系列で固有な定数である。また、λ は半減期、R は α 線のエネルギーと関連付けられるので、半減期とエネルギーの関係とも考えられる。これは、半減期の短い元素から放出される α 線のエネルギーは大きいことを示している。表 12-5 からわかるように、α 崩壊の半減期は長い核種も多い。半減期の長い核種は半減期の測定が困難であるが、この法則を用いて寿命あるいは半減期を推定するのに利用される。図 12-4 に半減期と α 線のエネルギーの関係を示した[12)]。

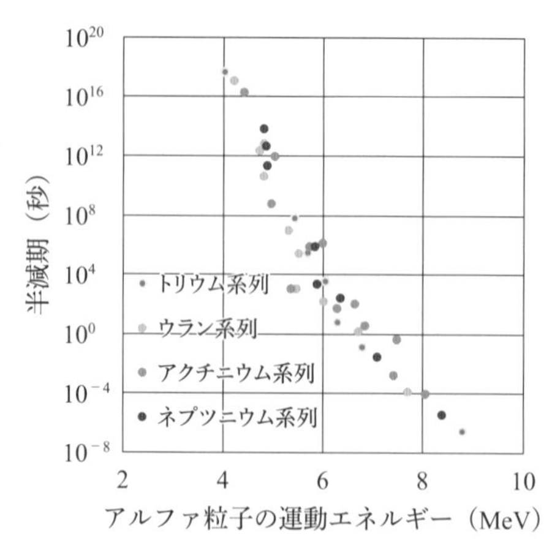

図 12-4　半減期と α 線のエネルギーの関係（ガイガー・ヌッタルの法則）[12)]

＊文献 12）を参考に著者作成。

特徴的なことは α 線のエネルギーが 2.5 倍くらい変化しても、半減期は 20 桁以上も変ることである。たとえば、^{232}Th の α 粒子のエネルギーは約 4 MeV、半減期は 1.4×10^{10} 年である。一方、^{218}Th の α 線のエネルギーが約 10 MeV で、半減期は 0.11 μ 秒である。この差はどのようにもたらされるのであろうか？

結論から言うと、この現象は 1928 年にジョージ・ガモフによって以下のように解釈された。α 粒子は核内に閉じ込められていて、その核のポテンシャルを超えるのにトンネル効果によって超えるとした。この解釈によって寿命とエネルギーの関係を説明できたのである。

もう少し詳しく見てみよう。核内に α 粒子が存在するとする。このアルファ粒子に働く力はクーロン力と核力である。クーロンポテンシャルは距離を r とすると、$1/r$ の形になっており、反発力である。一方、核力は吸引力であり、クーロン力より強い力を示し、クーロン力より短い距離で急速にゼロになる。核力がクーロン反発力より大きいので核子をつなぎとめることができており、クーロン力より近距離にしか働かないので次々と核が融合することもない。この二つの力を考慮したポテンシャルが湯川ポテンシャルと言われているもので、次の式のような形をしている。指数関数が核力を表している。

$$\alpha \frac{1}{r} e^{-kr}$$

r：距離　　k、α：定数

結局、α 粒子が感じるポテンシャルは図 12-5 の実線で示されるような形で示される[13)]（ここでは核内に一様に電荷が分布しているとして計算している）。α 粒子はこのポテンシャルの中に閉じ込められていて、核外に出てくることはない。この障壁の高さ

は、20 MeV 以上あるため[14]、数 MeV の運動エネルギーをもつ α 粒子は越えることはできない。つまり α 崩壊は起こらないことになってしまう。そこでガモフは、この障壁を量子力学的な現象であるトンネル効果で、α 粒子は乗り越えるとしたのである。このトンネル効果の確率は、少し α 粒子のエネルギーやポテンシャル障壁が変化しても、大きく変化することが示され、このためガイガー・ヌッタルの法則が現れることになるのである。

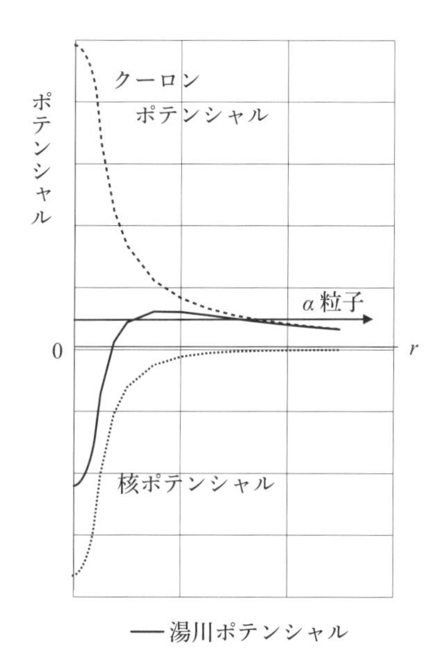

図 12-5　α 粒子が閉じ込められている湯川ポテンシャル[13]

＊文献 13）を参考に著者作成。

12－6　アルファ線の飛程

プルトニウムの内部被ばくの影響が大きいのは、プルトニウムが α 放射体であることを見た。これは α 放射体であればプルトニウムに限らず内部被ばくの影響が大きいことを意味している。放射線荷重係数が α 線は 20 となっており、γ 線や β 線と比較して格段に大きな値であった。これは α 線の LET（正確には、二次電子に与えるエネルギーを Δ 以下に限って、LET_{Δ} で定義するのであるが）が大きかったことが理由であった。つまり、経路に沿って多くの電離をもたらし、狭い空間に高いエネルギーを付与することが理由であった。

α 粒子や重荷電粒子は、この経路に沿ったエネルギーの与え方に特徴があるのでそれを見てみよう。α 粒子は電子等に比べ重いので、直線的に停止するまで走ることになる。この過程で周りの物質の電離や励起を繰り返す。このため α 粒子はエネルギーを失いながら減速していくことになるが、その経路に沿って単位長さ当たり生成されるイオン対数を比電離能と定義する。すると、この比電離能は特徴的な形をしている。その様子を図 12-6 に示したが、α 粒子のエネルギーが小さくなるにつれて、つまり、距離が大きくなるとともに急速に増加する[15)]。さらに α 粒子が停止する直前で急激にゼロにまで低下する。この距離に対して比電離の大きさを示す曲線をブラッグ（Bragg）曲線と呼ぶ。

この現象は、概念的には次のように理解される。α 粒子は物質中に侵入するにしたがってエネルギーを失ってスピードを落としていくが、その結果、物質原子との相互作用の割合が増し、より多くのイオン対を作るようになる。また、終端では若干飛跡が伸びているが、これは、α 粒子が物質中の原子の電子を捕らえて中性のヘリウム原子となり電離能を失うために飛跡が長くなるのである。

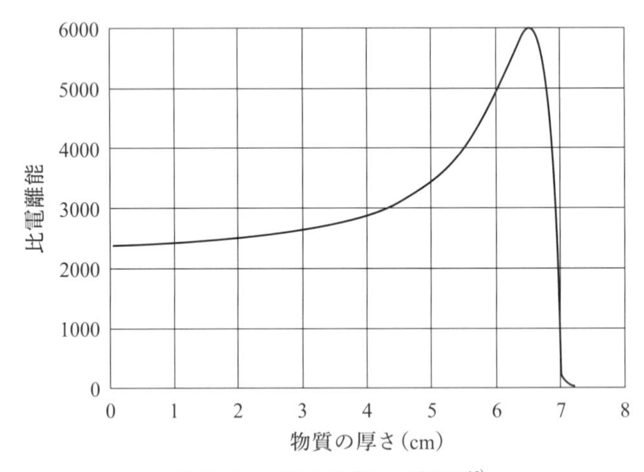

図 12-6　α 粒子のブラッグ曲線[15)]

練習問題 12.2

次の（　　　）内の 1〜4 に適切な言葉を入れるとともに質問に答えよ。

① α 粒子は媒質中で主に原子や分子を励起または（　1　）しながら減速し、その飛跡はほぼ直線的である。飛跡に沿って比電離の変化を示す曲線を（　2　）という。この曲線を見ると、α 粒子は止まる直前に大きな値を示すことがわかる。一方、まれに飛跡が大きな偏向を受けることがある。これは α 粒子と（　3　）との（　4　）衝突に基づく。この現象はラザフォード散乱と呼ばれている。

②（　2　）の特徴を述べると供に、それがなぜ起こるか簡単に説明せよ。

③ 7 MeV の α 粒子は空気中で完全に止まるまでどれくらいの数のイオン対を生成するか。比電離能は一定として考えよ。

ヒント：空気の電離には約 35 eV（W 値と呼ばれる）必要である。このように考えると目安を得ることができる。

われわれの興味があるのは、外部あるいは内部被ばくを考えた場合の、生体内での α 粒子の飛程である。生体はほぼ水と考えて良いので、α 粒子の水中での飛程を見積もりたいのである。しかしながら、ここでは生体中での飛程の見積もりの前に、まず空気中での α 粒子の飛程を考えることにする。この値から、後述する「ブラッグ・クレーマン則」を利用して生体の飛程を計算することにする。

では空気中で α 線はどれくらいの距離を走るのであろうか？　すなわち、空気中の飛程のエネルギー依存性を見たいのである。上記の練習問題 12.2 で、目安を得ることができたが、もう少し詳細に検討しよう。当然、エネルギーに依存するであろう。ちなみに、今回問題にしている Pu、特に ^{239}Pu からの α 線の最大エネルギーは約 5.16 MeV である。空気中の飛程はどれくらいで、生体中ではどれくらいかを知りたいのである。

空気中の飛程は、実験的に求められていて、実験式も与えられている。ここでは扱えるエネルギー範囲は狭いが、簡単な実験式を利用することにする。空気中（15℃、1 気圧）の α 線の飛程（cm）は次式で近似できる。ここで E は α 粒子のエネルギーで単位は（MeV）、R は飛程で単位は（cm）である。適用できる範囲は 4 MeV〜7 MeV である[16, 17]。

$$R_{\mathrm{air}} = 0.318E^{3/2} \tag{12-2}$$

図 12-7 に空気中の α 粒子の飛程とエネルギーの関係を示した。(12-2)式で近似できることがわかるであろう。

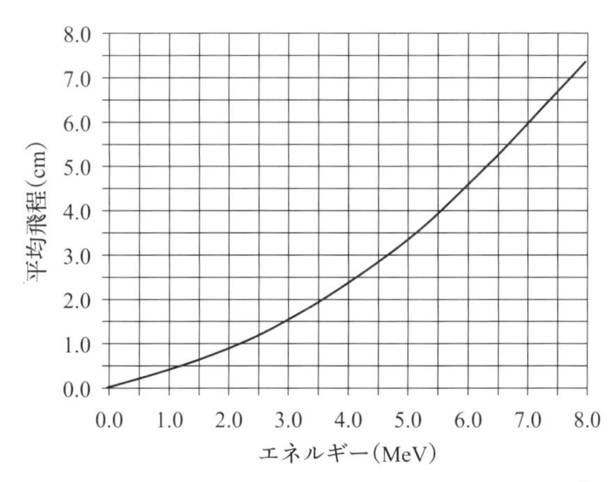

図 12-7　空気中の α 粒子の飛程のエネルギー依存性[18]

＊文献 18）を参考に著者作成。

(12-2)式のみならず、いろいろな実験式が与えられている。いずれも実験式なので、適切な α 粒子のエネルギー範囲で利用する必要がある。少しエネルギー範囲が広くとれる実験式を次に示した[19, 20]。

$$R_{\mathrm{Air}} = 0.56E \qquad (E < 4\ \mathrm{MeV})、$$
$$R_{\mathrm{Air}} = 1.24E-2.62 \quad (4\ \mathrm{MeV} < E < 8\ \mathrm{MeV})$$

上の式の使った問題を解いてみよう。

練習問題 12.3

次の（　　）内の 1〜4 に適切な言葉を入れよ。

1 MeV の α 線で（　1　）mm、5 MeV のエネルギーをもった α 線でも（　2　）cm の空気層で停止してしまう。実際、^{226}Ra からの α 線は 4.8 MeV のエネルギーをもっており、1.5×10^7 m/s という高速の粒子であるが（　3　）cm の空気の層で止まってしまう。このため α 線の計測の場合は注意が必要である。

しかしながら人体に対する影響は X 線や γ 線の（　4　）倍程度あることになる((　4　) は放射線荷重係数を入れれば良い)。

上の練習問題でも明らかなように、α 粒子は空気中でも数 cm で静止してしまう。検出の時には問題になるが、逆に、自然被ばくを考えた場合、あまり問題にならないことを意味している。

これで α 粒子の空気中での飛程を計算することができるようになった。次は生体中での飛程である。被ばくを議論する際に重要となるからである。空気以外の飛程は、空気の飛程を基礎として、ブラッグ・クレーマン（Bragg-Kleeman）の式で、15％程度の精度で飛程を計算できると言われている。

ある物質について α 線の飛程が与えられているとき、他の物質の飛程を計算するためにはブラッグ・クレーマン則を用いる。式で表すと以下のようになり、ここで飛程 R [cm]、密度 ρ [g/cm^3]、質量数が A である[21]（物質が化合物や混合物である場合は実効原子質量を用いる）。

$$\frac{R_2}{R_1} = \frac{\rho_1}{\rho_2}\sqrt{\frac{A_2}{A_1}} \qquad (12\text{-}3)$$

飛程は密度に反比例し、質量数の 2 分の 1 乗に比例するのである。われわれは、生体中の飛程を知りたいのであるが、まず、エネルギーが定まった α 粒子があれば、(12-2) から空気中の飛程が求まる。求めた飛程を（12-3)式に代入して、生体中の飛程を求めれば良いことになる。ところで、空気と生体の密度と実効原子質量が必要であるが、空気の実効原子質量は約 14.4（窒素 80％、酸素 20％で換算）、生体のそれは水で代用して 9.0、密度はそれぞれ、1.3×10^{-3}、1 g/cm^3 である。

ここで実効原子質量について若干述べておく。化合物や混合物の実効原子質量は以下の式で与えられる[22)]。

$$\sqrt{A_{\mathrm{eff}}} = \left(\sum_i \frac{w_i}{\sqrt{A_i}}\right)^{-1}$$

それぞれは、i 番目の元素の Wi：重量分率、Ai：原子質量である。

ここで例を挙げてみよう。生体の代替材料と考えられる水である。H_2O はそれぞれの重量分率は H が 11%（2/18）、O が 89%（16/18）であるから、以下のように実効原子質量は 9.0 となる。

$$\sqrt{A_{\mathrm{eff}}} = \left(\frac{0.11}{\sqrt{1}} + \frac{0.89}{\sqrt{16}}\right)^{-1} = (0.33)^{-1} = 3.0 \qquad A_{\mathrm{eff}} = 9.0$$

同様に空気では、重量分率で O が 22.2%、N が 77.8% とすると、以下のように求められる。

$$\sqrt{A_{\mathrm{eff}}} = \left(\frac{0.222}{\sqrt{16}} + \frac{0.778}{\sqrt{14}}\right)^{-1} = (0.263)^{-1} = 3.80 \qquad A_{\mathrm{eff}} = 14.4$$

練習問題 12.4

^{239}Pu の生体中の飛程を求めよ。また ^{238}U ではどうか。飛程の差と比放射能の比では、どちらの差が大きいか。計算には表 12-4 を利用せよ。

上記の問題でもわかるように数 MeV の α 粒子の飛程は生体内では数 10 μm である。外部被ばくの場合、皮膚が直接 α 粒子にさらされることになるが、表皮は 0.1〜0.3 mm で平均 0.2 mm 程度、真皮は 1〜3 mm である。このため α 粒子は表皮内で止められることになる。しかも表皮は 28〜56 日程度で新陳代謝するので、外部被ばくは無視してもよい。

一方、内部被ばくの場合、Pu を考えると、Pu は血液を介して骨格に沈着する骨親和性をもつ[23)]。沈着した Pu は、その近傍に α 線を介して集中的にエネルギーを付与することになり、結果としてがんを誘発する。人体細胞の大きさは組織によって異なるが、6〜25 μm と言われており、α 粒子は、ほぼこの範囲に、全エネルギーを集中して付与する。放射線荷重係数が α 線については 20 であったことを思い出そう。さらに Pu の場合、生物学的半減期は、骨で 50 年、肝臓で 20 年で[24)]、長期にわたり内部被ばくを受けることになるのである。

さて、最後に、α 線、β 線、γ 線の空気中の飛程を比較しておこう。次の問題を解くことで、それぞれの透過力の違いを確認しておくことにする。

練習問題 12.5

1 MeV の α 線、β 線、γ 線の空気中での飛程を推定したい。ただし、空気の密度を 1.205［kg/m^3］とし、γ 線は 1/10 価層で比較するものとする。

α 線の飛程は次式で推定するものとする。

$$R = 0.56E \qquad R\,[\mathrm{cm}]、E\,[\mathrm{MeV}]$$

また、β 線の飛程は Feather の式から推定せよ。

$$R = 0.542E - 0.133 \qquad 0.8 < E < 3 \quad [\mathrm{MeV}]$$
$$R = 0.407E^{1.38} \qquad 0.15 < E < 0.8\,[\mathrm{MeV}]$$
$$R\,[\mathrm{g/cm^2}] \quad E\,[\mathrm{MeV}]$$

一方、γ 線の 1 MeV に対する質量減弱係数は 0.065 cm^2/g である。$\ln 10 = 2.303$

12－7　問題提起に対する考え方

^{241}Pu からは α 線が放出される。α 線の放射線荷重係数は 20 と大きく、その内部被ばくが問題となる。しかしながら空気中での飛程は短く遮蔽も容易である。材料中の α 粒子の挙動の特徴的なことは、止まる寸前に自分のエネルギーを周辺に渡すことである。

また、α 線を放出する核の寿命と α 線のエネルギーに密接な関係があることが示され、これがトンネル効果によるものであることが示された。

福島の被ばくを考えた場合、α 線による内部被ばくは問題であるが、α 線を放出する核はあまり漏洩していない。放射性物質の漏洩に関しては、α 線を放出する核かどうかの視点から考える必要があると思われる。

12－8　おわりに

本章では α 崩壊あるいは α 線について述べた。まず α 放射体である Pu の毒性について述べ、この毒性の由来が α 線であることを明らかにした。このため、α 放射体である他の元素も同様の危険性をもつのであるが、比放射能に大きく依存することが示された。また、この比放射能に関連する α 崩壊の崩壊定数（あるいは半減期）は、放出されるα線のエネルギーと関連があって、エネルギーが高いと半減期が短いという関係にあり、エネルギーの変化にともなう半減期の変化の割合は大きなものとなる。これは湯川ポテンシャルに閉じ込められたα粒子がトンネル効果で抜け出してくるため、結果として核種による半減期の変化が大きくなることを知った。さらに、α線の飛程を類推する方法について紹介し、その手法によって、生体における飛程を計算し、外部被ばくと内部被ばくについて考察した。

参考文献

1) Dr. habil Hans-Jürgen Wollersheim, Am-241 decay scheme,
https://web-docs.gsi.de/~wolle/EB_at_GSI/STOPPED_BEAMS/ACTIVE_STOPPER/active-stopper.html

2) CRC Handbook of Chemistry and Physics 92nd（2011-2012）, CRC Press

3) Median leathal dose wikipedia
https://en.wikipedia.org/wiki/Median_lethal_dose（2019年1月28日）

4) 日本保健物理学会「ICRP 新消化管モデル専門研究会報告書（1）～Publ.100の解説～」『日本保健物理学会専門研究会報告書シリーズ』Vol. 6, No. 2（2008）

5) http://www.geocities.co.jp/Technopolis/6734/pu/puru7.html

6) 原子力規制委員会：放射線による身体への影響
① http://www.nsr.go.jp/archive/nsc/hakusyo/hakusyo13/112.htm

7) 原子力資料情報室「放射能ミニ知識」 http://www.cnic.jp/knowledgecat/radioactivity（2018年6月27日）

8) 原子力百科事典ATOMICA「プルトニウムの毒性と取扱い」（09-03-01-05）, 表2,
http://www.rist.or.jp/atomica/data/dat_detail.php?Title_No=09-03-01-05（2018年6月27日）

9) 白石文夫「応用放射線エネルギー分析法（6）Ⅲ. アルファ線のエネルギー分析とその応用」RADIOISOTOPES, Vol. 39, pp. 72-81（1990）

10) FNの高校物理, 放射性崩壊と半減期　4. 自然界に於ける放射性崩壊系列,
http://fnorio.com/0031radioactive_decay1/radioactive_decay.htm（2018年6月27日）

11) Harvey S. Leff, All About Energy & Entropy, WHAT IS ENERGY?,
http://energyandentropy.com/Essays/page4/index.php（Accessed 2018 Jun. 27）

12) 日本アイソトープ協会（編）『アイソトープ手帳（11版）』pp. 10-13（2011）

13) 原子核物理学, 武藤研究室, 東京工業大学大学院理工学研究科基礎物理学専攻, 境界領域基礎物理学講座, 講義ノート「原子核物理学概論：第4章原子核の崩壊」（2002）
http://www.th.phys.titech.ac.jp/~muto/lectures/lectures.htm#IntroNP02（2019年1月30日）

14) 原子力百科事典ATOMICA「α壊変」（08-01-01-05）,
http://www.rist.or.jp/atomica/data/dat_detail.php?Title_Key=08-01-01-05（2018年6月27日）

15) 原子力百科事典ATOMICA「放射線と物質の相互作用」（08-01-02-03）,
http://www.rist.or.jp/atomica/data/dat_detail.php?Title_Key=08-01-02-03（2018年6月27日）

16) 加藤貞幸『放射線計測』（新物理学シリーズ26）培風館（1998）

17) 兵庫県立大学オンライン教科書「環境分析論　放射線及び放射能に関する基礎知識」
① http://www.shse.u-hyogo.ac.jp/kumagai/eac/chem/radiochem.htm

18) Alpha Sciences, Alpha Particles,
https://www.alphascienceandcounting.com/range-of-alpha-particles-in-air-（Accessed 2018 Jun. 27）

19) Radiation Dose Assessment Resource, Stanford Dosimetry,

① http://doseinfo-radar.aifm.it/RADAR-EXT.html
20）Keith E. Holbert, “CHARGED PARTICLE IONIZATION AND RANGE”, EEE 460 Nuclear Power Engineering
21）Harvard medical school, Joint Program in Nuclear Medicine, RADIATION PHYSICS PRINCIPLES 7.2.2 Scaling Laws,
http://www.med.harvard.edu/jpnm/physics/nmltd/radprin/sect7/7.2/7_2.2.html（Accessed 2018 Jun. 27）
22）N. Tsoulfanidis, “Measurement and detection of radiation”, Taylor & Francis, p. 134（1995）
23）小木曽洋一「プルトニウムの内部被ばくと発がん」『Isotope News』No. 716, pp. 28-32（2013）
24）原子力資料情報室「プルトニウム-239（^{239}Pu）」http://www.cnic.jp/knowledge/2610（2018年6月27日）

章末問題

次の（　　）内の1〜11に適切な言葉を補え。

1. α線による被ばくを考える。外部被ばくと内部被ばくを比較すると、圧倒的に（　1　）による影響が大きい。
2. Puの毒性を考える。Puはα放射体であるが、化学的毒性と放射線による毒性を考えると、（　2　）毒性の方が大きい。また経口摂取と吸入摂取と比較すると、（　3　）のほうが実効線量係数は大きい。また、Uもα放射体であるが、Puの方が危険視される。これは半減期と関係があり、（　4　）の方が半減期は短いことによる。
3. 半減期の短い放射性同位元素から放射されるα線のエネルギーは、半減期の長いものより（　5　）エネルギーをもっている。これを（　6　）の法則という。
4. α線の飛程を考える。荷電粒子が物質中でエネルギーを損失する場合、その経路に沿って単位長さあたり生成するイオン対数を（　7　）という。飛程の終えん近傍で、この（　7　）は最大を示すが、この様子を表した曲線を（　8　）という。
5. 空気中の飛程に対するその物質中での飛程を（　9　）と呼ぶ。水の（　9　）は約（　10　）、アルミニウムでは1600程度である。密度に（　11　）し、質量数の平方根に比例する。

第 13 章

中性子線

―汚染水はいつまで発生し続けるのか―

13－1　はじめに

福島第一原子力発電所では汚染水が日々増加している。その保管をタンクにしているが、日々、400 トンの汚染水が新たに生まれている（2013 年現在）。その収束も予想がつかない。ここではこの問題を取り上げる。

問題提起　「汚染水はたまる一方である」

東京電力や時事通信社（時事ドットコム）は定期的に福島第一原発事故の現状について報告していた。その中から 2013 年現在の汚染水の現状を見てみよう。

東電は以下の事がらを明らかにするとともに汚染水についての対処方法について報告した。

1）1～4 号機の地下や近くの施設には、高濃度汚染水が 10 万トン近くある。
2）1～4 号機の原子炉建屋とタービン建屋の地下には 1 日約 400 トンの地下水が流入する。流入した水は汚染水となる。
3）地下にたまった汚染水の一部はくみ上げられ、吸着装置で放射性セシウムなどの濃度を下げてタンクに保管する。
4）2 月末で 26 万トン余が貯蔵。一部は原子炉の冷却に使われている。
5）現在の吸着装置では、放射性ストロンチウムなどを十分に減らすことができないため、汚染水の保管を続ける必要がある。
6）東電は 2015 年半ばまでに、70 万トンまで貯蔵できるようタンクを増やす方針である。
7）東電が計画する打開策は主に二つ。一つは、建屋に流入する地下水を減らすこと。もう一つは、汚染水に含まれる 62 種類の放射性物質を大幅に減らす多核種除去装置（アルプス）の稼働である。

参考：東京電力　http://www.tepco.co.jp/decommission/index-j.html
　　　時事ドットコム 2013 年 3 月 4 日配信

■ 福島第一原子力発電所内では大量の汚染水が日々増加している。いつまで汚染水は増え続けるのだろうか？（写真提供：東京電力 HD）

記事の様子を模式図で説明しよう[1]。図 13-1 に水の分配を示した。原子炉建屋内の格納容器内には溶融した核燃料が存在しており、後述するが、これを冷却するために日量約 400 トンの冷却水が必要となっている。この冷却水が溶融燃料に触れ、核分裂生成物が冷却水中に溶出し汚染水が発生する。格納容器には機械的欠陥が生じており、発生した汚染水が原子炉建屋内に流出している。結局、この日量 400 トンの流出した汚染水が問題なのである。

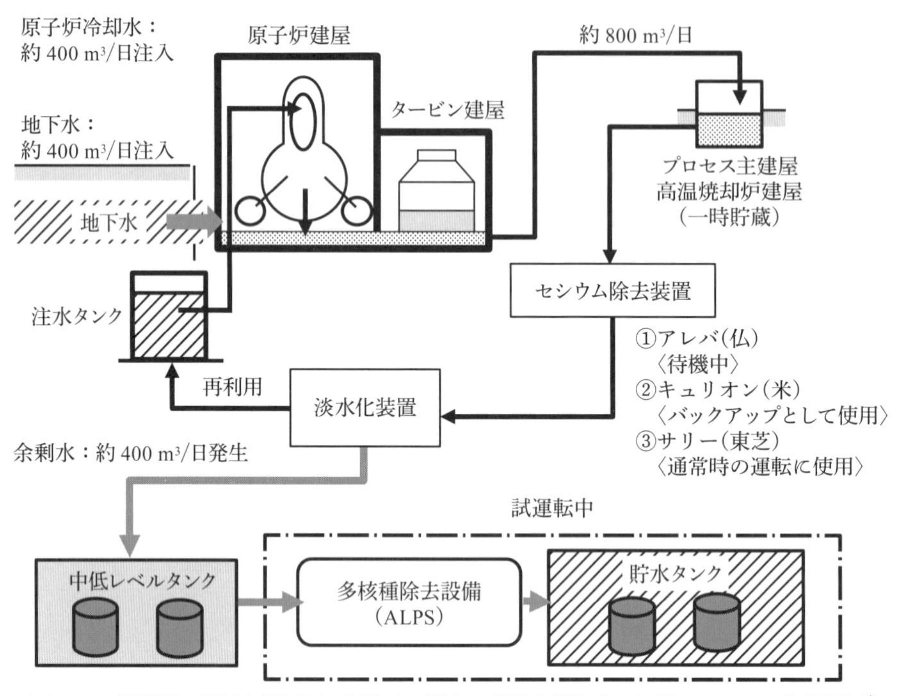

図 13-1　福島第一原子力発電所の汚染水の発生の様子と滞留水の処理システムの全体概要[1]

＊出典：東京電力ホールディングス株式会社。

一方、原子炉建屋内には地下水および雨水が日量 400 トン屋外から流入しており、この地下水が上述の汚染水と混合し（2013 年 7 月から建屋流入前の地下水を海洋放出しており，地下水の建屋への流入量は 300 トンに減少となっている)、結局、日量 800 トンの汚染水が発生していることになる。

日々汚染水の量が増加するので、処理をする必要があるが、まず主要な放射性核種である Cs（^{134}Cs と ^{137}Cs）の除去が行われる。アレバ、キュリオン、サリーと呼ばれる機器である。^{137}Cs のみを考えると、10^{4} Bq/L（10 Bq/cm^{3}）程度が 10^{-1}～10^{0} Bq/L 程度まで取り除くことができる[2]。Cs は汚染水の中では γ 線を放出する核種の主となるものであるため、後処理を考えて先行して Cs を除去するのである。

続いて淡水化装置である。この装置で放射性核種を含む塩分やイオンを取り除く。淡水化は原子炉内へ冷却水として導入するためには、塩分による機器の腐食を抑制する必要があるからである。従来、原子炉内の塩分は水道水と同程度の塩分イオン濃度とすることが求められていた。では、そもそも、この汚染水に塩分が含まれる理由であるが、震災時に建屋内に流入した海水によるものとされている。ただし、地下水が流入して希釈されているであろうから、塩分濃度はかなり低くなっているものと考えられる。実はこの淡水化装置にはもう一つの役割がある。それは（放射性）イオンの分離である。このため淡水化の装置には逆浸透膜（RO膜）が使用されている。淡水化される水量は約400トン/日である。ただし、この淡水中においてもトリチウムは存在している[2)]。また濃縮された塩水（淡水化水（再利用）と同時に濃縮塩水（余剰水）ができる。RO濃縮塩水と呼ばれている）が濃縮塩水貯槽で貯蔵保管される。この濃縮塩水が日量400トン発生する。この濃縮塩水には除去しきれなかった^{134}Cs、^{137}Cs等も残存するのみならず、^{90}Srが多く残っている。さらに問題視されているトリチウムも残存する[2)]。すなわち、日量400トンの汚染塩水が日々増え続けていることになる。この汚染塩水は、蒸発濃縮し体積を減少させるとともに蒸発分は淡水として炉心冷却に回される。

この濃縮塩水は「多核種除去装置（ALPS＝アルプス）」で核分裂生成物を取り除く（図13-1）。フル稼働すれば日量750トンの処理ができるはずであるが、2014年2月現在、トラブルによる停止により、結局1日あたり180トンしか処理できていないのが現状である[3)]（2014年10月には処理系統は増設され、ALPSは750トン、増設アルプスは750トン、高性能ALPSは500トンで、名目日量2000トンの処理を可能にする装置群が導入されている[4)]）。実際、ALPSは2014年末には稼動し始め、最大60万トンあった濃縮塩水のうち97%を2015年5月27日に浄化が完了したと東電は報告した[注1]。残りの3%（約2万トン）は、タンク底部に残る汚染水で、ポンプで汲み上げきれないため発生している。また、初期にはすべてALPSで処理する予定であったが、ALPSの性能が計画値を達成できなかったため、RO濃縮塩水から、まずSrのみを除去することにした。この処理した汚染水をSr処理水と呼んでいる。この処理水はあらためてALPSで処理されることになっている。Srを先行して処理することにした理由は、濃縮塩水の中で最も多い核種であり（Csは除去されている）また、Srからのβ線でタンクから制動X線を生じ、敷地境界線量を大きくしていたためである。

また地下水を原子炉建屋に入る前に汲み上げ、バイパスで海に直接投棄することを計画している。また、サブドレインといって建屋周辺の地下水の水位を下げることにより建屋内への地下水の流入の抑制、凍土遮水壁による地下水の流入および海への流出の抑制、汚染エリアの地盤改良による港湾への流出の防止、トレンチ内高濃度汚染水の除去などが計画されている[5)]。

汚染水の最終的な収束はまだ見えないが、この汚染水の原因や、汚染を引き起こす核種はどんなものがあるのであろうか。また、汚染水は原子炉の冷却をしているがために増加するのであるが、いつまで冷却しなければならないのであろうか？　ここを今回は考えることにしよう。まず、汚染水中の核種にどのようなものがあるかを示すとともに、その生成過程にも少し触れてみよう。

注1：日経新聞　2015年5月27日　“福島第1の汚染水処理、東電「完了」除去し切れず道半ば”

13－2　汚染水中にどんな核種が存在するのか

まず大きな疑問は、「汚染水中にはどんな核種が存在しているのであろうか？」である。基本的に使用済燃料と同じような核種が含まれているとは予想されるが、具体的にどのような核種がどれくらい含まれているのであろうか？

表13-1　汚染水に含まれるとされる核種[6)]

	核　種	半減期		核　種	半減期
1	ルビジウム(Rb)-86	約19日	32	バリウム(Ba)-140	約13日
2	ストロンチウム(Sr)-59	約51日	33	セリウム(Ce)-141	約32日
3	ストロンチウム(Sr)-90	約29年	34	セリウム(Ce)-144	約280日
4	イットリウム(Y)-90	約64時間	35	プラセオジム(Pr)-144	約17分
5	イットリウム(Y)-91	約59日	36	プラセオジム(Pr)-144m	約7分
6	ニオブ(Nb)-95	約35日	37	プロメチウム(Pm)-146	約6年
7	テクネチウム(Tc)-99	約210,000年	38	プロメチウム(Pm)-147	約3年
8	ルテニウム(Ru)-103	約40日	39	プロメチウム(Pm)-148	約5日
9	ルテニウム(Ru)-106	約370日	40	プロメチウム(Pm)-148m	約41日
10	ロジウム(Rh)-103m	約56分	41	サマリウム(Sm)-151	約87年
11	ロジウム(Rh)-106	約30秒	42	ユウロピウム(Eu)-152	約13年
12	銀(Ag)-110m	約250日	43	ユウロピウム(Eu)-154	約9年
13	カドミウム(Cd)-113m	約15年	44	ユウロピウム(Eu)-155	約5年
14	カドミウム(Cd)-115m	約45日	45	ガドリニウム(Gd)-153	約240日
15	スズ(Sn)-119m	約290日	46	テルビウム(Tb)-160	約72日
16	スズ(Sn)-123	約130日	47	プルトニウム(Pu)-238	約88年
17	スズ(Sn)-126	約100,000年	48	プルトニウム(Pu)-239	約24,000年
18	アンチモン(Sb)-124	約60日	49	プルトニウム(Pu)-240	約6600年
19	アンチモン(Sb)-125	約3年	50	プルトニウム(Pu)-241	約14年
20	テルル(Te)-123m	約120日	51	アメリシウム(Am)-241	約430年
21	テルル(Te)-125m	約58日	52	アメリシウム(Am)-242m	約150年
22	テルル(Te)-127	約9時間	53	アメリシウム(Am)-243	約7400年
23	テルル(Te)-127m	約110日	54	キュリウム(Cm)-242	約160日
24	テルル(Te)-129	約70分	55	キュリウム(Cm)-243	約29年
25	テルル(Te)-129m	約34日	56	キュリウム(Cm)-244	約18年
26	ヨウ素(I)-129	約16,000,000年	57	マンガン(Mn)-54	約310日
27	セシウム(Cs)-134	約2年	58	鉄(Fe)-59	約45日
28	セシウム(Cs)-135	約3,000,000年	59	コバルト(Co)-58	約71日
29	セシウム(Cs)-136	約13日	60	コバルト(Co)-60	約5年
30	セシウム(Cs)-137	約30年	61	ニッケル(Ni)-63	約100年
31	バリウム(Ba)-137m	約3分	62	亜鉛(Zn)-65	約240日

＊出典：東京電力ホールディングス株式会社。

表13-1に示した東京電力の資料を見ると、63種類の核種が汚染水の中に存在することになっている（ALPSで除去できる核種となっている）。そのうちのトリチウムは別格（分離が大変困難であることは11章で述べた）として、それ以外の62種類の核種と半減期が表13-1に示されている[6)]。

まず、一見して思うことは、多種多様の放射性同位元素が存在していることである。また種々の核種が存在するが、同位体も多く、これらは同じような化学的性質をもっているため、一括して同様な手法で回収可能であると思われる。

Csを除去した後の濃縮された塩水中（図13-1参照）の放射性核種で存在濃度が水中濃度限度の10倍以上の核種をひろってみると、以下の22核種である[7)]。

^{60}Co、^{86}Rb、^{89}Sr、^{90}Sr、^{90}Y、^{91}Y、^{106}Ru、^{115m}Cd、^{123}Sn、^{125}Sb、^{125m}Te、^{127}Te、^{127m}Te、^{129m}Te、^{129}I、^{134}Cs、^{135}Cs、^{137}Cs、^{140}Ba、^{144}Ce、^{147}Pm、^{152}Eu

その中でも水中濃度限度との比が10^4倍以上大きいのは、^{89}Sr、^{90}Sr、^{90}Yである。実際の濃度は、それぞれ、1.2×10^4、1.1×10^5、3.7×10^5 Bq/cm^{3}であった。また、^{134}Csと^{137}Csは2.5×10^2と2.2×10^2倍であり、実濃度はそれぞれ1.5×10^1、2.0×10^1 Bq/cm^{3}である。また^{89}Sr、^{90}Sr、^{90}Yいずれの核種もβ線を放出する（^{89}Srの半減期は50日である）。これらの放出されたβ線がタンクとの相互作用で制動X線を放出し、周辺の空間線量を増大させていた。そこで、この濃縮塩水からSrを除去する作業が行われ、2015年5月27日に終了している[8)]。しかしながら、そもそも濃縮塩水はALPSで処理する予定であったのであるが、間に合わず、まずSrから処理することになったのである。このため、Srが除去された濃縮塩水はあらためてALPSで処理されることになる。

13－3　核分裂生成物—燃料棒から溶出した核種

汚染水の中には種々の放射性の核分裂生成物（FP）が存在し、汚染水となっていることがわかったが、本来ならば、これらは燃料棒の中に閉じ込められているはずの核種である。燃料棒が溶融したため、それらが溶出してきたのである。では、燃料棒の中では、どんな核種がどれくらい生成されるのであろうか？　表13-1に示された核種以外にも存在するのであろうか？

図13-2に核分裂生成物の質量分布図を示した。ウラン235が熱中性子を吸収して分裂した場合に生ずる核分裂生成物の分布を示した[9)]。特徴的なことは、質量数90〜100および135〜145の付近に二つの山をもつ形となることである。質量数が90程度であれば^{90}Srが、135前後であれば^{137}Csが思いつく。実際、上述のように、汚染水中では^{90}Srや^{137}Csの濃度が高い事が理解できる。また、収率は最高で、6〜7%程度である。元素類としてはニッケル（$_{28}$Ni）からジスプロシウム（$_{66}$Dy）まで約40種、質量数でいえば66から166までほぼ100種類のものができる[10)]。これらは核分裂生成物（FP：fission products）とよばれる。核分裂生成物は、ほとんどがβ崩壊をし、その後γ崩壊

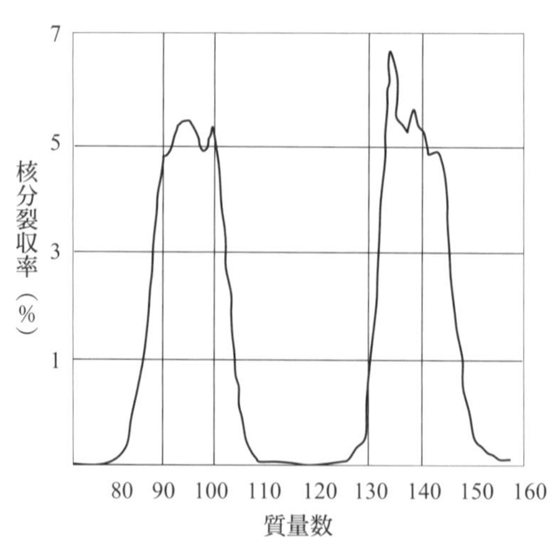

図 13-2 ^{235}U 核分裂生成物の質量分布[9)]

＊ウィキペディアを参考に著者作成。

を起す。

使用済み燃料中にはこれらの FP が含まれており、その放射能は大変強いものとなっている。短寿命の放射能の方が強いため、原子炉の停止の後、急速に放射能は減衰していく（短寿命の核種からの放射能が強かったことを思い出そう）。最初の 1 日で初期の 100 分の 1 以下になる。しかし半減期が数十年以上のものもあるため、それ以後の減衰は時間がかかることになる。

この放射性同位元素から放出される β 線や γ 線等のエネルギーのほとんどは、熱として燃料あるいは周囲の材料の温度を上昇させる。この発生する熱のことを崩壊熱という。この崩壊熱がどれほど大きいかを示すと、この崩壊熱が除去されない場合、核燃料の被覆管の急速な酸化（〜1200℃）、溶融（〜1850℃）、そして燃料自体の溶融（〜2400〜2860℃）などが起こることになる[11)]。原子炉停止から 3 日後でも 1 時間に 8.3 トンの水（100℃）を蒸発させるだけの熱（5.2 MW）を発生させる熱量をもっている[12)]。

この崩壊熱は、原子炉の運転停止直後では 5〜7%、1 日後で 0.3〜0.5%、10 日後で 0.2% 程度になる[12)]のであるが、原子炉の熱出力は電気出力の 3 倍程度であるので[11)]、定格出力の 3 倍程度の熱を除去する必要がある。ちなみに 1 号機の定格は 460 MWe（MW electrical）で、2、3 号機は 78 MWe なので、熱出力としてはその 3 倍である。

ここで、若干、核分裂に触れておく。自然界のウランは、^{235}U と ^{238}U の同位体が存在するが、前者が核燃料として利用されるものである。しかしながら、その天然存在比は 0.7% しかないため、これを濃縮して濃縮ウラン（約 3%）にし、核燃料とする。この濃縮プロセスは同位体分離であるため、化学的手法が用いられないので、高度な技術が必要である。また濃縮度を上げる（70〜90%）と原子爆弾に利用できるため、濃縮は厳しく国際的に規制されている。濃縮にはガス拡散法や遠心分離法のような物理的手法しか利用できない。濃縮することは一方で、濃度の低いウラン（0.25% 程度）を作ることになるが、これを劣化ウランと呼ぶ。

発電するためには定常的にエネルギーを取り出すことが必要で、このためには原子炉の中で核反応が連続的に起こる必要がある。この状態を臨界と呼ぶ（ここでは連鎖反応を起こすことを臨界と呼んでおく）。臨界になるためには、核分裂反応で発生した中性子がさらに次の核分裂反応を引き起こす状態にすることであるので、中性子の出入りを制御する。核分裂反応では、平均 2.4 個の中性子が発生するので、このうちの一つが核燃料に吸収されて次の核反応を起こすようにする。反射材などで中性子の漏れを防いだり、制御棒で中性子を吸収したりしている。発生直後の中性子は高速中性子と呼ばれ、平均で 2 MeV のエネルギーをもっているが、このエネルギーの中性子に対する核燃料の断面積が小さいので、大きな断面積となるエネルギー領域まで中性子のエネルギーを低くする。このプロセスを減速と呼び、熱エネルギーのレベルまで運動エネルギーが低くなった中性子のことを熱中性子（0.025 MeV）と呼ぶ。^{235}U の核分裂 1 回当たりに発生するエネルギーは約 200 MeV である（FP の運動エネルギーで 168 MeV である）。

13－4　放射化―照射された物が放射性を帯びる

次に答えるべき疑問を明らかにしておこう。「なぜ冷却し続けなければならないのか？」と「いつまで冷却しなければならないのか？」の二つの質問である。最初の質問については崩壊熱であることはすでに述べた。しかしながら、すでに冷温停止（炉内の水の温度が 100℃未満となり、継続的で安定した冷却が保たれている状態）になっているのであるから、冷却をやめてはいけないのであろうか。あるいは、いつまで冷却し続けねばならないのか、目安でもわからないのであろうか。この辺りを理解するためには、放射化の概念が必要である。ここではまず、中性子による放射化を理解するとともに、崩壊熱について学ぶことにする。

中性子照射の特徴の一つに放射化がある。照射された対象物質が放射能を帯びることを放射化というが、この放射化が後述する崩壊熱をもたらすことになり、これが理由で、福島の原子力発電所は冷却し続けなければならないのである。放射化を定量的に扱うためには、断面積の概念が重要である。

断面積とは、中性子と標的核の相互作用の確率を与えるもので、面積の次元をもっている。中性子と原子核の主な相互作用には次の 3 種類があるが、これらの相互作用の確率を断面積と言っているのである。この中の、吸収や捕獲が放射化をもたらすことになる。また核分裂の結果出来た FP も高い放射能を有している。

1）散乱
　弾性散乱、非弾性散乱
2）吸収・捕獲
3）核分裂

汚染水の問題は、実際は3）核分裂の結果生成されたFPを扱う問題であるが、ここでは、上述したように放射化を理解するために2）吸収・捕獲について説明する。

まず、この断面積の概念を理解しよう（図13-3）。

ここで入射粒子の標的核と衝突する確率を考え、次のように定義する。

入射粒子：毎秒 J 個/(s/cm^2)

標的の大きさ：(面積 S cm^2、厚さ dx cm)

標的の原子密度：N 個/cm^3

毎秒原子核反応が起こる頻度：P

比例定数：σ

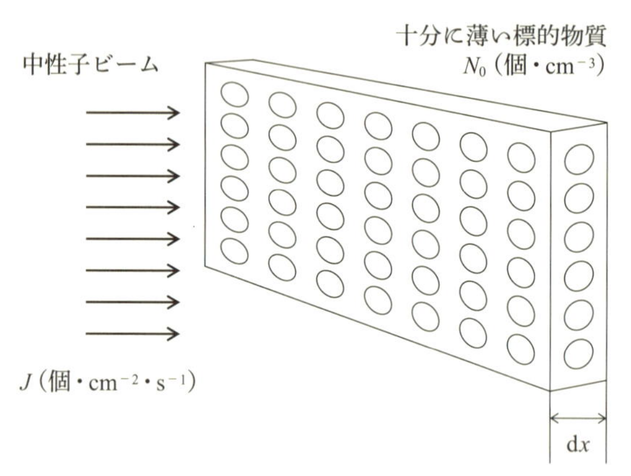

図13-3　核反応の模式図

上述のように定義すると、単位時間当たり反応する確率は、入射する中性子の数と標的中の原子数に比例する。比例定数が σ なので、次式が成り立つ。

$$P = \sigma NS\mathrm{d}xJ = \sigma NJS\mathrm{d}x$$

ここで $S\mathrm{d}x$ は標的の体積となり $NS\mathrm{d}x$ で標的中の原子数となる。

次に、次元を確認しておこう。左辺の次元は［1/s］である。

右辺（$\sigma NJS\mathrm{d}x$）の次元は、

$$[\sigma]\,[1/\mathrm{cm}^3]\,[1/(\mathrm{s}/\mathrm{cm}^2)]\,[\mathrm{cm}^2]\,[\mathrm{cm}] = [\sigma]\,[1/(\mathrm{s}/\mathrm{cm}^2)]$$

したがって、$[\sigma]$ の次元は［cm^2］となって、面積の次元をもつことになる。このため、反応の比例定数 σ は面積の次元をもち、これを核反応断面積と呼ぶ。単位としては、b（バーン）が用いられ、1 b = 10^{-24} cm^2 である（J はフルエンス率あるいはフラックスと呼ばれ、時間積分したものをフルエンスと呼ぶ）。

さて準備が整ったので、放射化の過程を計算しよう。フラックス［$f/cm^2/s$］の熱中性子によってターゲットを Δt の間、照射し（n, γ）反応により放射性核種（半減期 T）ができたとする。そのときの放射性核種の数と、放射能を求めよう。ただし、断面積を σ バーンとする。

新たに単位体積あたりにできる核子数を Δn とすると、上述の関係を参考にすると、以下の式が成り立つであろう。ただし λ は生成した放射性核子の崩壊定数である。

$$\Delta n = f\sigma N\Delta t - \lambda n\Delta t$$

右辺第一項は、単位体積中に新しくできてくる核子の数であり、第二項はそれの減衰項である。これを解くと、

$$\frac{\mathrm{d}n}{\mathrm{d}t} = f\sigma N - \lambda n$$

$$n = \frac{f\sigma N}{\lambda}\left[1 - \exp(-\lambda t)\right] \qquad (13\text{-}1)$$

上式の時間依存性を示すと、図 13-4 のようになる。なお、標的核の数 N は、入射中性子の数より多いので、定数として扱うことに注意しておく（厳密にいうと、N は徐々に少なくなっていくであろうが）。また、N は親核種（標的核）の原子数であるので、σ は親核種の断面積である。n は娘核種の原子数となり、λ は娘核種の崩壊定数であることに注意しよう。

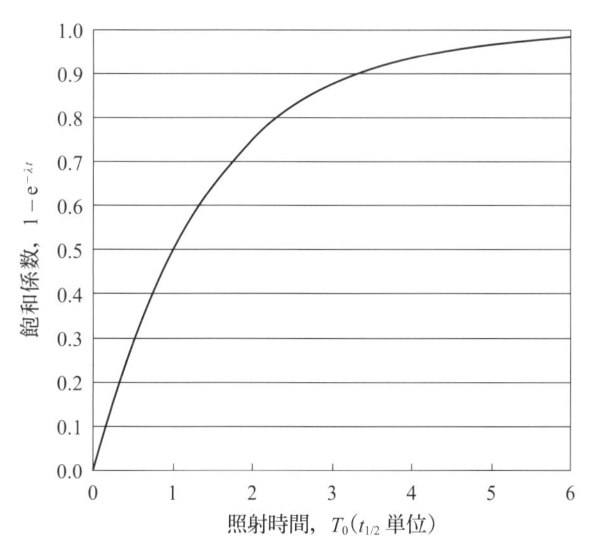

図 13-4　中性子照射時間と生成核子の数

図 13-4 からわかるように、生成核子数は単調に増加はするが、徐々に飽和してくることが理解できる。また、半減期との関係も明確で、だいたい半減期の 4 倍ほど照射されると飽和値の 94% に達する。t_0 を照射時間として

$$[1 - \exp(-\lambda t_0)]$$

を飽和係数という。つまり生成核子数は飽和値があり、あまり長時間照射しても生成核子数は変化しないことを意味している。照射時間 t_0 で、その時までの生成核子数は (13-2)式で計算できる。その後の核子数の時間依存性は、その値から減衰していくため (13-3)式である。その際の放射能は (13-4)式である。

$$n_0 = \frac{f\sigma N}{\lambda}[1 - \exp(-\lambda t_0)] \tag{13-2}$$

$$n(t) = \frac{f\sigma N}{\lambda}[1 - \exp(-\lambda t_0)]\exp(-\lambda t) \tag{13-3}$$

$$\frac{\mathrm{d}n}{\mathrm{d}t} = f\sigma N[1 - \exp(-\lambda t_0)]\exp(-\lambda t) \tag{13-4}$$

照射直後の放射能は、(13-4)式に $t = 0$ を代入すれば、(13-5)式のようになる。

$$\frac{\mathrm{d}n(0)}{\mathrm{d}t} = f\sigma N[1 - \exp(-\lambda t_0)] \tag{13-5}$$

また、照射直後の放射能は、飽和係数に依存している。この式から照射直後の放射能は照射時間が半減期の 2〜3 倍程度の核種が大きいことがわかる。実際に照射実験をする場合、照射時間を数十時間（約 1 週間の照射）とすると、試料作成の際、試料に汗をつけないよう素手で触らないようにする理由は、汗中の NaCl（約 0.65% 含まれる）の放射化が問題になるためである。

練習問題 13.1

NaCl は汗に含まれる成分で、重量で約 0.65% 含まれると言われている。中性子照射実験で試料作成の際、汗が付着すると、汗の中の NaCl が放射化する。Na と Cl の放射化の反応は下で示されているが、それぞれの反応の断面積は 0.53 b と 0.43 b、半減期は ^{24}Na で 15.0 時間、^{38}Cl が 37 分である。試料の作成で液体一滴の 10 分の 1 の量、3 μg が試料に付着してしまった（液体一滴の体積は 0.03〜0.05 mL と言われている）。この試料を連続して熱中性子束 3×10^{13} n/cm^2/s で 24 時間熱中性子を照射した。付着汗による放射性

能は照射直後には何 Bq か。ただし ^{23}Na、^{37}Cl の自然存在量はそれぞれ 100% と 24%（^{35}Cl が 76%）とする。

$$^{23}\mathrm{Na}(n,\ \gamma)\,^{24}\mathrm{Na} \qquad ^{37}\mathrm{Cl}(n,\ \gamma)\,^{38}\mathrm{Cl}$$

13-4-1　断面積の大きな材料

熱中性子（thermal neutron）は原子核に捕獲されやすく、その確率は中性子捕獲断面積（単位はバーン、barn：10^{-24} cm^2）と呼ばれる。中性子捕獲断面積が大きい元素として、金、カドミウム、ホウ素が挙げられる。以下、若干それらについて述べる。

ホウ素

安定同位体であるホウ素 10(^{10}B) の熱中性子吸収断面積（^{10}B(n, α)^{7}Li：3838 b）は大きいことが知られている。原子炉内においては中性子の吸収のため制御棒に使用される。福島事故では、ホウ酸入りの冷却水で冷却したのは記憶に新しい。また医療応用では中性子捕捉療法で使用される。(核反応を起こす)

金

熱中性子の捕獲断面積（^{197}Au(n, γ)^{198}Au：98 b）が大きいので、その放射化の程度を測定して、熱中性子のフラックスを測定するのに利用される。

カドミウム

カドミウムは熱中性子に対して捕獲断面積（^{113}Cd(n, γ)^{114}Cd：20,000 b）が大きい。これを利用して金属カドミウムで試料を被覆すると、熱中性子がほとんど吸収されてしまうので、熱中性子由来の影響を消去できる。また金とカドミウムを組み合わせて熱中性子のフラックスを測定することができる。これについては以下の練習問題で考えることにする。ちなみに生体の主要な構成元素である ^{12}C は 0.004 b、^{14}N は 1.75 b、^{16}O は 0.0002 b 以下である。ホウ素、金、カドミウムの断面積がいかに大きいかわかるであろう。

練習問題 13.2

金箔放射化法による熱中性子のフラックスの測定方法の概略とその手順を示した。ヒントを読んで、金箔放射化法の手順の説明文の（　　　）内の 1～5 に適切な言葉を入れよ。

ヒント：

1）中性子は物質と相互作用しにくいので、一般の測定方法は使用できない。このため、放射化法を利用して測定する。なお、エピサーマル（熱外）中性子とは熱中性子よりエネルギーの高い中性子で運動エネルギーが 0.5～10 eV 程度の中性子を指し、熱中性子とは運動エネルギーが室温での熱運動のエネルギー 0.025 eV 程度になったものをいう。

2）カドミウムの捕獲断面積は熱中性子領域で大きく（～20,000 b）、熱外中性子領域で急激に小さくなる。捕獲断面積が急激に低下する中性子のエネルギーをカットオフエネルギー（実際上、捕獲できる中性子の上限エネルギー）と呼ぶが、0.5 eV 程度といわれている。つまりカドミウムの板で包んだ材料が放射化する場合は、熱外中性子で放射化すると考えて良い。

金箔放射化法の手順

① 金箔とカドミウム板で覆った金箔を用意する。
② 両者を同じ場所に設置する。
③ カドミウム板のある場合と無い場合で金の放射能を測定する。
④ カドミウム板なしでの結果は（　1　）と（　2　）による放射化である。
⑤ カドミウム板ありでは（　3　）による放射化である。
⑥ したがって両者の差を取ると（　4　）のみで放射化した金の放射能を測定できる。
⑦ この放射能から（　5　）のフラックスを計算する。

13－5　崩壊熱

さて、準備ができたので、いよいよ崩壊熱について説明しよう。これが理由で原子炉を冷却し続けなければならないのであった。

核分裂で生じた核分裂生成物など、原子核が不安定な核種は、β線やγ線等の放射線を出して別の原子核に変わっていく。そのときに放出されるβ線やγ線等のエネルギーの大部分は、その物質中で熱に変わる。この放射性崩壊にともなって発生する熱を崩壊熱という。この崩壊熱の計算は、基本的には前節で導出した（13-3）式を利用する。下

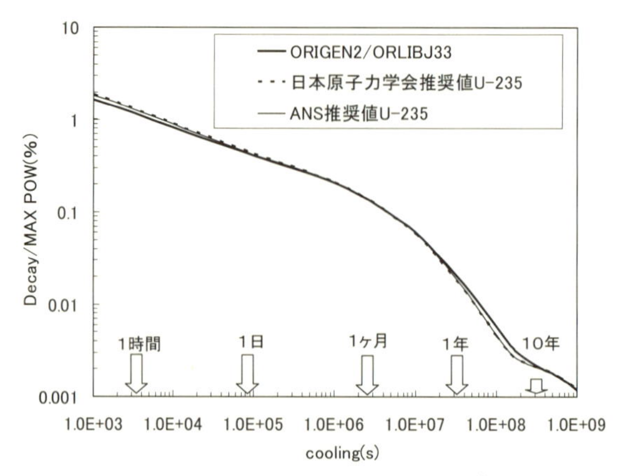

図 13-5　原子炉停止後の崩壊熱[13)]

＊出典：吉田正「崩壊熱」炉物理の研究，日本原子力学会炉物理部会，64（2012）より転載。

に再掲した。

$$n(t) = \frac{f\sigma N}{\lambda}\left[1 - \exp\left(-\lambda t_0\right)\right]\exp\left(-\lambda t\right) \tag{13-3}$$

図 13-5 に原子炉停止後の崩壊熱の経時変化を示した[13]。炉の停止後（1 秒後）には定格運転時に発生する熱量（定格の約 3 倍）の約 7%、1 日後には 1%以下、1 年後には 0.2%程度となる。福島第一原発の 1 号機（46 万 kWe）では、炉停止から 3 日後でも 5.2 MW の発熱がある（8.3 t/h の水を蒸発させる）[14]。

一般的には核燃料は原子炉で使用後、冷却するために原子力発電所内にある貯蔵プールで 4 年以上保管される[15]。また、違った意味でも水の供給は必要である。すなわち、放射線遮蔽である。東電の中期ロードマップが公表されているが[16]、これによると、燃料デブリの取り出しが開始されるのが 10 年以内、取り出し完了が 20〜25 年後となっており、基本的には、この期間まで冷却あるいは冠水しておく計画となっている。

具体的な崩壊熱の計算例を以下に示す。原子炉運転時間が T の場合、炉の停止後時間 t における核分裂生成物崩壊熱の発生率を $F(T, t)$ とすると、これは次式で計算できる[17]。ただし、λ_i と γ_i は経験的に定められる定数である。式の形としては前述した崩壊の（13-3)式と全く同じである。λ_i が崩壊定数、γ_i が標的との相互作用の確率に相当する。また、一つの式では表しきれないため、ここでは複数（この式の場合 23 種）の仮想的な核種ができ、崩壊していく形になっている。基本的な式の形を与えて、経験値を代入して崩壊熱を予想することになる。100 種類上の核種が生成され、それぞれの寿命で崩壊が起こることを知ったが、実際、すべてを記述することは不可能である。このため、このようにして崩壊熱を推定するのである（現状ではさらに精密な計算がなされている)。

$$F(T, t) = \sum_{i=1}^{23}\frac{\gamma_i}{\lambda_i}\left[1 - \exp\left(-\lambda t_0\right)\right]\exp\left(-\lambda t\right)$$

また、具体的な発熱に寄与するのは、FP からの γ 線、β 線が発熱に寄与すると考えた計算もある。放出された γ 線、β 線のエネルギーが熱に変換されるとして崩壊熱を計算するのである。ただし β 線は連続スペクトルをもつので、その平均エネルギーで計算するように工夫している[13]。

これらの計算は総和計算と言われ、すべての FP についての発熱の総和をとるという意味である。それに対して、現実的に予測するためのフィッティング法を使う方法があるが、本章では、崩壊熱の本質を説明することを主眼としたため、フィッティング法については他の文献を読んでほしい（文献 13 には概略が説明してある)。

13－6　物質との相互作用

さて、中性子の放射化あるいは核分裂後の崩壊熱について述べてきたが、生体との相互作用、換言すれば、被ばくの影響について述べておかなければならないであろう。また、どのように遮蔽すべきかも知っておく必要があるだろう。このためには、中性子と物質との相互作用を理解する必要がある。ここでは中性子と物質との相互作用の基本を学ぶとともに、被ばくの影響や遮蔽について学んでいくことにしよう。

中性子は電荷をもたないため低エネルギーの中性子でも核内に入り込むことができ核反応を起こすが、核反応の確率（断面積）は圧倒的に低エネルギーの領域の方が大きい。このため核反応を効率的に起こすため、運動エネルギーを減少させ、熱エネルギーレベルまで下げることをする。中性子の運動エネルギーを減少させるには、減速材となる物質中で原子核との散乱を繰り返させて熱的平衡に近い状態にまで到達させる。この熱エネルギーレベルになった中性子は熱中性子（0.025 eV）と呼ばれる。熱中性子といえどもその速度は約 2000 m/s にも到達する。核分裂によって発生した中性子は平均 2 MeV のエネルギーをもっており、光速の約 10 分の 1 程度の速度である。

中性子は電荷をもたないので、電子とは相互作用せずに、原子核と衝突、散乱、あるいは吸収・捕獲が起こることになる。熱化の過程は、散乱を利用して行うのである。特徴的なことは、中性子は鉄や鉛の原子核と散乱してもなかなか減衰しないことである。（質量数 1 の中性子が、質量数の大きな原子核に衝突しても、跳ね返ったときの速度は落ちない。後述）。このため中性子を遮蔽するためには、水やポリエチレンあるいはコンクリートのように水素を多く含む物質が有効である。一方、散乱せずに、中性子を吸収あるいは捕獲した原子核は多くの場合、放射能をもつようになる。これが、前述の放射化のプロセスである。

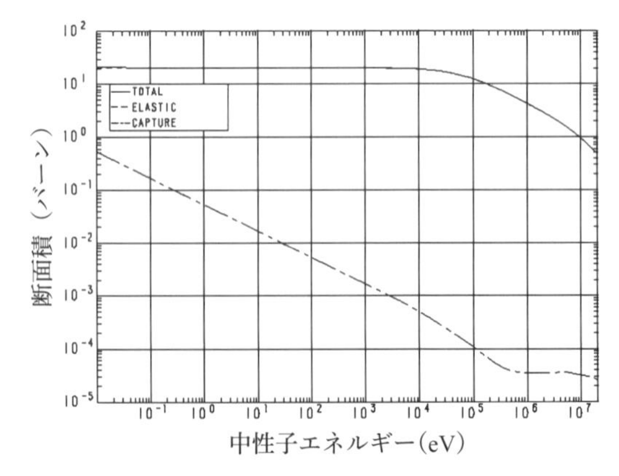

図 13-6　水素に対する断面積（バーン）のエネルギー依存性[18]

＊提供：国立研究開発法人日本原子力研究開発機構。

中性子と物質との相互作用を理解すべきことは、大きく2点ある。まず、①断面積にエネルギー依存性があるため、高速中性子と熱中性子では、入射する標的物質に対する影響が異なることである。次に、②弾性散乱する場合、相手原子の質量数に応じて、その減速の割合が異なることである。

図13-6に水素の弾性散乱断面積と捕獲断面積のエネルギー依存性を示した[18]。弾性散乱断面積と全断面積が重なって、一本の線のように見えている。つまりすべてのエネルギー範囲において、弾性散乱断面積が捕獲断面積を大きく上回っているのである。このため、水素は放射化しにくいことが理解できる。むしろ弾性散乱が起こるのである。

さて、中性子の弾性散乱で、標的核の種類による相違について述べよう。中性子が質量Aの原子核と衝突した後の、平均の中性子のエネルギーを求めると（〈　〉は平均を意味することにする）次式のようになる。ここで、Aは物質の質量数、E_0^n、E_1^nは入射中性子および一回衝突後の中性子のエネルギーである。

$$\langle E_1^n \rangle = \left(1 - \frac{2A}{(1+A)^2}\right) E_0^n$$

またn回衝突後の平均の中性子のエネルギーは次式で表される。

$$\langle E_n^n \rangle = \left(1 - \frac{2A}{(1+A)^2}\right)^n E_0^n$$

衝突相手が水素である場合、$A = 1$なので、最も効率よく減速した場合は、$E_n^n = 0$となり中性子は静止する。また、一般にAが大きくなるにしたがって、中性子の減速効率は下がることになる。つまり効率的に中性子を減速させるためには、水素のような軽い原子が多くある材料が望ましいことになる。

一方、弾性散乱後の対象の原子核の運動エネルギー（反跳エネルギー）を計算すると、以下のようになる。

$$E_{\mathrm{Max}} = \frac{4A}{(1+A)^2} E_0,\ \langle E \rangle = \frac{2A}{(1+A)^2} E_0$$

ここで重要な事が導かれる。すなわち、反跳エネルギーはAによって異なることである。Aが1（水素）の場合が最も大きくなるのである。すなわち、中性子の減速には水素が重要であるが、逆に水素は中性子のエネルギーをもらって、高速に動き出すのである。

13－7　生体影響

反跳エネルギーについての式をあらためて見てみよう。この式に $A = 1$ を代入するとわかるように、水素（陽子）の反跳エネルギーの平均は入射中性子のエネルギーの50％である。また、生体を構成する炭素、窒素、酸素の反跳平均エネルギーは、中性子のエネルギーの 14％，12％、11％となり水素（陽子）の場合に比べ小さい。また生体内では水が多いので水素原子も多く、結局、高速中性子の生体へのエネルギー付与は、その 70〜90％は反跳陽子を通じて起こることになる。

次に、熱化した中性子の影響を考える。熱中性子の運動エネルギーは 0.025 eV であるが、水の O–H の結合エネルギーは 463 kJ/mol、4.8 eV 程度である。このことは、熱中性子は反跳陽子を作るだけのエネルギーはないことになる。また、熱中性子の特徴は、核反応を起こしやすい（捕獲断面積が大きい）点であるが、（H，C，N，O）の捕獲断面積は小さく、核反応も起こしにくい。これらのことから、熱中性子の生体影響はふつう無視される。

ここまでで中性子被ばくについての概要が理解できたと思うが、若干、まとめておこう。まず、生体に高速中性子が照射された状況を考える。人体の大部分は水であるため、中性子の人体への影響は、水に含まれる水素との衝突が主となる（他の原子の数より水素の方が多いことも理由である）。高速中性子によりはじき跳ばされた水素の原子核（陽子）が、周辺分子の励起あるいはイオン化を通して影響を与える。反跳陽子はイオンであるので、γ 線や β 線に比較して LET は大きく、飛跡に沿って大きなエネルギーを与えることになる。このため、中性子の放射線荷重係数が大きかったのである。このエネルギー付与の機構が似ているという意味で α 線による被ばくに似ている。しかしながら α 線による被ばくは体表面、内部被ばくの場合は α 放出体が吸着した組織の表面に限られているのに対し、高速中性子によって誘起された反跳プロトンは体のいたるところで発生するので、その被ばくの影響部位が体全体に広がっていることが異なる点である。

一方、熱中性子による影響は小さい。

練習問題 13.3

次の文章は中性子被ばくについて記載されている。(　　　) 内の 1〜5 に適切な言葉を補え。

中性子の被ばくを考える場合、高速中性子と熱中性子に分けて考えることが適切である。その理由はそれぞれで生体原子との相互作用が異なるからである。まず高速中性子を考える。高速中性子は生体の構成原子と（　1　）衝突して生体にエネルギーを付与する。この場合、標的核の質量が（　2　）ほど反跳エネルギーは大きくなるが、生体内では水が多いため、生体への影響は反跳（　3　）を通じて起こることになる。反跳（　3　）は正の電荷をもつためその飛程は短く、その経路に沿って多くのエネルギーを付与する。その観点からは、アルファ線による生体影響に類似しているが、反跳（　3　）が発生する場所は生体のいたるところで発生するため、生体のいたるところで（　4　）を引き起こすことが大きく異なっている。
一方、熱中性子に関しては放射性核種が生成しやすいが、生体を構成している元素の中には実際上、放射化する元素は無く、放射化した元素による被ばくは（　5　）と考えてよい。

13－8　中性子の遮蔽

中性子は電荷をもたないので、物質の透過力が大きく、遮蔽しにくい放射線である。基本的には他の原子核と核反応させた後に遮蔽を行う。すなわち次のようなプロセスを経るのが普通である。なお、熱中性子の場合は①のプロセスは必要でない。

①中性子を減速（熱化）する
②熱中性子を断面積の大きな元素に吸収させる
③二次放射線を遮蔽する。

高速中性子の断面積はあらゆる材料に対して小さいので、遮蔽が困難である。このため、高速中性子を熱化させ、断面積の大きなエネルギー領域、つまり熱中性子にまで減速させる。こうすると、断面積が大きくなるので、効率よく熱中性子を吸収する材料を選択できる。熱中性子を吸収した原子核は核反応を起こして、二次放射線を放射することになるが、その二次放射線は中性子に比べて材料との相互作用が大きいので、遮蔽することができることになる。
熱化過程には、前述したが水素を多く含む材料が有効である。このため、水やパラフィンなどが有効である。また、コンクリートは硬化後も水分を多く含むため有効である。熱化した後は、周囲の構造物などに吸収されるが、意図的に吸収断面積の大きな材料を配置しておくことも行われる。たとえばホウ素を含有したコンクリートなども開発されている。
最後に、発生したX線あるいはγ線のような電磁波の遮蔽である。β線やα線のような二次放射線は容易に遮蔽できる。電磁波の遮蔽はすでに述べたが、中性子の減速と電磁波の遮蔽の両者を満足させるため重コンクリートが開発されている。これは、鉄や鉄鉱石などの骨材を使用した比重の大きなコンクリートのことである。γ線の質量減弱係数は材料によって変わらないことを思い出そう。
最後に、今後問題となる可能性のあるコンクリートの放射化について触れておこう。

コンクリートや重コンクリートは原子炉を建設する際には必須の素材であるが、コンクリートに含まれる鉄、コバルト、ニッケル、ユウロピウムの元素が放射化することが知られている。作業員の被ばくの可能性とともに廃炉にともなう大量の放射化したコンクリートの発生が問題になると思われる。また、実際、福島の原発敷地内には大量の汚染コンクリートが存在している。この汚染は放射化と異なり、コンクリートが多孔質体であるため、汚染物が内部に拡散していったものであるが、除染が困難で、結果として大量の汚染コンクリートが発生していることを指摘しておきたい。

練習問題 13.4　次の（　　）内の 1～5 に適切な言葉を補え。

中性子遮蔽には、（　1　）原子の存在が重要で、物質中に照射された速中性子は、物質中の（　1　）原子との弾性散乱によりエネルギーを失い（　2　）となり、そして、その（　2　）は、（　1　）やその他の元素の原子核により捕獲される。（　2　）は、吸収断面積の大きな原子核に捕獲され易いが、この場合（　3　）が放出される場合があり、中性子遮蔽には、この（　3　）の遮蔽も含めて考えなければならない。

加速器の施設等でコンクリートを使用して、中性子の遮蔽あるいは中性子と（　3　）や X 線を同時に遮蔽する場合は、ポリエチレンやパラフィン、水などの中性子遮蔽材と、（　4　）や鉄などの γ 線遮蔽材を積層させるなど併用していることがある。

遮蔽材としてポリエチレン、パラフィンまたは水等は、構造物や広範の遮蔽には不向きで、そのような場合は（　5　）構造体のみで遮蔽されているケースがほとんどである。しかし、（　5　）だけを遮蔽体として用いる場合は、その遮蔽能力が充分でないため相当の厚みを必要とし、施設の使用可能面積が小さくなる等の問題がある。

13－9　問題提起に対する考え方

日々増加している汚染水の問題を扱った。核燃料が破損したため、核分裂で生成した核分裂生成物が流入する地下水に拡散することが原因である。核燃料を冷却し続ける必要があるのは、崩壊熱のためであり、生成した放射性核種の β 線や γ 線のエネルギーが熱として発生するからである。このような放射性核種が生成するのは、中性子を ^{235}U ウランが吸収し核分裂が起こるからである。その核分裂後の核種が放射性になるのである。

結局、汚染水の増加の問題は、崩壊熱が許容できる程度まで低くなる（水で冷却する必要がなくなるという意味）必要がある。従来の使用済み燃料では、数年間冷却していた実績があるが、事故を起こした発電所でも同じと考えられる。実際、東電では冷却水の注水量を低減する検討を行っている。

13－10　おわりに

本章では汚染水問題を取り上げ、その中に含まれる放射性同位元素の種類や量について述べるとともに、核分裂生成物としてどのような核種が生成されるかについて述べた。さらに、放射化の問題とともに崩壊熱について学び、なぜ、事故後冷却し続けなければならないかについて触れた。さらに、中性子と物質との相互作用の基本を述べるとともに、中性子被ばくをどう考えたらよいか、あるいは遮蔽をどのように実施するかの基本的概念について学んだ。

参考文献

1）牧平淳智「福島第一原子力発電所事故後の取り組みと今後の計画について～滞留水の処理及び使用済燃料プールの冷却・浄化～」日本原子力学会 水化学部会 部会報 第6号（2013）
http://www.aesj.or.jp/~wchem/3gennkou%20.pdf
2）東京電力「福島第一原子力発電所における汚染水処理とトリチウム水の保管状況」トリチウム水タスクフォース（第2回）資料1（2014）
3）福島民報（2014/3/17）「汚染水処理期待外れ ALPS 試運転1年」
http://www.minpo.jp/pub/topics/jishin2011/2014/03/post_9618.html（2018年6月27日）
4）日本経済新聞（2014/9/17）「福島第1、汚染水浄化能力3倍に　東電・政府が装置増強」
https://www.nikkei.com/article/DGXLASDG1604G_W4A910C1CR8000/（2018年6月27日）
5）東京電力「海洋汚染をより確実に防止するための取り組み」平成26年度第11回 福島県原子力発電所の廃炉に関する安全監視協議会 資料1-1（2015）
6）東京電力「多核種除去設備（ALPS）」
http://www.tepco.co.jp/nu/fukushima-np/f1/genkyo/fp_cc/fp_alps/index.html（2018年6月27日）
7）東京電力「福島第一原子力発電所多核種除去設備（ALPS）の概要等」
http://www.tepco.co.jp/nu/fukushimanp/handouts/2013/images/handouts_130329_01-j.pdf（2018年6月27日）
8）東京電力「海水成分の多いRO濃縮水の処理の完了について」
http://www.tepco.co.jp/cc/press/2015/1251080_6818.html（2018年6月27日）
9）Wikipedia「核分裂反応」：https://ja.wikipedia.org/wiki/核分裂反応
10）村上悠紀雄ほか（編）『放射線データブック』地人書館（1982）
11）Nuclear Science and engineering in MIT, What is Decay Heat?,
http://mitnse.com/2011/03/16/what-is-decay-heat/（Accessed 2018 Jun. 27）
12）田中俊一「福島第一原子力発電所事故について―原子炉の立場から―」日本物理学会主催シンポジウム（平成23年6月10日）「物理学者から見た原子力利用とエネルギー問題」講演資料2（2011）
13）吉田正「崩壊熱」『炉物理の研究』日本原子力学会・炉物理部会会報，第64号（2012年3月）
14）田中俊一「福島第一原子力発電所事故の展望と環境放射能に係る課題」*Jpn. J. Health Phys.*，Vol. 46，No. 3，pp. 205-209（2011）
15）日本原燃「再処理工場の全体行程」
https://www.jnfl.co.jp/ja/business/about/cycle/summary/process.html（2018年6月27日）
http://www.jnfl.co.jp/business-cycle/recycle/process1.html
16）東京電力「中長期ロードマップについて」（2011年10月3日）

17）I. C. Gauld and B. D. Murphy, "Technical Basis for a Proposed Expansion of Regulatory Guide 3.54- Decay Heat Generation in an Independent Spent Fuel Storage Installation," United States Nuclear Regulatory Commission NUREG/CR-6999 ORNL/TM-2007/231（2010）
18）日本原子力研究開発機構の核データ研究グループ「核構造・崩壊データ」JENDL-3.3，1-H — 1 Fig. 1, http://wwwndc.jaea.go.jp/j33fig/jpeg/h001_f1.jpg（2018 年 6 月 27 日）

章末問題

次の（　　）内の 1～12 に適切な言葉を入れよ。

1. 核分裂生成物は約 100 種程度の核種があり、その質量分布をとると二つのピークが現れる。それぞれ質量数で（　1　）と（　2　）のあたりであり、それぞれその収量は約（　3　）％程度である。
2. 中性子による放射化を考える。最も高い放射能をもつ核種は、照射時間が半減期の（　4　）倍程度の核種であり、半減期の 4 倍程度照射すると飽和値の約（　5　）％程度の放射能となる。放射能は核子数と比例関係にあるので、核子数と言い換えても良い。
3. 崩壊熱は、放射性核子の（　6　）線、（　7　）線が熱になることによって起こる。
4. 高速中性子の減速に関して、効果的な減速材としては（　8　）を多く含む材料が望ましい。その理由は、（　8　）が最も効率よく中性子を減速することが理由である。
5. 中性子の被ばくに関して、生体高分子のなかの（　9　）との衝突が主となる。その結果生じた反跳した（　10　）がその飛跡にそって強いイオン化を引き起こすことにより、生体に影響を引き起こす。
6. 高速中性子の遮蔽は、基本的に 3 段階に分けて行われる。まず中性子を（　11　）させ、断面積の大きな熱中性子にする。その後、核反応を起こさせて、二次放射線を遮蔽するのである。この減速材としては、水素の多い、パラフィンやコンクリート、（　12　）が有効である。

第 14 章

防護量と実用量

—シーベルトにもいろいろ種類がある—

14－1　はじめに

放射線レベル（強度）を表す表示として、シーベルト（Sv）が使われている新聞記事等を紹介してきたが、この単位はそもそも何であろうか？　実効線量のようにも思われるが、実効線量なら、臓器の吸収線量に、放射線荷重係数と組織荷重係数を乗じて、各臓器の総和を求める必要があった。ここでは、実用量という概念を導入して、管理に利用されていることを理解することにする。次の問題提起を読んでみよう。

問題提起　「ガンマ線とベータ線のシーベルトは異なるのか？」

19日の夜、福島第一原子力発電所で、高濃度汚染水の漏えいが発生した。タンク上部のフランジより漏えいしており、これは雨樋を通って、堰の外へ流出していた。（たとえば2014年2月22日、財経新聞15時21分、NHK NEWS WEB 5時48分、2014年2月20日、産経新聞12時25分、配信等）

漏えいしている水の表面線量率は、70 μm 線量当量率は 50 mSv/h（ベータ線）、1 cm 線量当量率は 0.15 mSv/h（ガンマ線）だった。（あるいは“ベータ線で毎時50ミリシーベルト”の記載）漏洩は、20日午前5時40分に弁を閉じると停止した。

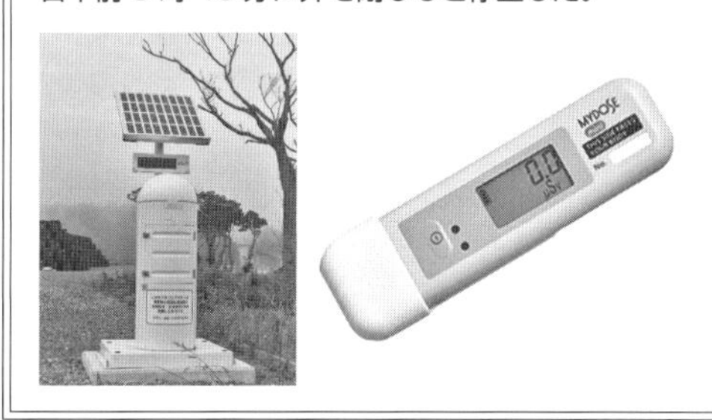

■ ポケット線量計をモニタリング・ポストと同じところに置いていても表示が違う……？

ここで、水の表面線量率が 70 μm 線量当量率（ベータ線）と 1 cm 線量当量率（ガンマ線）という記述がある。これはどういう意味であろうか？　通常は線量率 Sv/h の単位で表現されていたが、この新聞では線量当量率という言葉と、その前に、70 μm と 1 cm という記述がある。その両者での違いは何であろうか？　また、その後の括弧内に、ベータ線とかガンマ線とかが記載されている。今回は、記事の汚染水漏洩ではなく、この線量率の意味について考えていく。注意しておかねばならないことは、実効線量、あるいはそれを基にした、線量限度との関係である。この関係はどうなっているのであろうか？　ここを明確にしておかなければ、これまで述べてきた管理の問題等に支障をきたすことになる。本章では、ここについて述べることにする。

14－2　実効線量

あらためて、実効線量について考えてみよう。実効線量は（14-1)式に示すように、各組織ごとの吸収線量（場合によってはカーマ）に放射線荷重係数を乗じて（その組織の）等価線量を求める。次に求めた組織ごとの等価線量に組織荷重係数を乗じ、それぞれを合計して体全体として実効線量にするのであった。被ばくする放射線が1種類しかないとすると、次式で表されることになる（放射線の種類が2種類以上であれば、それぞれの放射線の寄与を加算する必要がある）。

$$実効線量 = \Sigma_i \Sigma_j（吸収線量 \times 放射線荷重係数 i \times 組織荷重係数 j） \quad (14\text{-}1)$$

ただし i は放射線の種類、j は各組織を表す。

場合によっては組織ごとの吸収線量が異なることがあるが、その場合は組織ごとに吸収線量を評価する必要がある。

この求めた実効線量は線量限度との大小関係で、障害のリスクを評価するものなので、実際に各個人の管理をするのに大変重要な値である。ただし、単位はSvで求められ、確率的影響についての評価であったことに注意しておこう。このため、この値を用いてがんの発症リスクや遺伝的影響等を議論するのである。

では、実際に、実効線量を求めることを考えよう。ここで問題にぶつかる。実効線量の計算には、各組織、たとえば肝臓や肺、胃腸の吸収線量が必要となるが、それらの吸収線量はどのようにすれば求まるのであろうか？　つまり体内に存在するこれらの組織の吸収線量はどうやって求めたら良いのであろうか？　またある大きさをもつこれらの臓器のどこを測定すると、その組織の吸収線量になるのであろうか？　代表点を決める必要があるが、その測定の値がその固有の臓器の吸収線量であることを担保する必要があり、実際、そんなことは可能であろうか？　さらに、それらの複数の吸収線量を、同時に測定する必要がある。時間差があると、その時点での実効線量とは言えないことになるからである（福島での被ばくの場合は、測定の同時性はあまり重要ではないかもしれないが)。このように考えてくると、重大な問題に行き当たる。「管理すべき値そのものが測定できない」のである。

この実効線量は、実際上計測は不可能なので、計算機シミュレーションで求められている。計算機の中で人体の数学ファントム（模擬人体）を作り、いろいろな被ばく条件で、いろいろなエネルギーの放射線（本章では γ 線を考えている）を計算機上で照射する。その際のそれぞれの臓器の吸収線量を求め、放射線荷重係数を乗じて等価線量を求める。この求まった等価線量に組織荷重係数を乗じて、総和を求めて実効線量を評価することを行う。

図 14-1 に具体的な各照射条件とそれらに与えられた名称を示してある。たとえば、

1）前から当たった時（AP 条件：anterior-to-posterior）
2）後ろから当たった時（PA 条件：posterior-to-anterior）
3）左側面から当たった時（LLAT 条件：left-lateral）
4）右側面から当たった時（RLAT 条件：right-lateral）
5）水平方向の周囲 360° から当たった時（ROT 条件：rotation）
6）上下水平方向含め，あらゆる方向から当たった時（ISO 条件：isotropic）

である。ただし、図では照射の概要を示すことが目的なので、LLAT 条件と RLAT 条件は LAT 照射として示している。LLAT と RLAT は容易に類推できるであろう。

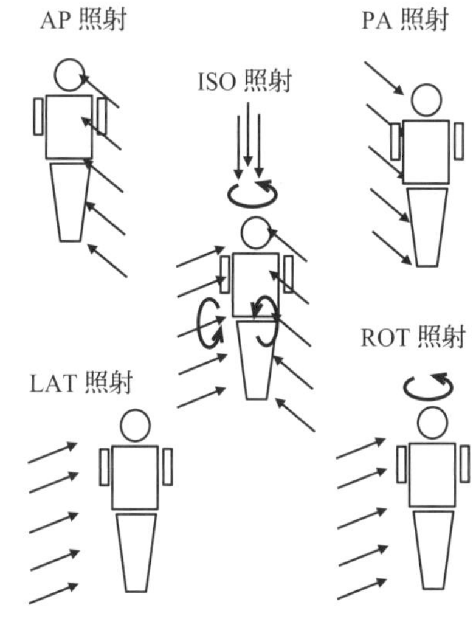

図 14-1　数学ファントムにおける照射条件

計算はモンテカルロ法と呼ばれる乱数を利用した手法で、人体に入射した放射線の挙動を逐次追跡し、各臓器・組織に与えられるエネルギーに基づいて臓器線量を計算する方法である[1)]。

このように照射条件を考える理由は、人間の臓器の不均質性にある。臓器の位置が対称でないので、照射方向によって、吸収線量が変化するのである。この計算を実行することにより実効線量を、照射方向や放射線のエネルギーを変化させ、1 Gy（吸収線量あるいはカーマ）のエネルギーを吸収した際の実効線量を求めるのである。

実際の計算結果を図 14-2 に示した[2)]。シミュレーションの結果から、「前方からの実

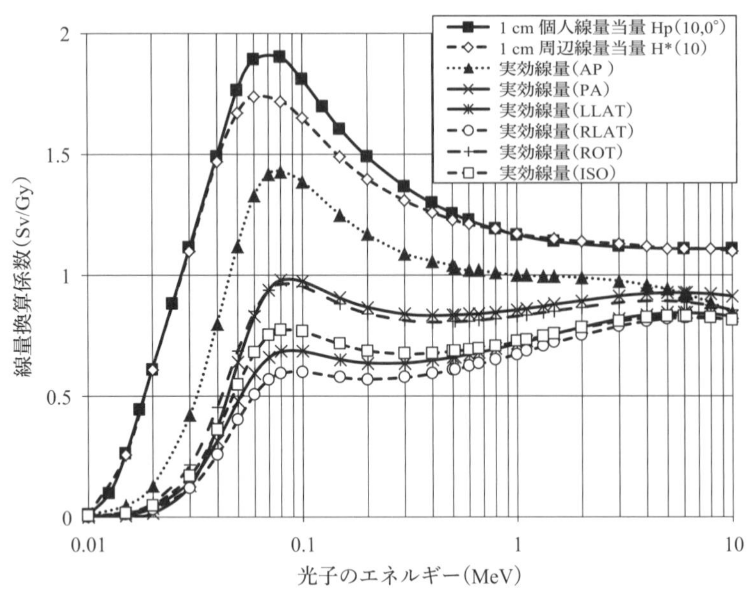

図 14-2　光子エネルギーに対する実効線量（照射条件によって実効線量は異なる）[1),2)]

＊文献 1）と 2）を参考に著者作成。

効線量（AP）」が大きいことがわかる。正確に実効線量を求めるためにはこのようにして求めるのであるが、このようにして求められた実効線量を管理に使えるであろうか？このような複雑な手順を踏んでやっと求められるような値をもって管理するのは大変不便であるし、実際的でない。また、このような計算を実施できる施設や管理者も限られているであろう。ではどうしたらよいのであろうか？

この問題を解決するために、実用量という概念が導入された。実際に測定できる量を「実用量」、また、実効線量（等価線量、臓器線量）のように放射線防護の観点から重要であるが、求めることが困難な量を「防護量」と言っている。これらのことを次節で述べることにする。

14－3　個人線量当量

前節では、防護量である実効線量の実測の困難さと、これを実際に求めるためには、計算機シミュレーションが必要であることを述べた。では管理するためにはどうしたらよいのであろうか？（あるいは福島で除染作業する作業者やボランティアの実効線量をどのように推定するのかという問題でもある）。

この問題に答えるため、国際放射線単位測定委員会（ICRU：International Commission on Radiation Units and Measurement）は、外部被ばく管理のための実用的な測定量を定義したのである。それが 1 cm 線量当量（周辺線量当量：後述）である。なお ICRU は防護のための委員会 ICRP（国際放射線防護委員会）と密接な関係をもっている組織である（注：ここでは論理の展開上、1 cm 個人線量当量についてまず述べる）。

さて、実効線量に代わる測定可能な測定量としては、次のような特徴をもっている必要があると考えられる。

・一点のみで線量を決めることができる
（逆にいうと、どこを測ったら実効線量と同等か？　に答えることである）
・安全側で管理するため同一被ばく条件では実効線量より常に大きな値を示すこと

これらの条件を満足する測定量として 1 cm（個人）線量当量、$Hp(10)$ が決められている（単位は Sv）。これは、実効線量の代替（あるいは代表）となる組織はどこか？の答えが、「体表面から 10 mm の深さの組織」ということである。これは次のことを考えると理解できる[2)]。

1）人体の深い位置よりも浅い位置の方がたくさんの放射線を受ける。
2）体表面から 10 mm にある組織は大半の臓器のある位置より浅い場所にある。

したがって、体表面から 1 cm の深さにある組織の線量は常に実効線量より大きい値を示すが、実効線量に近い値になっているはずである。このため体表面から 1 cm の深さの組織での線量（1 cm 個人線量当量）を実効線量の代替とするのである。このことは、後にあらためて議論する。なお 1 cm 個人線量当量は個人線量計で測定するが、個人線量計から実効線量を推定するためのものとも考えられる。
似通った言葉がたくさんでてきて、辟易するかもしれないが、1 cm（個人）線量当量と実効線量の関係をここでは理解しておこう。つまり、

1 cm（個人）線量当量 ＞ 実効線量

なので、ここでは個人の被ばく管理に 1 cm（個人）線量当量を使えば安全側であるということと、実効線量は測定できないという現実を理解しておけば良いだろう。
実用量の個人線量等量は、1 cm（10 mm）だけでなく、70 μm（0.07 mm）でも定義されており、$Hp(0.07)$ と記載される（単位は Sv）。これは皮膚の等価線量とみなされている。思い出してみよう。実効線量（確率的影響を防ぐために使用する）のみならず、確定的影響を防ぐために皮膚の等価線量の線量限度も定義されていた（作業従事者では年間 500 mSv、一般公衆では年間 50 mSv）。このため、皮膚の等価線量も評価する必要があるのであるが、皮膚表面から 70 μm の深さの測定量を皮膚の等価線量と定めたことに相当する。この深さが選ばれたのには、以下に示すような理由がある。人間の場合、皮膚表面から 0.07 mm の深さまでは死んだ細胞組織であるので、放射線の影響を

受ける部位で最も大きい線量を受ける組織は、「生きている細胞が存在する部位で体表面に最も近い組織」と考えられ、この部位を皮膚線量を代表する部位として定めたのである。なお、目の水晶体に対しても等価線量限度が定められているが、法令の改訂に伴い、Hp(10) かあるいは Hp(0.07) の適切な方（大きな値が示される方）で代用する。

個人線量当量は、一般的に Hp(d) と記載され、d が深さを意味している。つまり 1 cm 個人線量当量は Hp(10) と記述され、実効線量としてみなされ、70 μm 個人線量当量は Hp(0.07) と記載され、皮膚の等価線量としてみなされるのである。

なお、個人線量当量を測定するには個人線量計を使用するが、線量計の読み取り値が Hp(10) や Hp(0.07) を示すようになっている。このように個人線量計が指示するには、そのように校正をしているからであり、校正は次のようにしている。

ICRU が定めた 30 × 30 × 15 cm のスラブファントム（平板で人体組織を模擬した材料で作った模型）の中央表面に測定器を置いて、平行ビームを用いて行う。この時の測定値が、1 cm（70 μm）線量当量となるように校正する。つまり表面に置いておきながら、1 cm（70 μm）の深さの線量になるように目盛を振り直すのである。1 cm（70 μm）の深さの線量は、計算機で求めておき、線量計の目盛を校正する作業を行う。なお、スラブファントム（ICRU スラブ）を使った場合、ビームの反射や散乱で角度依存性が出てくるので、平行ビームがファントムに垂直に入射した場合を 0° として、入射角度 α を定めた量 Hp, $slab(d,\ \alpha)$ が定義される（d は深さ）。校正には Hp, $slab(d,\ 0°)$ を利用して校正することになる。

図 14-2 をあらためて見てみよう。この図の中に、1 cm 個人線量当量 Hp(10, 0°) もプロットされている。これはスラブファントムで、垂直にビームが入射したときの、1 cm 個人線量等量である。この値は、常に実効線量より高くなっていることがわかる。つまり、安全側に評価するようになっているので、この値をもって実効線量の代わりにしても良いことになるのである。

練習問題 14.1

個人線量について述べた文章である。(　　　) 内の 1〜6 に適切な言葉を入れよ。

実効線量は測れない量で、推定するのも簡単ではない。そこで、代用できる測定できる量としてとして定められたのが（　1　）である。放射線防護という目的を考えると、安全側である必要があり、個人線量（　2　）実効線量である必要がある（不等号を入れる）。

ICRU は、人体個人の線量測定に対応する測定量として、人体表面の着目点からの深さ d mm の位置での線量値、個人線量 Hp(d) を定義した。対象組織ごとに深さに対応して（　3　）および（　4　）と表される。

我が国では、放射線防護上使用される計測量は、一般に、空間線量も、人の被ばく線量も、（　5　）（実効線量に対応）および（　6　）（皮膚の等価線量に対応）と呼ばれ、それぞれ適切な測定器、あるいは測定方法により直接測定される。

14－4　周辺線量当量

個人線量当量以外にも定めておきたい実用量（測定可能な量）がある。それは放射線場の強さの「空間線量」あるいは「空間線量率」である。その理由は、その場の空間線量率がわかれば、その場所での滞在時間を乗ずることにより、個人の実効線量を推定できることになるからである。こうすることによって、個人線量計を携行していない場合でも、被ばく線量を類推することができるのである。この手法は簡便であるため、福島で一般公衆に対して使用されている。ただし、注意しておくことは、ここでいう「放射線の場の強さ」は、実効線量を類推するために利用するもので、空気の吸収線量や照射線量と定義が異なることを理解しておく必要がある。

この観点から、その場所の放射線の強さを表す量として周辺線量当量と方向性線量当量が定義されている（単位はSv)。周辺線量当量 $H^*(d)$ は、γ 線やX線や中性子など透過性の強い放射線に対する実効線量の場の測定量として使用される。

一方、方向性線量当量 $H'(d, \alpha)$ は、軟X線や β 線のような透過性の弱い放射線による皮膚、末端部（手足など)、眼の水晶体の被ばく管理に使用される。個人線量当量と同様に d は深さ、α は入射角を意味している。透過性の低い放射線では、入射方向によって検出器の感度が変化するために必要になる。(後述)

記述記号は、$H^*(d)$ や $H'(d, \alpha)$ であり、個人線量当量の $H\mathrm{p}(d)$ と区別する。また、「空間線量」とは、1 cm周辺線量当量を意味するとされている。

ここで次のことに注意しておこう。同じ呼称「1 cm線量当量」であるにもかかわらず、周辺線量当量 $H^*(10)$、方向線量当量 $H'(10, \alpha)$、および個人線量当量 $H\mathrm{p}(10)$ の3種類があることになり、それぞれ定義が異なる。これらを区別するためには記載された記号から判別する必要がある。また、それぞれの値が等しいとは限らないことにも注意を払っておこう。詳細な周辺線量当量 $H^*(10)$、方向線量当量 $H'(10, \alpha)$ の定義は後述するが、図14-2からは、$H\mathrm{p}(10, 0°)$ が最も評価値が大きく、$H^*(10)$ が続き、実効線量（AP）が続く。つまり、周辺線量当量で実効線量を推定した場合、個人線量当量で評価した場合より低い値となることを理解しておく必要がある。

さて、具体的な定義を見てみよう。1 cm（周辺）線量当量 $H^*(10)$（1 cm個人線量当量 $H\mathrm{p}(10)$ とは異なる）は、空間線量の測定値（1 cm周辺線量当量）から実効線量の代替とするものである。これは人体組織を模擬した物質で作られた直径30 cmの球体（「ICRU球」と呼ぶ）の表面から1 cmの深さの場所での線量として定義される（1 cm個人線量当量と定義そのものが異なることに注意しよう）。ここで、特殊な仮定を置く。つまり、①拡張場、②整列場である。

まず拡張場であるが、放射線場として測定点を含むある空間内のどの点の線量（率）もすべて等しい（拡張化）と仮定するのである。つまり、放射線場がその点の近傍で一様である（拡張化）とする。たとえば頭とつま先とが同じであると考えることである。こう考えておくと、空間の一点で測定した値が、人体全体で同じであると考えても良い

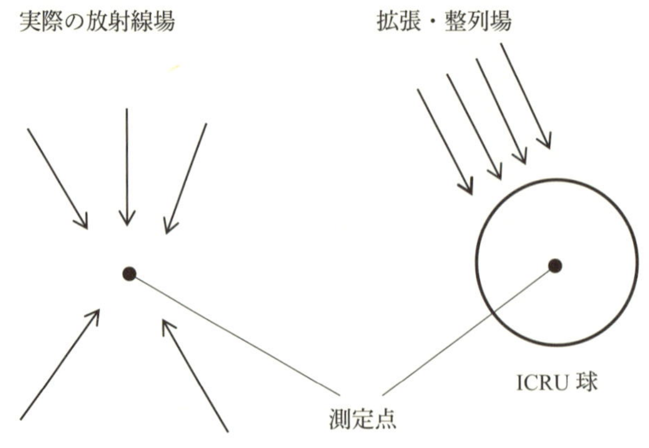

図 14–3　拡張整列場の概念[3)]

ことになる。

次に整列場である。実際、放射線はあらゆる方向からやってくると考えられるが、すべて一方向にそろってやってくる（整列化）という仮定である。これは、透過性のよい放射線であるならば、あらゆる方向からやってくる放射線は同じように検出器に入り、同じように測定されるであろう。このため、それらが特定の方向からやってくると仮定しても、現実とそれほど乖離していないだろう。

周辺線量当量の定義では、この拡張整列場を仮定している。このような場に ICRU 球をおいた時、周辺線量当量として定義されている。図 14–3 にその様子を示した[3)]。図左のような放射線場であるが、拡張整列化して図右のような放射線場と等価であると仮定するのである。そして、ICRU 球の表面から 10 mm の位置での線量をもって $H^*(10)$ とするのである。

実効線量と 1 cm 周辺線量当量を比較して後者の方が常に大きいことをあらためて確認しておこう。図 14–2 を見てみよう。この図の中には、1 cm 周辺線量当量も描かれており、常に実効線量より高い値を示していることが理解できる。なお、この曲線も実際は計算機シミュレーションで求められたものである。また、空気吸収線量（あるいは空気カーマ）との比較では、^{137}Cs（光子エネルギー 0.66 MeV）では、1.2 であるので、1.2 Sv/Gy となる。つまり、この点での空気の吸収線量（あるいはカーマ：第 15 章）がわかれば、それを 1.2 倍すれば、1 cm 周辺線量当量 $H^*(10)$ が求まることになるのである。複雑ではあるが、結局、測定は空気の吸収線量を求めて、それを周辺線量当量に換算するのである。その線量計は、ICRU 球の表面に置いておき、その表示が 1 cm の深さの線量となるように校正し、直読して $H^*(10)$ になるようにするのである（1 cm 個人線量当量でも同じことをしていた）。

では、なぜ、このような球で定義するのであろうか？　これは、人体による散乱（後方散乱）と吸収を模擬し、周辺線量当量で近似しようとしたためのものである[4)]。しかしながら、実際は、この ICRU 球を使った実測は行われておらず、結局、計算機シミュレーションで線量当量換算係数を導出している。上述の 1.2 Sv/Gy がそれである。

1 cm 線量当量以外にも、70 μm にも線量当量が定義されている。図 14-4 に光子のエネルギーごとに求められた、照射線量から（吸収線量ではない）70 μm 線量当量への換算係数を示してある。1 cm 周辺線量当量と比較して示してあるが、エネルギーの低い側では、70 μm 周辺線量当量の方が大きくなっている。これは 10 mm の深さでは、エネルギーの低い光子は遮蔽されてしまうことが理由である。

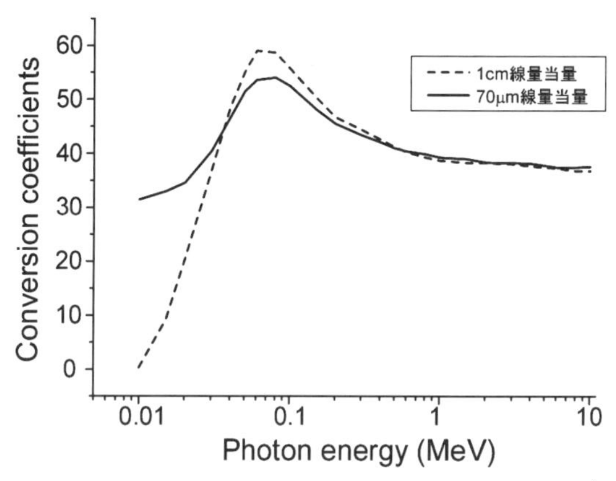

図 14-4　照射線量から 70 μm 線量当量への換算係数[8)]

＊出典：森下雄一郎「周辺および個人線量当量標準の設定に向けた調査研究」
産総研計量標準報告書，Vol. 6，No. 4，p. 215（2007）より転載。

強透過性放射線空間線量の測定でも、方向依存性の良好な測定器が存在するので、測定器をいろいろな方向に向け、その指示値が最大となる方向からすべての放射線が来ると解釈するのである（透過性の良い放射線でも、方向依存性は存在することが理由である）。

練習問題 14.2

原子力規制委員会は 11 日、住民の被ばく線量の評価を空間線量からの推定ではなく、個人線量計を用いて評価するとの見解を示したと新聞各紙は報じた（たとえば、東京新聞 2013 年 11 月 13 日、日経新聞 2013 年 11 月 12 日など）。しかし個人線量計による表示は空間線量からの推定値より低く出ることが明らかになったため、議論が巻き起こった。

個人線量計を採用する是非を、以下の情報を参考に、根拠とともに議論せよ。（どちらが正しいかという問題ではありません。個人の意見を確立するための設問です。根拠をしっかりとして、論理展開してください）

1）個人線量等量は空間線量の約 0.7 倍である[*1]。

2）「1 日のうち屋外で 8 時間、屋内（木造家屋の遮蔽による低減係数 0.4）で 16 時間過ご

第14章

す」と仮定して計算し、空間線量 0.23 μSv/h を追加被ばく線量 1 mSv/年の基準としている[*2]。

問題のポイント

① 1 cm 個人線量当量と 1 cm 周辺線量当量を比較すると、前者の方が低く見積もられることになる。従来は周辺線量当量から計算した値で避難等を判断していた。

② 1 日の過ごし方の基本の、8 時間屋外、16 時間屋内の妥当性に疑問を投げかけたことにもなる。

注意：
本章 14-2 からは $Hp(10)$ の方が $H^*(10)$ より高くなるはずであるが、実験結果は逆であった。拡張整列場の仮定が厳密には成立しなかった事が理由と考えられている。

参考：

＊1 (独)放射線医学総合研究所,(独)日本原子力研究開発機構、東京電力㈱福島第一原子力発電所事故に係る個人線量の特性に関する調査　NIRS-M-270（2014）

＊2 吉田定昭，除染基準 0.23 μSv/h は本当に年間 1 mSv なのか？　Isotope News Vol. 2, No. 718（2014）46-49

14－5　方向性線量当量

次に、方向性線量当量（$H'(d, \alpha)$）について若干、触れておく。これは β 線やエネルギーの低い X 線などの透過力の弱い放射線による線量当量である。簡単のために拡張整列場を考えよう。

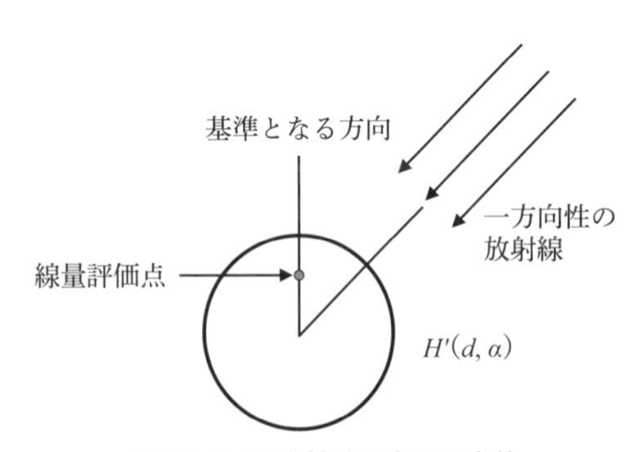

図 14-5　方向性線量当量の定義
＊ ICRP　Pulb74 を参考に著者作成。

図 14-5 に示すように ICRU 球を考え、一方向からくる放射線のなす角が α で、表面より d mm の深さの線量を方向性線量当量（$H'(d, \alpha)$）と定義する[5)]。透過性の弱い放射線を想定しているので、通常、$d = 0.07$ mm で定義することが多い。また、$\alpha = 0°$

の場合は、周辺線量当量 $H^*(d)$ の表示と等しいことになる。

$H'(d, \alpha)$ は α の方向からくる放射線の線量当量であるが、なぜ α を考えないといけないのであろうか？　図 14-6 に β 線の蛍光ガラス線量計の感度の方向依存性を示す[6)]。正面からくる β 線に比較して、放射線の入射角が 0 度からずれるにしたがって、感度が低下していくことが理解できる。これは、検出窓をもっていることが大きな理由で、基本的に前方からの放射線を計測するようになっている（後方からの放射線は測定できない）。

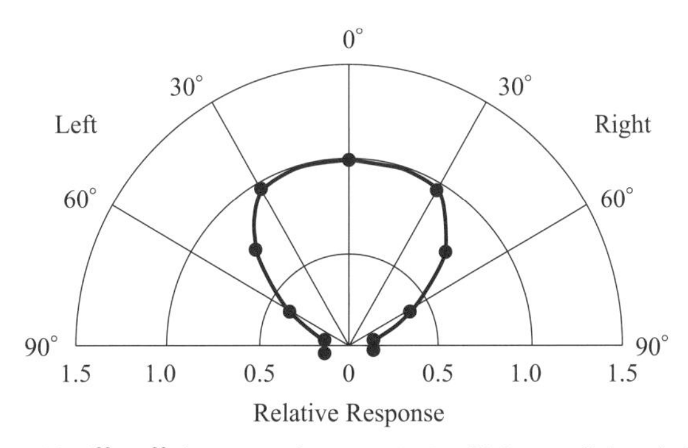

図 14-6　β 線（^{90}Sr–^{90}Y）による水平面における検出器の感度の方向依存性[6)]

これが理由で、入射角 α を定義する必要があるのである。ただ問題は、実際のところ現場では入射角 α は特定できない。このため、通常は、測定器を回転させ、線量が最大になる角度を見つけて，その最大値を使うのである。方位角は任意性をもっているため、α の値そのものについては特に注意を払わない。このため、実際上、方向性線量当量は放射線の防護の現場で用いられることはないが[7)]、この値は線量計の角度依存性を示していることになる。ここで、実用量の記載方法を表 14-1 にまとめておこう。以下のようになっている。

表 14-1　各種線量当量の記載方法

	記　述	対　象	定　義
個人線量当量	$H\mathrm{p}(d)$	個人モニタリング	ICRU スラブ
周辺線量当量	$H^*(d)$	環境モニタリング	ICRU 球
方向性線量当量	$H'(d, \alpha)$	環境モニタリング	ICRU 球

第14章

練習問題 14.3

以下は放射線防護上使用される計測線量の定義である[4)]。（　　　）内の 1〜3 に適切な言葉とそれを示す記号を入れよ。

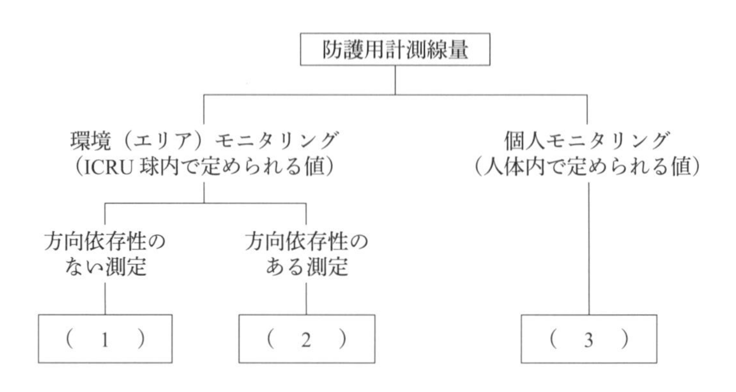

ヒント：周辺線量当量、方向性周辺線量当量、個人線量当量

14－6　物理量、防護量、実用量

いままでの説明で、いろいろな新たな線量の定義が出てきた。それぞれは各節で説明してきたが、ここではそれぞれの関係を整理しておこう。

まずある放射線が存在する場を考えよう。放射線場を特徴づけるのは、放射線の種類、エネルギー、方向、フルエンス、あるいはそれらの時間変化である。これらが放射線場を規定する物理量である。さらに、これらから派生する吸収線量（あるいはカーマ：第 15 章参照）、吸収線量率なども放射線場を規定する「物理量」である。これらは物理的に明確に定義されている。ところが、これらの物理量が放射線防護の指標とされているのではなく、放射線の生物学的な影響を考慮し、被ばく限度と比較するための量として実効線量や等価線量が導入された。これらが「防護量」である。具体的には、実効線量限度や等価線量限度として上限を法令で定め、放射線防護に利用されている。等価線量は皮膚や目の水晶体に関わる線量限度であった。しかしながら、防護量には問題があり、実測ができない量なのである。実際は、人体形状のファントムを用い数値計算で実効線量は求められていた。このようなプロセスを経た防護量で、実用的な管理はできないので、防護量を推定、あるいは代替するために導入された測定可能量が「実用量」である。

実用量としては、周辺線量当量や方向性線量当量、個人線量当量があった。これらは、ICRU 球やスラブファントムを用いて、これらの実用量を直読できるように測定器を校正する。測定器は、球やファントムの表面に置いておき、ファントムの表面より 10 mm あるいは 0.07 mm の深さの位置の線量を推定して、周辺線量当量や個人線量当量としている。測定器で測定しているのは、ファントム表面の空気吸収線量（あるいは空気カーマ）であるが、ファントム内の上記深さの位置の値に校正する。この校正が問題で、深さの位置の線量の推定には、計算機シミュレーションが必要なのである。このように校正された実用量を測定するのである。

実効線量は、照射条件やファントムの体格で変わってきてしまうが、周辺線量当量や個人線量当量は、体系と照射条件が決められているため、エネルギーにのみ依存することになる。しかも、常に実効線量より高い値を示すので、管理には適している。さらに、体系が決められているために、エネルギーが決まれば、線量当量換算係数が一義的に求まるのである。そこで、たとえば、1 cm 線量当量は、その場の物理量たとえば空気カーマを測定し、それに線量当量換算係数を乗ずることによって求めることができるようになるのである。結局、実用量も実際は測定できないが、物理量の測定から求めることができるため、管理に利用できることになる。

図 14-7 に上記、物理量、防護量、実用量についてまとめた。

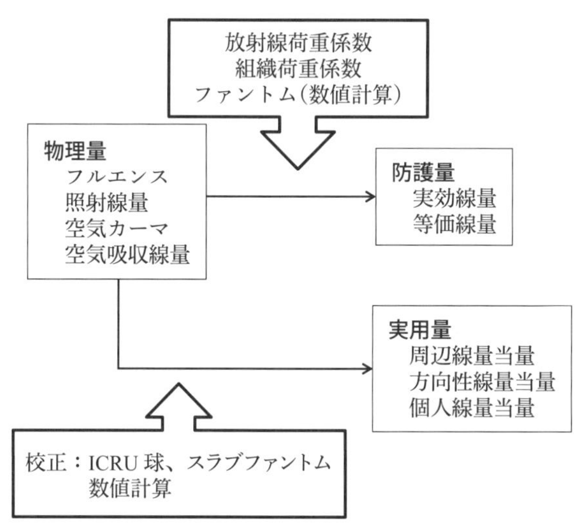

図 14-7　物理量、防護量、実用量の関係

練習問題 14.4

以下は防護量、実用量の関係について述べた文章である。（　　　）内の 1〜8 に防護量あるいは実用量いずれか適切な言葉を補え。なお、（　8　）のみには単位を入れよ。

放射線防護に用いている線量計測の単位には、物理系の基本単位と外部被ばく線量を身体諸臓器について、コンピュータを用いる計算機手法で求めた実測不可能な（　1　）、および、この（　2　）を測定器で安全側に測定するための（　3　）がある。

なお、「放射性同位元素による放射線障害の防止に関する法律」等に記載される線量は

第14章

（　4　）である。（　5　）は、サーベイメータで（　6　）を安全側に測定・評価できるようにサーベイメータの特性を変え（エネルギー特性を告示別表第5等に合わせる）、（　7　）を安全側に評価できるようにした実用的な測定器による計測量である。なお、防護量も実用量も単位は（　8　）である。

＊出典：原子力百科事典 ATOMICA「外部被ばくに係る防護量と実用量」（09-04-01-19）

ここで冒頭の「70 μm 線量当量率は 50 mSv/h（ベータ線）」と「1 cm 線量当量率は 0.15 mSv/h（ガンマ線）」が理解できるようになった。いずれも実用量の 70 μm 線量当量 $H^*(0.07)$ と 1 cm 線量当量 $H^*(10)$ とを意味していたのである。実際は実用量を測定するように校正しているサーベイメータの目盛を読んだのであろう。また、括弧内の γ 線、β 線も理解できよう。特に、70 μm 線量当量は皮膚の等価線量であるが、透過力の低い β 線が重要な意味をもつ（70 μm 線量当量率は方向性線量当量の $H'(0.07,\ 0°)$ を意味していることもあり得る）。

この辺りを考えながら以下の質問を考えてみよう。新聞に記載されている単位系の全体像が見えてきただろうか。

練習問題 14.5

空間線量を Sv で記載している新聞が多いが、実効線量であるならば、各組織の吸収線量を測定し、組織荷重係数を乗じて、総和を取る必要がある。しかしこの場合、そのような手順は踏んでいるとは思われない。新聞記事で記載される、Sv はどんな線量であるか、説明せよ。

14－7　問題提起に関する考え方

1 cm 線量当量（単位は Sv）のような実用量について扱った。実効線量のような線量を防護量といい管理すべき線量であるが、実際問題として、実効線量は測定ができないのである。この問題を解決するために、実効線量とごく近い値であるが、実際より若干高い値が示されるような計測器あるいは線量を定義している。これが 1 cm 線量当量であり、実用量である。これらの値が直読できるようになっている測定器が個人線量計あるいはサーベイメータである。いずれも単位は Sv あるいは Sv/時である。

実効線量の計算には人体内部の臓器の被ばく量（臓器線量）の把握が必要であるが、その推定は容易でない。このためこの推定のために、ファントムを用いる。ファントムとは生体の模型のことである。実際は、章の冒頭の写真で示したような模型ではなく、計算機内に作った数学ファントムである。計算機でモンテカルロ法と呼ばれる方法を用いて臓器線量を推定している。しかしこの計算は煩雑であるため、実用的な数値を判断基準としている。これが実用量である。

14－8　おわりに

本章では新聞に頻繁にでてくる単位であるシーベルト（Sv）について検討した。放射線管理には防護量である実効線量が重要であるが、これは実測不可能である。このため測定可能な実用量が導入された。しかしながら、これらも実際は測定が困難かあるいは実質上不可能であるため、計算機シミュレーションで実用量を求め、別途求めた防護量（実効線量）と比較し、実用量の方が常に高い値を示すことにより、放射線管理に使うことになった。しかしながら、実用量にも大きな利点があり、一度、線量当量換算係数を求めておけば（計算機シミュレーションによって）容易に、線量当量を計算できるのである。このため、サーベイメーターには、この換算した値を表示しているものがあり、直読することで、実効線量の代替となる周辺線量当量を求めることができるのである。

参考文献

1）日本アイソトープ協会（訳）『ICRP Publication 74　外部放射線に対する放射線防護に用いるための換算係数』（1998）
http://www.icrp.org/docs/P74_Japanese.pdf
2）Conversion Coefficients for Radiological Protection Quantities for External Radiation Exposures, ICRP Publ.116（2010）
http://radon-and-life.narod.ru/pub/ICRP_116.pdf
3）村上博幸「周辺線量当量と個人線量当量─二つの 1 cm 線量当量─」『放計協ニュース』, No. 2，放射線計測協会（1988）
4）原子力百科事典 ATOMICA「1 センチメートル線量当量」（09-04-02-06），
http://www.rist.or.jp/atomica/data/dat_detail.php?Title_No=09-04-02-06（2018 年 6 月 27 日）
5）原子力百科事典 ATOMICA「被ばく管理のための種々の線量」（09-04-02-05），
http://www.rist.or.jp/atomica/data/dat_detail.php?Title_No=09-04-02-05（2018 年 6 月 27 日）
6）石川達也，村上博幸「蛍光ガラス線量計の基本特性」*JAERI-Tech*，pp. 94-034（1994）
7）飯田博美（編）『放射線概論』通商産業研究社（2004）
8）森下雄一郎，「技術資料：周辺および個人線量当量標準の設定に向けた調査研究」『産総研計量標準報告』Vol. 6，No. 4，p. 215（2007 年 12 月）

章末問題

つぎの文章の（　　　）内の 1～14 に適切な言葉を補え。

・放射線線量限度の、たとえば 1 mSv/年があるが、これは基本的に（　1　）である。

この管理をするためには、測定する必要があるが、（　1　）は測定の不可能な量である。このような測定が不可能であるが、放射線防護の観点から重要である量は、（　2　）と呼ばれる。（　2　）には（　1　）や（　3　）がある。

・（　2　）は測定ができないので、それに代わる測定可能な（　4　）が定められている。この（　4　）には（　5　）、（　6　）、個人線量当量がある。（　5　）は特に透過力の強い放射線に対して定義されており、拡張整列場に ICRU 球を置き、表面からの深さで定義され、（　7　）と表記される。特に、10 mm の深さに対しては、（　8　）と呼び、この値を直読できるようになっているのが γ 線用サーベイメーターである。また皮膚の等価線量は記号で表記すると、（　9　）で定義されている。

・（　10　）や（　11　）など、透過性の低い放射線は入射方向で線量当量が変化するので、（　6　）H'(d) が定義されている。（　1　）とは関係はなく着目する組織の（　3　）に対応する。

・個人の線量測定に関しては、（　12　）が定義されており、記号では Hp(d) と記載される。"d" は体表面からの深さ（単位は mm）を意味している。

・我が国では、空間線量も被ばく線量も同じ名称で呼称されるので注意が必要である。実効線量に対応するのは両者とも（　13　）で、皮膚の等価線量に対応するのが（　14　）である。

＊原子力百科事典 ATOMICA「1 センチメートル線量当量」（09-04-02-06）を参考に著者作成。

第15章

計　測

—精度の高い測定のために—

15－1　はじめに

放射線レベル（強度あるいは頻度）を測定するためには放射線計測器を使用する。では、放射線計測は何を測定しているのであろうか？　表示がCPMであったり、μSv/hであったりする。放射線そのものを計測しているのであろうか？　さらに言うと測定手法としてはどのような種類のものがあるのであろうか？　ここでは、放射線計測を論理のベースに置きながら、照射線量、吸収線量、カーマ等について述べることにする。

新聞に掲載された下記の内容を読んでみると、放射線計測の誤差が問題になっていることがわかる。放射線計測機の誤差は、直接、被ばく線量の評価に関わってくるため、その測定原理を理解するとともに、適切な使用方法を認識しておく必要がある。

問題提起　「誤差が大きすぎて使用できない測定器？」

放射線測定器の性能が注目された出来事があった。福島県内の小学校や公園などで放射線量を監視するために設置された測定機器の性能が、文部科学省の定めた基準に達していないことが明らかになったことである。このため、600台の計測システムが機能していないのである。（たとえば2011年11月18日、産経新聞14時36分、朝日新聞21時47分、毎日新聞22時7分、配信等）

さらにエネルギー補償の機能がないサーベイメーターを購入した場合、自然放射線を高く計測し、誤差が大きく出る可能性も指摘された。（電気新聞2011年11月22日掲載）

■ 電離箱式サーベイ・メータ箱の素材に工夫がしてあるが、どのようなものであろうか。

15－2　放射線計測機器

放射線が物質に入射した時、放射線と物質との相互作用が起こるので、その相互作用を検出し、定量化することによって放射線を検出する。対象となる物質は気体や液体で、固体であってもかまわない。また、相互作用そのものを測定しなくても、相互作用の結果対象物に変化をおよぼせば、その変化量を測定しても放射線は検出できる。たとえば、化学線量計がそれで、水溶液中の陽イオンに放射線が当たると化学反応を起こす（価数が変化する）ことを利用する。また、気体を対象とした電離箱などがある。

電離箱の場合、図 15-1 に示すように気体を測定室に入れておくと、放射線が測定室を通過した場合気体を電離するが、その電離した電荷を電場によって電極に導き、電流を測定すれば放射線が検出できる[1)]。またその気体が電離した電荷量は放射線量に比例するであろうから、その電流量を測定すれば、放射線の量を測定することができることになる。表 15-1 に対象となる物質、およびその相互作用と検出器についてまとめてある[2)]。たとえば、感光作用を利用すればフィルムバッジとなり、化学作用を利用すれば化学線量計（鉄線量計等）として利用することができる。

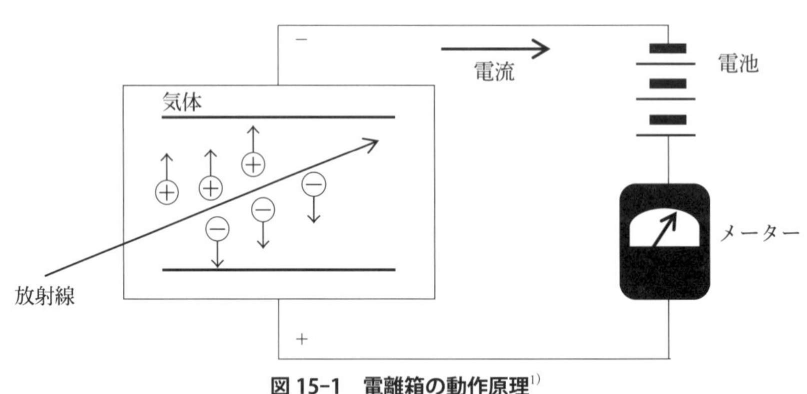

図 15-1　電離箱の動作原理[1)]

＊文献 1）を参考に著者作成。

表 15-1　放射線検出器の種類[2)]

放射線との相互作用	検出器
電離　気体	電離箱、比例計数管、GM 計数管
電離　個体	半導体検出器
励起（発光）	シンチレーター
電子（正孔）捕獲	TLD、OSL、ガラス線量計
化学作用	鉄線量計、セリウム線量計、アラニン線量計
感光作用	写真乳剤
原子核反応	BF_3 カウンタ、^3He カウンタ、箔検出器

＊文献 2）を参考に著者作成。

15 − 3　気体の電離を利用した放射線検出器

気体の電離を利用した放射線検出器は最も一般的なものであるが、表 15-1 にもあるように電離箱、比例計数管、GM 計数管がある。ここでは、気体の電離を利用した検出器の概略を述べて全体像が把握しやすいように説明する。基本的な検出部は図 15-1 と同様であるが、印加電圧を変化させた時の検出部での現象を理解しよう。これらの現象の違いが、電離箱、比例計数管、GM 計数管の差であり、特徴でもある。図 15-2 に印加電圧と電極に到達するイオン（対）数（電流値に相当）の関係を示した[3)]。

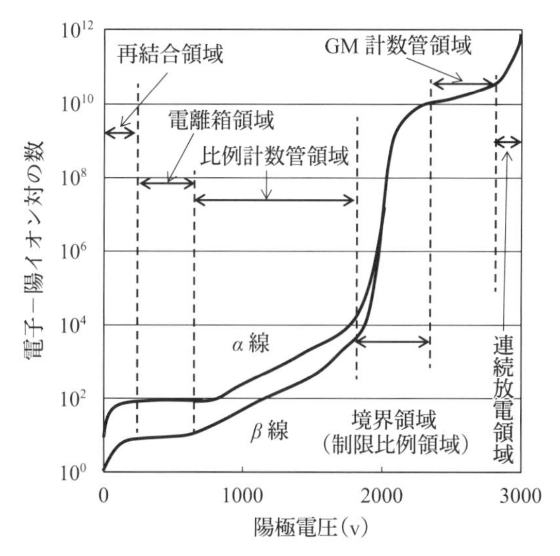

図 15-2　印加電圧と電極に到達するイオン（対）数の関係

①再結合領域

まず、印加電圧が低い場合で、「再結合領域」である。放射線によって発生した電子（二次電子）とイオンは作られた直後は、近傍に存在するであろう。同じ分子に属した両者でなくとも、空間的に近傍に存在する電子とイオンは再結合するため、電極にまで到達しない。徐々に電極電圧を上昇させると、再結合する前に電場によって電極まで移動する電子・イオンの数が増えてくるだろうから、結果として、電極に到達する電子・イオンの数が電圧と共に増加していくことになる。これが再結合領域である。

②電離箱領域

電位をさらに増加させると放射線によって発生したイオン対すべてが電極に到達するであろう。こうなると電流値は電極電圧に対してあまり変化しなくなる。これが「電離箱領域」である。

③比例計数管領域

さらに電位を増加させていくと、発生した電子・イオン対の中の電子が加速され（易動度はイオンより電子の方がはるかに大きいので、主として二次電子が加速されることになる)、加速された電子がさらに気体を電離することになる。このため印加電圧が高くなると、最初の放射線によって生成された電子・イオン対より電極に到達するそれらは多くなる。その結果、検出される電流値は電離箱領域よりはるかに大きくなる。新たに電子・イオン対を作る現象を二次電離というが、この二次電離で作られた電子もさらに加速され、さらなる電子・イオン対を作ることになる(電子なだれ)。この電子なだれは、電子のすべてが陽極に到達した時点で終了する。この電圧の範囲では、最終的に電極で収集されるイオン数(電流値)は、初期に発生したイオン対数に比例する特性をもっている。このため入射した放射線のエネルギーに比例したパルス電流が検出されることになり、電流値を測定することにより、入射放射線のエネルギーを検出することができるのである。この領域を「比例計数管領域」と呼ぶ。なお、二次、三次と連続的に電離を起こすことをガス増幅と呼ばれるが、このガス増幅が入射放射線のエネルギーと直線性を保つ領域が比例計数管領域であるとも解釈できる。

④境界領域

比例計数管領域よりも印加電圧を大きくすると、ガス増幅はなされるが、電流値(電子・イオン対数)が最初の一次電離量に比例しない領域、「境界領域(制限比例領域)」が現れる。これは、易動度の低かったイオンも陰極側に移動し、ある場所でその濃度が高くなり、空間電荷を形成する。このため電場をひずませ電流値が最初の一次電離量に比例しなくなる。このためこの領域では測定器には使用できないことになる。

⑤ GM 計数管領域

制限比例領域よりも電圧を上げると、大量の電子が電極に到達するため大きな電流が誘起される。制限比例領域と異なることは、電離まではいかない励起された電子も、基底状態に戻る際に放出する光子(紫外線等)によって新たな光電子を発生することである。光子の届く範囲は広く、結果的に計測器全体で電子なだれが生ずることになる。しかしながらこの領域ではまだ絶縁破壊には至らず、電子なだれはいつまでも続かない。電子を剥ぎ取られた陽イオンの数が増えすぎると、電界強度を弱めるので電子なだれは起こらなくなるのである。結局、最初の放射線の入射によって作られたイオン対の数が少ない場合でも、電子なだれが生じ、また多い場合でも自動的にそのなだれは停止する。つまり電極に誘起される電流は、一次電離の量に無関係に大きなほぼ一定の出力になるとともに、誘起電流はパルス状になるのである。空間電荷が解消するまで次の放射線を計測することはできなくなる不感時間(10^{-4} 秒程度)が存在し、強い放射線場では数え落としが出てくるので注意が必要である。この領域を「GM 計数管領域」という。

⑥連続放電領域

さらなる印加電圧の増加は、ついには連続的に放電が始まり、絶縁破壊を起す領域に到達する。つまり「連続放電領域」である。

上述したように、電離箱、比例計数管、GM 計数管の概略も理解できるであろうが表15-2 にそれらの用途をまとめておく[4)]。

表 15-2　気体電離を利用した放射線検出器の用途[4)]

検出器	印加電圧	用　途
電離箱	電離箱領域 （数 10～200 V）	β 線、γ 線
比例計数管	比例計数領域 （300～600 V）	α 線、β 線 中性子線（BF_3）
GM 計数管	GM 領域 （1000～1200 V）	β 線、γ 線

練習問題 15.1

下の図は気体電離を利用した放射線計測器の電極間の電位と電子‐イオン対数の関係を表した図である[1)]。図中の α、および β はそれぞれ、α 線および β 線を検出する場合の出力を表している。次の問いに答えよ。

1）比例計数管領域で α 線と β 線で出力が異なる。これは何故か。飛程を考えて説明せよ。

2）GM 管領域では両者に差がなくなるこれは何故か。

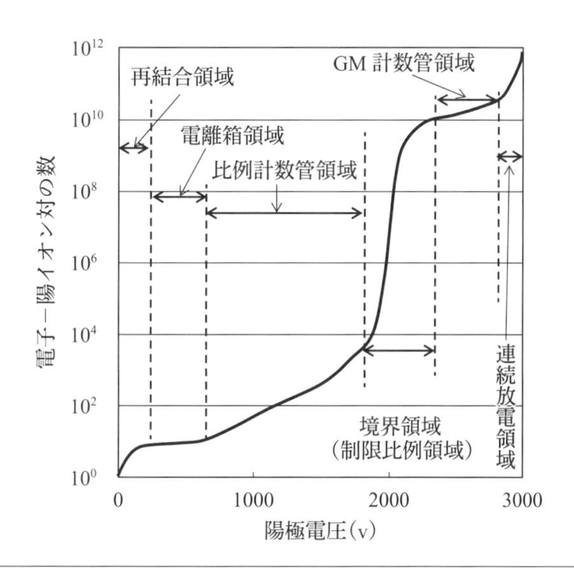

ここで若干エネルギー補償について述べておく。たとえばシンチレーションカウンタの場合、同じ種類の放射線を検出する場合は問題は起きない。記事にあるように、低エネルギーの光子が存在する場合は、エネルギー補償がない場合、感度のエネルギー依存性があるため過大評価となる。エネルギーが高い場合は過小評価になる。シンチレーションカウンタは、放射線がくると発光することを利用し、この光を増幅して電気信号に変換して放射線を検出する。この光量にエネルギー依存性があるため、エネルギー補償が必要となるのである。

15－4　二次電子平衡（荷電粒子平衡）

照射線量、吸収線量、カーマ等の物理量の詳細は次節で議論するが、その前に、本節では計測器で測定した出力と放射線の物理量との相関を考察しよう。放射線計測の本質がここにあるからである。また、ここでは特に放射線計測の中で基本となる電離箱を取り上げ、その測定値と照射線量の関係について考察を加えることにする。電離箱を取り上げる理由は、電離箱の測定原理が照射線量の定義に近いことが理由である。実際、照射線量の定義は、「空気のある体積内で発生した電子が空気中に作る電荷量の総和」と定義される。このため、電離箱の測定原理に近いと考えられるのである。

さて、放射線の視点から測定器を見てみる。放射線が誘起した電子（二次電子）の軌跡を、計測機器のサイズとともに描いてみると図 15–3 となる。この図は図 15–1 をもっと大きな視野でとらえたものである。見てわかるように、放射線による電離で生成された二次電子はすべてが計測器の中で停止（実際は電極に到達）するわけではなく、計測器の外側にも漏れ出てくる。練習問題 12.5 にもあったように、運動エネルギーが 1 MeV の電子であれば、空気中の飛程は 3.3 m 程度である。二次電子のエネルギーにもよるが、小さな電離箱では電荷量の総和が測定できないことになってしまう。さらに照射線量の定義通りであれば（詳細は 15–5 節参照）、この二次電子が電離する電荷量も含める必要があるので、抜け出した電子のすべてを追跡しなければ、正しい照射線量を計測することができないことになる。電離箱の大きさを大きくしたとしても、壁の近傍で発生した電子をすべて収集するわけにはいかず、系外に漏れ出てしまうであろう。そこで、次のような考えでこの問題を解決する[5]。

今、均一な放射線場に置かれた十分大きな空気が満たされている空間を考えよう（空間が小さいとほとんどの電離電荷が逃げ出してしまうであろう）。その中で放射線によって作られた電子の一部はその空間を抜け出してしまう。そこで、同じ大きさの空間を隣接して抜け出る方向（下流と呼ぶ）とその反対側（上流と呼ぶ）に配置したとする

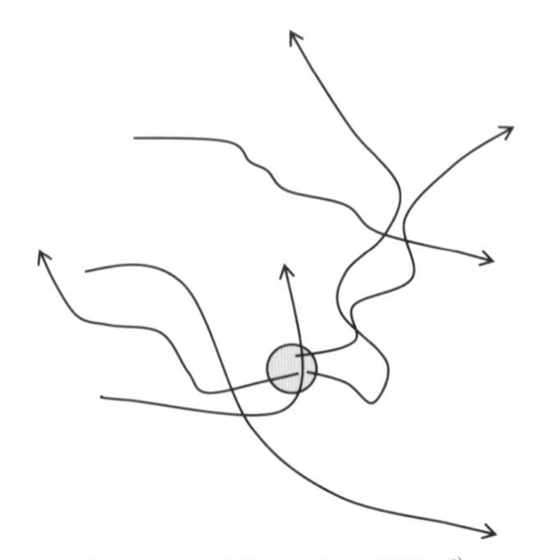

図 15–3　補償の原理の説明図[5]

(練習問題 15.2 の図を参照)。真ん中の空間が電離箱の空間である。さて、このような体系では、真ん中の空間から抜け出して、下流の空間に流出する二次電子は、上流の空間で作られて注目している空間に流れ込んでくる二次電子の量と等しいであろう。つまり注目している空間から抜け出ていく二次電子は、周囲で作られてその空間に流れ込んでくる二次電子とつりあっているのである。

さらに、この荷電粒子が外部に作る電荷量と、流入してくる荷電粒子が領域内に作る電荷量も等しくなることも理解できるであろう。これは均一な放射線場に置かれているため、上記三つの空間が等価であるからである。その結果、その空間内に作られる電荷量を測れば、逃げ出した電子による電離電荷量（二次電子による電離電荷）をも測定したことになるのである。つまり、逃げ出した電子を気にする必要はなくなるのである。ただし前提条件があって、十分大きな空間に一様な放射線場の中で上述の条件が成立するのである。これで抜け出していく二次電子の問題はなんとかなりそうである。では実際の場合はどうしたらよいのであろうか？

まず考えられるのは、十分大きな空気が満たされた空間と同じ効果をもつ物質を周囲に配置することであろう。たとえば、100 気圧の空気を配置したらどうであろうか。第 11 章でも述べたが、電子の飛程は密度に逆比例していた。この場合は、飛程は 100 分の 1 になり、3 cm 程度になる。「十分大きな空間」は、最大飛程より大きい空間を考えておけば良いであろう。これなら実際の装置の大きさになってきたし、均一な放射線場は注目している小さな空間で実現すればよいので、この均一な放射線場という条件も緩和される。

かなり現実味を帯びてきた。しかしながら、100 気圧の空気の周囲への配置も、可能かもしれないが、まだ実際的でない。そこで、100 気圧の空気を固体で置き換える。電子の飛程は密度に逆比例していたが、固体にすると 100 気圧の空気層よりも薄くて済む。ではどんな固体が良いかという問いに答えなければならないが、第 11 章では入射する物質の密度のみを考慮していた。ここではもう少し丁寧に考えよう。

電子線の物質との相互作用の基本（制動放射を除く）は物質中の電子であろうから、空気と電子密度のほぼ等しい物質としよう。実効原子番号なる概念がある（α 線を議論した第 12 章には「実効原子量」が出てきたが、ここでは「実効原子番号」である)。この観点からは、空気の実効原子番号は 7.76、水の実効原子番号は 7.42、アルミニウムは 13、プラスチック（ポリスチレン：5.6）などが挙げられる。結局、これらの材料で電離箱の壁をつくると、補償の原理が利用できると考えられる。ただし、アルミニウムの密度は 2.7、ポリスチレンの密度は 1.05 なので、アルミニウムであれば 1.5 mm、ポリスチレンであれば 4 mm 程度の厚さの壁を作ればよいことになる。実現可能なシステムになりそうである。

実効原子番号は化合物や混合物の場合の原子番号に相当するものであり、算出はいろいろ提案されている。一般的な方法は下に示す光電効果に対する算出方法である[6,7]。

第15章

$$Z_{eff} = \sqrt[m]{\sum f_i Z_i^m}$$

f_i：サンプルを構成する元素の電子総和に対する i 番目の元素の電子数比,

Z_i：i 番目の元素の原子番号

Mayneordが提唱した $m = 2.94$ という値が多く用いられているようである。$m = 2.94$ としたとき、生体に関連する化合物の実効原子番号を表 15-3 に示す[7]。

表 15-3　生体関連物質の実効原子番号[7]

物質実効	原子番号
空気	7.64
水	7.42
筋肉	7.42
脂肪	5.92
骨	13.8

空気の実効原子番号に近い材質でつくられた壁の厚さは、前述したように電離電子の飛程より長くしておけば良いと考えたのであるが、これは補償の原理からの類推であった。もう少し詳細に考えると、電離箱から逃げていく電離電子と、外部で発生して電離箱に入ってくる電離電子が釣り合っている状態である。この状態のことを「荷電粒子平衡」あるいは「二次電子平衡」と呼ぶ（二次電子とは放射線によって電離されてできた電子のことを一般にこう呼ぶ。入射してくる放射線が電子の場合、これを一次電子と呼ぶ）。本章後半で、照射線量、吸収線量、カーマを説明するが、これらを考える場合、二次電子平衡が成立するかどうかは重要となる。

さて、気体を利用した放射線検出器について述べてきたが、上述の説明でもわかるように、実際の、たとえば電離箱では、壁と放射線との相互作用で作られた二次電子が誘起する電子も計測されることになる。では、封入された気体中で発生した二次電子と壁からの二次電子ではどちらが多いであろうか？　言うまでもなく壁で発生した二次電子の方が圧倒的に多いことは理解できるであろう。このため、気体を利用した放射線検出器ではあるが、壁からの二次電子およびその二次電子が気体を電離した電荷を測定しているのである。

練習問題 15.2

荷電粒子平衡に関する次の問に答えよ。

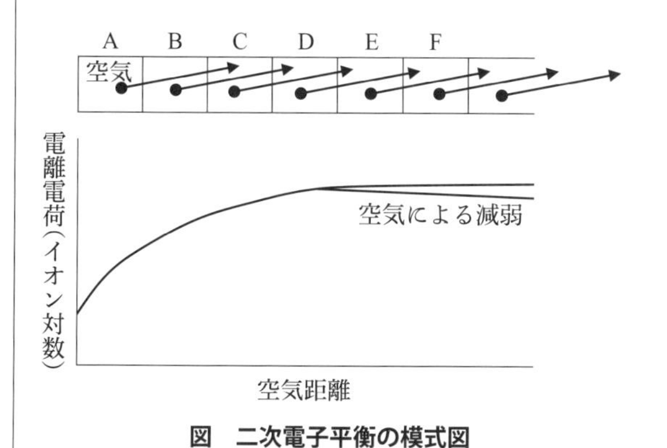

図　二次電子平衡の模式図

左図の上図[8]は荷電粒子平衡（二次電子平衡）が成立する条件を模式的に示した図である。左端に線源が存在し、x 軸に平行に γ 光子のビームが放出されている。空気の層を領域 A〜F で区分し、その各領域において荷電粒子（二次電子）の流入と流出を示している。下図は、その各領域で検出される電荷量である。

次の点に注目してこの図の説明をせよ。

① 領域での荷電粒子の流入と流出の関係について述べよ。

② 領域で検出される電荷量について説明せよ。

③ 荷電粒子平衡が成立していない箇所はどこか。

④ 荷電粒子平衡を実現している電離箱を考えよう。電離箱の壁はプラスチック（普通 5〜10 mm）でできている。このプラスチック壁の厚さはどのように決められるか。ただし、この壁は γ 光子の流れを乱さない程度に薄いとする。

15－5　照射線量、吸収線量、カーマ

照射線量を測定するのにも工夫が必要であることがわかった。では、照射線量以外の吸収線量、カーマの測定についても注意が必要なのであろうか？　照射線量の測定機器で吸収線量やカーマが測定できるのであろうか？　ここでは照射線量、吸収線量、カーマの定義についても触れつつここを記述することにする。放射線を定量的に計測する場合、これらの定義を明確にしておく必要があるからである。以下にも述べるが、ある条件では上記三種類の放射線量はほぼ同じ値を取る。われわれが考えているエネルギーの範囲での光子（福島でのセシウムからの γ 線を考えていた）では、その条件に合致し、これらの区別をする必要はない。しかしながら、法令や参考書には、カーマが頻出する。そこで、ここではそれらについて整理するとともに、そもそもこのような単位はどうして必要なのかについて考えてみる。このため簡単に歴史的経緯を振り返りながら、それぞれの定義を確認していくことにしよう[8,9]。

1895 年にレントゲンによって X 線が発見されたが、このため、X 線の放射線量を測定する必要がでてきたのである。実際、発見の翌年には、X 線を治療に利用しようとす

る動きが出てきているが、これも定量的線量の定義の必要性を後押ししたものと思われる。このため、X 線に対する線量の評価が行わることになったが、線量概念は二つの側面をもっていたことが以降の概念に影響を与えた。すなわち、一つは「電気量に基づく線量」と、もう一つは「エネルギーに基づく線量」である。ここを理解しておくと、なぜいろいろな線量の定義が出てきたかがわかるであろう。

15-5-1　照射線量

X 線の放射線量の測定であるが、X 線は電離放射線であるので、電離された気体の電荷量を測定することにより放射線を定量化しようとする試みがなされた。当時の電荷量の測定には箔検電器が使われていたので、箔検電器による X 線の測定もなされていた。国際放射線単位及び測定委員会（ICRU）が 1925 年に設立され、1928 年には放射線の単位として、「標準状態 1 cc 中に 1 静電単位のイオンを作る X 線の量を 1 レントゲン」と照射線量が定義された[10]。1937 年には γ 線に対しても照射線量「レントゲン」が定義された。さらに 1962 年には 1 R（レントゲン）$= 2.58 \times 10^{-4}$ C/kg（クーロン毎キログラム）が再定義された。このいきさつは文献 11）に記載されている。

照射線量はもともと光子（X 線、γ 線）に対して空気中に生成する電離電荷量で定義されたのであるが、現在ではその定義範囲は拡大され、物質中、真空中においても仮想的な空気を考えることにより照射線量が定義できるようになっている。

照射線量の定義をあらためて記述すると、光子によって質量 dm の空気中で発生した二次電子とその二次電子が発生するすべての電荷量を dQ とすると dQ/dm で定義され、単位は C/kg である。吸収線量やカーマとの違いのポイントは dm の範囲外まで出る二次電子まで dQ の中に含めることである。ただし制動放射のエネルギーは含まない。図 15-4 に照射線量の定義を示した[11]。図中黒丸がカウントする電荷量であり、領域から抜け出ていく二次電子も含めるのである。ただし、定義はこのとおりであるが、二次電子平衡が成立している場合は、抜け出していく電荷量と入ってくる電荷量は等しいので、領域内のみの電荷量で定義しても良いことになる。

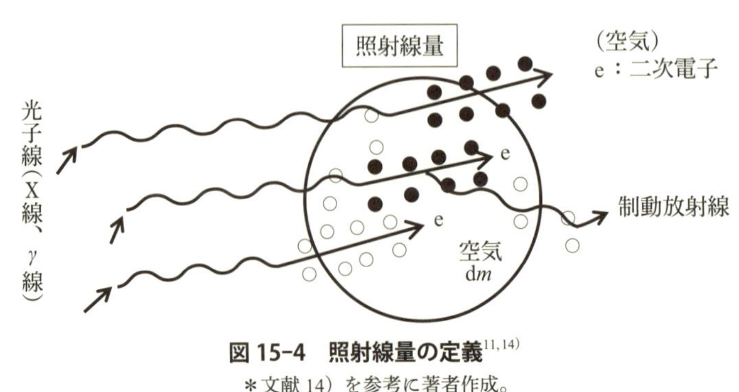

図 15-4　照射線量の定義[11,14]

＊文献 14）を参考に著者作成。

15-5-2 吸収線量

1932 年に中性子が発見され中性子に対する線量の定義が必要になり、また荷電粒子に対しても定義が必要になった。このため、光子にのみ定義されていた「照射線量」に代えて、被照射物が吸収するエネルギーに基づいた「吸収線量」が考え出された。このように定義すれば、あらゆる種類の放射線に対し、どんな種類の被放射物に対しても適用できることになった。線量概念が吸収線量によって拡大されたのである。初期にはラドと云う単位が（1 rad = 100 erg/g）が定義されたが、現在は SI 単位系の Gy（J/kg）が使用されている。

図 15-5 に吸収線量の定義を図示した。対象とする体系 dm 中で消費されるエネルギー dE で定義されるのである。すなわち dE/dm である。体系外に漏れ出たものはカウントせず、また体系外から流入してきたエネルギーはカウントする。体系外で発生した二次電子が体系内に流入した場合でも、体系内で消費されるエネルギーとしてカウントする。また、エネルギーによる定義であるから、制動放射であろうが電離であろうが、すべてをエネルギーとしてカウントする。照射線量と異なることが理解できるであろう。ただし、吸収線量は周囲にある物質によって変化してしまうことがあることに注意しよう。たとえば想定している領域が真空と隣り合っている場合とそうでない場合を考えよう。真空に接している場合は、真空側からは二次電子は入ってこないが、そうでない場合は二次電子が入ってくる。同じ量の放射線が対象に入ってきたとしても、両者で吸収線量が変化することが理解できるであろう。また、散乱や吸収により想定領域に入射する二次電子も変化し、吸収線量は変化する。

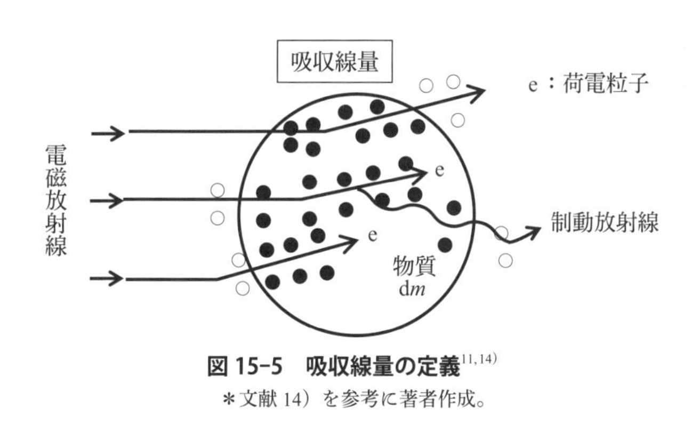

図 15-5　吸収線量の定義[11,14]

＊文献 14）を参考に著者作成。

15-5-3 カーマ

一方、それらと並行して電荷量で定義されている照射線量をエネルギー量で表現するという試みがなされた。電荷量表現をエネルギー表現に変える試みである。また、その適用範囲もすべての電荷をもたない電離放射線に、対象もあらゆる物質に対して拡大したのである[12)]。これがカーマ（kerma：**k**inetic **e**nergy **r**eleased in **ma**terials）である。つまり線量概念をエネルギーベースに統一しようとしたのであり、このため、これ以降、照射線量に代えてカーマが頻出することになる。

カーマ（K）の定義は、放射線（非荷電粒子）によって弾き出されるすべての荷電粒子の運動エネルギーの総和であり、単位はエネルギー密度である Gy（J/kg）で表現される。これがなぜ照射線量と関連つけられるかというと次のような理由による。

以下、エネルギーと電荷量との関連について述べる。電荷をもたない電離放射線（中性子、光子等）による対象物質の電離はほとんどが二次電子によると考えられる。この二次電子の運動エネルギーを E とすると、E を W 値（1 対のイオン－電子対を生成するために必要なエネルギー）で除せば二次電子で作られるイオン対の数が計算できる。このイオン対の数に電荷素量の e を乗ずれば電荷量を計算できることになる。つまりこの計算した電荷量はエネルギー E を電荷量で表したものと見なすことができるのである。ただし、E の中には制動放射によってエネルギーを消費する部分（電離に直接関係しない）もあるであろうから、その割合を g で表し、$E \cdot g$ を制動放射に転換されるエネルギーとする（放射カーマと呼ばれる）と、$E(1-g)$ が電離に関係することになる。これを衝突カーマと呼ぶ。つまり、カーマは衝突カーマと放射カーマの和で表され、衝突カーマが電離量に換算できるのである。われわれが考えるエネルギー領域では、$g \sim 0$ であるので、カーマそのものが電離量に換算されると考えて良い。対象物質を空気や生体組織とした場合も定義され、空気カーマ、組織カーマと称される。

カーマは、結局のところ、微小な質量 dm の物質中で電荷をもたない放射線によって弾き出される荷電粒子の運動エネルギーの和であり、dE/dm で定義され、単位は Gy（J/kg）となる。図 15-6 にカーマの定義を示している。図中円で示されているのが対象とする dm であり、制動放射によるエネルギーも考慮している。また、表 15-4 に照射線量、カーマ、吸収線量の比較をまとめて示した。

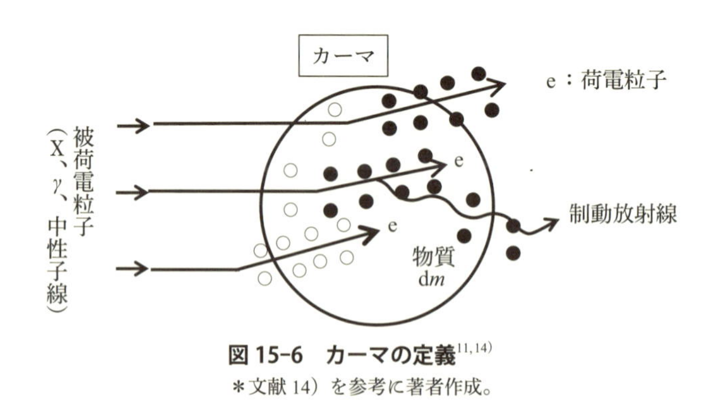

図 15-6　カーマの定義[11,14]
＊文献 14）を参考に著者作成。

練習問題 15.3

照射線量 X、空気カーマ K、空気衝突カーマ K_{col}、空気放射カーマ K_{rad}、吸収線量 D について（　　　）内の 1〜5 に適切な式や言葉を代入せよ。ただし、g を二次電子が制動放射を発生する割合、W_{air} を空気の W 値とする。

空気カーマと、衝突カーマ、放射カーマの関係は以下のようになる。

$K = K_{col} + (\quad 1 \quad)$

このうち、衝突カーマが照射線量に換算され、その換算は以下のようになる。

$X = [K_{col}/(\quad 2 \quad)] \cdot e$

空気カーマと放射カーマの関係は g を使うと以下のように表される。

$K_{rad} = (\quad 3 \quad)$

これを利用して衝突カーマはカーマと g を用いて記述すると以下のようになる。

$K_{col} = K(\quad 4 \quad)$

これから、照射線量をカーマで表すと次のようになる。

$X = K(\quad 5 \quad) \cdot e$

なお、代表的な γ 放射体における $(1 - g)$ は以下のように報告されており、これらでは、放射カーマはほぼ無視できることがわかる。

Cs–137：$(1 - g) = 0.9984 \pm 0.0001$

Co–60 ：$(1 - g) = 0.9970 \pm 0.0002$

Ra–226：$(1 - g) = 0.9967 \pm 0.0002$

表 15–4　照射線量、カーマ、吸収線量の比較

	照射線量	カーマ	吸収線量
単　位	C/kg	Gy(J/kg)	Gy(J/kg)
定義される放射線	光子	光子、非荷電粒子	電離放射線
定義される物質	空気	物質	物質
定　義	・dm 内で発生したすべての電荷 ・dm 外もカウントする ・制動放射含まず	・dm 内で荷電粒子に転移した運動エネルギー ・dm 外もカウントする ・制動放射含む	・dm 内に付与されたエネルギー ・dm 外カウントせず ・dm 内の制動放射含む

15 − 6　空気カーマの評価

近年、ガンマ線場の評価に照射線量の代わりに空気カーマが使用されるようになってきた。国内では 2001 年から放射線障害防止法関係法令で空気カーマが採用されている。ここでは、空気カーマ（空気衝突カーマと空気放射カーマの和）をどのように、電離箱の値である照射線量から換算するか見ておこう。

照射線量を X とする。照射線量はたとえば電離箱で測定したとして、その値から空

気カーマ K_{air} は次式によって算出できる。(練習問題 15.2 を参照)

$$K_{air} = X \cdot \frac{\left(\frac{W_{air}}{e}\right)}{(1-g)}$$

ここで W_{air} は空気の W 値であり、e は電子の素電荷である。また、g は、空気中における二次電子の制動放射の割合である。上式でもわかるように、照射線量と空気カーマは本質的には違いが無い。照射線量の測定と同様に、空気カーマが測定されることが理解できるであろう。

15－7　吸収線量、ブラッグ－グレイの空洞理論

吸収線量を照射線量から導くことをしよう。つまり、電離箱で照射線量がわかった場合、その値を利用して吸収線量に換算する方法を検討するのである。

前提は荷電粒子平衡が成立していることを想定する。練習問題 15.3 を参考にすると、空気カーマは衝突カーマと放射カーマの和である。放射カーマの分は吸収線量を考える空間ではエネルギーを損失しない。つまり、放射カーマはその領域外で失うエネルギーと見なせる。結局(空気)衝突カーマがその空間で失うエネルギーと考えられ、これが空気吸収線量に等しいことになる。

ここまで理解できると、電離箱から照射線量が求められ、それから空気衝突カーマを導出すれば、これが空気吸収線量となるのである。したがって、次式で求められる。

$$K_{ab} = X \cdot \left(\frac{W_{air}}{e}\right)$$

さて、問題は生体組織内吸収線量の測定である。この問題は、本テキストの範疇外になるが、若干触れておく。

結論から言うと、次式で求められる[12)]。

$$\frac{D_{water}}{D_{air}} = \frac{S_{water}/\rho_{water}}{S_{air}/\rho_{air}}$$

ここで、D_{water}, D_{air} はそれぞれ生体と等価な物質(水)の吸収線量と空気吸収線量である。今は、D_{water} を D_{air} から求めたいのである。D_{air} は生体あるいはファントム中に配置した小さな電離箱により照射線量を測定して求める。

また S は阻止能で、S/ρ は質量阻止能となる。つまり上式右辺は水の質量阻止能と空気の質量阻止能の比である。ところで阻止能とは単位長さあたり、粒子が失うエネルギーをいう(ここでは二次電子である)。定式化すると以下のようである。

$$S = \mathrm{d}E/\mathrm{d}x \ (\mathrm{J/m})$$

つまり空気の吸収線量に対する水吸収線量の比は電子の質量阻止能の比と等しくなる。これをブラッグ・グレイの空洞理論と呼ぶ。ただし、この計算が成立するためには次の二つの条件が必要である。詳細は本章【付録】を参照のこと。

1. 荷電粒子平衡が成り立つこと
2. 付与エネルギーは荷電粒子のみによる（制動放射は無視できる）

さて、水と空気の質量阻止能の比（$S_{\mathrm{water}}/\rho_{\mathrm{water}})/(S_{\mathrm{air}}/\rho_{\mathrm{air}}$）については報告されていて[13)]、電子のエネルギーが 1 MeV 程度であれば 1.13、0.5 MeV であれば 1.14 程度である。したがって、大まかに言って、電離箱で求められた照射線量を空気吸収線量に直せば、その値が水吸収線量にほぼ等しいと言える。

練習問題 15.4

次の用語の意味を説明せよ。

1）荷電粒子平衡（二次電子平衡）

2）ブラッグ-グレイの空洞理論

15－8　問題提起に対する考え方

本章では気体の電離を利用した放射線計測機の基本的な測定原理についてまとめた。その中でも、放射線計測で重要な二次電子平衡の概念や照射線量、吸収線量、カーマの関係をまとめた。

放射線計測では計器を適切に使用することが重要である。そのためには測定原理やそれが利用できる範囲を知悉（ちしつ）しておくことが大切である。記事で紹介したエネルギー補償の問題や二次電子平衡について、その背景を把握しておくべきであろう。前者は新聞記事で明らかであるが、後者に関してはたとえば小さな電離箱での線量評価が挙げられる。医療現場ではビルドアップ・キャップを用いて、二次電子平衡（その空間から出ていく放射線と入ってくる放射線がバランスしている状況）を実現している。

15－9　おわりに

本章では、電離箱の基本的な作動原理について述べ、照射線量の定義に近い測定ができることを示した。また、この気体を電離して放射線計測を行う、比例計数管、GM 管についても述べた。照射線量、カーマ、吸収線量の定義を述べるとともに、さらに踏み込んで、電離箱で照射線量が測定できる条件について考察した。またこれをベースに空気カーマの測定方法について述べた。最後に、空洞理論を利用して吸収線量の測定についても述べてある。

参考文献

1）加藤貞幸「3-2　電離箱」『放射線計測（新物理学シリーズ 26)』培風館

2）公立鉱工業試験研究機関長協議会『放射線・放射能の基礎と測定の実際〜放射線・放射能を正しく理解するために〜』公立鉱工業試験研究機関長協議会（2012）

3）日本獣医師会「放射線診断技術研修支援システム：放射線防護技術編 Ⅲ 参考資料」 http://www.020329.com/x-ray/bougo/contents/chapter3/3-3-ref02.html（2018 年 6 月 27 日）

4）志村紀子，大竹洋輔ほか「3 章　放射線の測定原理」『医用放射化学』医用科学社（2009）

5）Glenn F. Knoll（著），神野郁夫，木村逸郎，阪井英次（訳）『放射線計測ハンドブック第 4 版』オーム社（2013）

6）Wikipedia, Effective Atomic Number, http://en.wikipedia.org/wiki/Effective_atomic_number（Accessed 2018 Jun. 27）

7）福士政広（他）『改訂版放射線基礎計測学』医療科学社，p. 183（2008）

8）原子力百科事典 ATOMICA「放射線防護諸量の単位の移り変わり」（09-04-02-04），http://www.rist.or.jp/atomica/data/dat_detail.php?Title_Key=09-04-02-04（2018 年 6 月 27 日）

9）加藤和明，多田順一郎「線量概念の変遷〈第 I 部〉基本線量」『保険物理』Vol. 32，No. 2，pp. 153-166（1977）

10）多田順一郎「線量―第 1 回―」『Isotope News』Vol. 12，No. 702，pp. 21-29（2012）

11）多田順一郎「線量―第 3 回―」『Isotope News』Vol. 12，No. 704，pp. 25-33（2012）

12）清水森人「医療用リニアックからの高エネルギー光子線の水吸収線量標準に関する調査研究」『産総研計量標準報告』Vol. 8，No. 4，pp. 465-481（2013）

13）川島勝弘，小山一郎，佐藤貞夫「電離箱による高エネルギー放射線吸収線量の測定―理論的考察」『日本医学放射線学会雑誌』Vol. 29，No. 6，pp. 626-632（1969）

14）西臺武弘『放射線線量測定学（第 1 版）』文光堂，p. 76（2012）

章末問題

次の問いに答えよ。

1. 気体電離を利用した放射線計測器の電極間の電位と電子―イオン対数の関係の概略を描きそれぞれの電圧で生じている現象を説明せよ。
2. 照射線量、カーマ、吸収線量の違いを述べよ
3. どのような時に、カーマと吸収線量が等しくなるか。
4. 電離箱中で生成した二次電子が電離箱から流出することがあるが、その二次電子が電離箱外部で空気を電離する電荷をどのように扱えば良いのか。
5. 二次電子平衡が成立していない場合は、空気衝突カーマと吸収線量は一致しない、どうしてか説明せよ。

【付録】

空気吸収線量から生体の吸収線量を求めるには、まず、生体組織のファントム（模擬材料）中に、小さな電離箱を設置し、そこでの照射線量を求め、それから上記の方法で空気吸収線量を求める。この空気吸収線量から生体と等価な材料、通常は水であるが、の吸収線量を推定するという手順を経る。図 15-7 を参考に、この推定（計算）方法について以下に示す[15]。

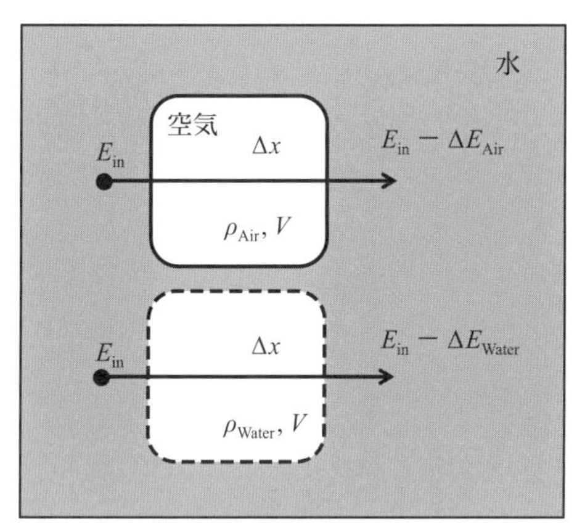

図 15-7　水吸収線量の測定原理[15]

いま、Δx の長さ（体積は V）の空洞が材料中にあるとする。その空洞中で空気に与えるエネルギーを ΔE_{air} とし、また、その空洞を水で満たした場合の水に与えるエネルギーを ΔE_{water} とすると、次式が成り立つ。ただしここでは制動放射は無視できるとしている。

$$\Delta E_{air} = S_{air} \Delta x$$
$$\Delta E_{water} = S_{water} \Delta x$$

ここで S_{air}、S_{water} は空気の電子に対する阻止能と水の阻止能である。空気吸収線量を D_{air}、水吸収線量（生体組織と等価な物質）を D_{water} とする。また、ρ を密度、V を空洞の体積として、吸収線量は単位質量あたりの吸収されたエネルギーであることを思い出すと、

第15章

$$D_{air} = \frac{\Delta E_{air}}{\rho_{air} \cdot V} = \frac{S_{air} \Delta x}{\rho_{air} \cdot V}$$

$$D_{water} = \frac{\Delta E_{water}}{\rho_{water} \cdot V} = \frac{S_{water} \Delta x}{\rho_{water} \cdot V}$$

これから、両式の比を取ると、

$$\frac{D_{water}}{D_{air}} = \frac{\dfrac{S_{water} \Delta x}{\rho_{water} \cdot V}}{\dfrac{S_{air} \Delta x}{\rho_{aie} \cdot V}} = \frac{S_{water}/\rho_{water}}{S_{air}/\rho_{aie}}$$

となる。

同じ線量を当てた場合、空気中の吸収線量 D_{air} と、水中での吸収線量 D_{water} の比は、それぞれの質量阻止能（S_{air}/ρ_{air}、S_{water}/ρ_{water}）の比と等しくなる。これから、空気吸収線量 D_{air} が電離箱からわかるので、計算で水吸収線量（生体組織と等価な物質）D_{water} が求められるのである。

練習問題　解答例

第1章

1.1　放射性セシウムをすべて ^{137}Cs であると仮定すると、経口摂取による実効線量係数は、1.3×10^{-5} mSv/Bq である。これに、含まれているセシウムの濃度と食べた牛肉の量を掛けあわせて、以下のように求めることができる。

$$1.3 \times 10^{-5}\ (\mathrm{mSv/Bq}) \times 3400\ (\mathrm{Bq/Kg}) \times 0.2\ (\mathrm{kg}) = 8.84\ (\mu\mathrm{Sv})$$

第2章

2.1　（1）電子線　（2）ベータ線　（3）α 線　（4）重粒子線（陽子線）
（5）高速中性子　（6）熱中性子　（7）ガンマ線　（8）エックス線
（9）赤外線　（10）紫外線

2.2　(1) 単位長さ当たりに与えるエネルギー　(2) keV/μm　(3) 電磁波　(4) 低 LET
(5) 高 LET

2.3　頭部のみ被ばくの場合：組織荷重係数の総和は

$$0.04 + 0.01 + 0.01 + (0.12 \times 0.1) + (0.01 \times 0.15) = 0.074$$

したがって、実効線量は 5 mSv の被ばくで、$5 \times 0.074 = 0.37$ mSv
全身に被ばくした場合：5 mSv　（※ X 線なので Gy = Sv として計算）

第3章

3.1　（賛成、反対両者の意見を書いてみました）

[賛成]：現在の福島の除染状況は、現存被ばく状況であるため、被ばく管理は参考レベルで行うべきである。ICRP の勧告によると、この場合、1～20 mSv/年で決めてよいことになっており、どのレベルに決めるかは現地の状況によると思われる。帰還希望者を早急に帰還させ、さらには、除染のための膨大な費用の圧縮のためには 20 mSv/年にするのは妥当である。しかも、この値は、放射線業務従事者の線量限度と同じであり、放射線による障害が起こるとは考えられないからである。

[反対]：現在の福島は現存被ばく状況にあるとしても、20 mSv/年は高すぎると思われる。計画被ばく状況の一般公衆の線量限度が低いのは、一般公衆の中に特に放射線に対して敏感な集団（たとえば、胎児や妊婦）が存在することも一つの理由であり、放射線業務従事者の線量限度と同じレベルである参考レベルを一般公衆に広げるのは危険であると思われる。ICRP の勧告は尊重するが、胎児や妊婦のことをどれくらい考慮に入れているか不明であるので、必ずしも受け入れられない。

3.2　(1) 急性障害　(2) 晩発障害　(3) がん　(4) 白血病

3.3　1) 確定的影響でしきい値が存在する。

2) 造血機能の低下による血小板減少によって出血が止まりにくくなる。表 3-4 によるしきい値は 500 mGy (500 mSv) と考えられる。

3) 事故直後から 4 か月で被ばく量は最大で 23 mSv である。2014 年の春、しかも短期間での被ばくとなるので、23 mSv よりさらに少ない被ばくと考えられる。このことから鼻出血の原因は、被ばくによるものと考えにくい。

4)「鼻出血は福島被ばくによるとする立場」

放射線に敏感な人たちが居ることは認められている (たとえば子供たち)。また、放精神的ストレスやそれに起因する睡眠不足から鼻血がでることも知られている。放射線環境で過ごすというストレスも被ばくの影響と広義には考えられるので、やはり被ばくによる鼻出血と言っても良いと思われる。

「鼻出血は福島被ばくではないとする立場」

本問の論理のように、鼻出血は確定的影響で、しきい値は 500 mSv と考えられる。短期間の福島訪問で 500 mSv 以上の被ばくをするとは考えられず、被ばくによるものとは考えられない。また、ごく少数の例を引用し、被ばくの影響と普遍化するのは無理がある。

3.4　腸死よりも低い線量で骨髄死が起こるのは、放射線感受性が造血細胞の方が高いためであり、死ぬまでの時間が腸死の方が早いのは、機能細胞である腸の上皮細胞と骨髄では、腸の上皮細胞の方が寿命が短いためである。

(1) 骨髄障害　(2) 消化管障害　(3) 神経障害　(4) 骨髄死

第4章

4.1　①「低線量の被ばくと大人数を掛け合わせて」が意味をもつためには、線量の評価が必須であるが、大人数の、すなわち、長期間あるいは広範囲な領域の集団の線量評価が大変困難であることが理由である。地理的に離れていては、線量も異なっていることが予測されるが、その線量の不確実さを無視して、その領域の人数に線量を乗じても意味のある評価ができないということである。

②もう一つの理由は、低線量のリスク係数が不確実であることである。LNT モデルは ICRP が放射線管理のため採用したモデルであり、100 mSv 以下の実証データはない。このため、100 mSv 以下のデータは不確実なものであり、その発症率も小さいものとなっている。これに大きな数 (人数) を乗じて出した値も、大きな値にはなるがその値を正確な値と考え判断基準にするのは問題があるということである。

たとえば、実態がしきい値がある現象であるとしよう (この議論もあることは述べた)。しきい値以下の線量では発症率はゼロとなるので、これに大きな数字を乗じても発症する人数は0人である。一方、しきい値があるにもかかわらず、LNTモデルにしたがえば、100 mSv以下でも小さな値の確率が計算される。それに大きな人数(たとえば100万人)を乗ずれば無視できない人数が発症することが計算される。この計算された人数を判断基準にしては、問題となることは理解できるであろう。

結局、ICRPの考えは、「個人のリスクの推定に用いるものでない」というものであり、意思決定(たとえば、地域からの避難等)に資するための判断基準であることに注意が必要である。

4.2 過剰絶対リスク = (3,150/6,486,548) − (57,524/177,191,342) = 0.000486 − 0.000325 = 0.000161

過剰相対リスク = (3,150/6,486,548) / (57,524/177,191,342) − 1 = 0.495

寄与リスク割合 = (3,150/6,486,548 − 57,524/177,191,342) / (3,150/6,486,548) = 0.000161/0.000486 = 0.331

4.3 以下の理由から判断したものと考えられる。

- 白血病が増え始めるのは被ばく後約2年からだとされている。また潜伏期間は数年である。
- 被ばく線量も0.5 mSvであるので、その放射線誘起白血病に罹患する確率はかなり低い。名目リスク係数は5×10^{-3}/Svであることが理由であり、発症リスクは2.5×10^{-6}となる。

4.4 線量率が高い領域では、紅斑が表れるまでには約500 R(レントゲン)であるが、線量率が小さくなって0.5 R/mの時は、約2500 Rとなっている。約5倍となっている。明らかに線量率が低いと、紅斑が現れるまでに高線量が必要であることを示している。つまり線量率効果を示している。

第5章

5.1 (A) 3〜5 (B) 0.5×10^{-2} (C) 5×10^{-2}

被ばくが最大23 mSvとすると、確定的影響、確率的影響とも大きな影響を与えない範囲である(成人を対象にした場合)。

確定的影響:しきい値がある影響である。$LD_{50(60)}$は3〜5 Gyであり、被ばく量は決定臓器に影響を与えるレベルではない。また、造血機能低下も500 mGyからであり、これはしきい値なので、これ以下のレベルでは被ばくの影響はない。被ばく量はこの値よりかなり低いので、影響はほとんどないと考えられる。

確率的影響：しきい値のない影響である。LNT モデルをベースとした名目リスクは、白血病が 0.5×10^{-2}/Sv、がんは 5×10^{-2}/Sv（甲状腺がんは 8×10^{-4}/Sv）なので、最も高いがんについても 23 mSv の被ばくでも、リスクは約 10^{-3} であり、十分小さいと考えられる（なお、LNT モデルの問題点は授業で指摘したとおりである）。

	確定的影響	確率的影響
成人	骨髄障害 3〜5 Gy	白血病　0.5×10^{-2}/Sv 全がん　5×10^{-2}/Sv
小児	成人と同等か感受性が高い	全がん　2〜3 倍（10 歳以下）
胎児	しきい値 100 mGy（Sv）	2〜3 倍（小児と同等）

5.2　（D）2〜3（10 歳以下）

確定的影響については、小児は成人と同程度かあるいは成人より感受性が高いとした方が安全側である。

また、確率的影響については、小児は成人より 2〜3 倍の感受性があると考えておいた方が良い。

5.3　（1）確定的　（2）しきい値　（3）流産（胎死亡）　（4）奇形　（5）精神発達遅滞
（E）100 m　（F）2〜3

5.4　1）ここではヒトとマウスでの放射線の DNA に対する素過程は同じであると仮定している。それは DNA の塩基配列がヒトとマウスで 70〜90％で同一であることや染色体の多くの領域で遺伝子が同じ順序で配置されていることが理由である。つまりマウスの突然変異を起こす線量とヒトのそれが等しいと仮定しており、また、マウスを用いた動物実験で倍加線量が 1 Gy であったため、ヒトも 1 Gy と考えているのである。

2）LNT モデルを採用するのは、主として以下の三点の理由による

①放射線による遺伝子における突然変異の発生は確率現象であるため、しきい値の存在を確認できないこと（確定的影響とするにはデータ不足であること → LNT モデル）。

②ヒトを対象とした、長期間にわたる調査は、不可能に近いこと。

③遺伝的影響が「無い」と断定できないこと。

第 6 章

6.1　（1）放射性同位元素　（2）核反応　（3）8［MeV］　（4）しきい値　（5）起こらない

6.2 ①電子線による放射化は電子線のエネルギーに依存する。材料中に入射した電子線は、原子核の近傍のクーロン場により軌道が曲げられ、制動放射による電磁波が放出される。この電磁波が光核反応により核反応を起こし、その結果、放射化が起こる。

② (1) X線 (2) γ線 (3) 発生機構 (4) γ線 (5) X線

6.3 対象物が放射線を発するようになる原因は、汚染と放射化が考えられる。汚染の場合、放射線を発生する物質が付着しているためであり、これは対象物が人や車であれば、比較的容易に除去する (除染) することができる。

放射化の場合、対象物そのものから放射線が発するようになるため、汚染と同様に除染できない事が多い。しかしながら、福島で問題となっている放射性セシウムの場合、γ線、β線、両者とも対象物を放射化するだけのエネルギーはもっておらず、放射化は起こらない。その結果、汚染、放射化両者とも、実質的な問題は起こらない。

このことを考えると、記事の人々の反応は根拠のないものであることがわかる。このような事例が起こらないように、汚染、放射化の物理的背景を丁寧に説明していく努力が必要であろう。

6.4 1) 医療機器は個体物であり、放射線殺菌後、飛散することはない。このため、たとえ放射化したとしても、汚染の問題は起こらない。また、放射化に関しては、線源が ^{60}Co、^{137}Cs であれば、γ光子のエネルギーは充分低く放射化は起こらない。同じ理由から 5 MeV の X 線でも問題は起こらない。問題となる可能性のある照射は 10 MeV の電子線である。この場合、若干の中性子が発生する可能性がある。しかしながら、中性子が発生するのは対象元素が、重水素、あるいは酸素や炭素の同位体の場合であり、これらの自然存在比は少なく、発生する中性子料は少なく、これによる放射化は問題とはならない程度のものである。

2) **反対意見例：**電子線の照射に関しては、中性子が若干であっても発生する。この中性子による放射化はゼロではなく、被ばくの恐れがある。また、製品に検出が難しいほどの不純物が存在する場合は、それの放射化の問題が出てくる。この放射化は (不純物が原因であるがゆえに) 前もって予測は難しく、想定外の放射性同位元素が発生する恐れがあるであろう。

賛成意見例：他の殺菌方法と比較して放射線殺菌のメリットがあるかどうかが諾否の要件である。単に放射化による被ばくの可能性を議論しても意味はなく、薬品を使用した殺菌による残留毒性と比較する必要がある。また、経済性、あるいは環境への影響、ハンドリング特性等も比較する必要がある。これらを総合的に判断すると、放射線殺菌は大きなメリットがある。ただし、社会に受け入れられるような広報をする必要性はあると思われる (放射化の定量的評価を議論しても良い)。

第7章

7.1　(1) レイリー　(2) ミー　(3) レイリー　(4) トムソン　(5) X線

7.2　(1) 光電効果　(2) コンプトン散乱　(3) 消滅　(4) オージェ電子
(5) 粒子性　(6) 運動量　(7) 長く

7.3　(1) 1.02　(2) クーロン場　(3)（陰）電子　(4) 陽電子　(5) 静止質量エネルギー
(6) 高い　(7) 陽電子　(8) 0.511

7.4　(1) コンプトン散乱　(2) 光電効果　(3) コンプトン散乱　(4) 1.9　(5) 2.4　(6) 290
(7) コンプトン散乱　(8) 光電効果　(9) コンプトン散乱

第8章

8.1

$\frac{1}{2} = \exp(-1.13 \times x)$　　$\ln 2 = 1.13 \times x$

$0.693 = 1.13x$　　$x = 0.693 / 1.13 = 0.61$ (cm)

8.2

$\mu_m \cdot 11.3 \times 2 = \mu_m \cdot 2.3 \times x$　　$x = 9.8$

$\mu_m \cdot 11.3 \times 2 = \mu_m \cdot 1 \times x$　　$x = 22.6$

8.3

鉛：$\frac{1}{2} = \exp(-0.1 \times 11.3 \times x)$

$0.693 = 0.1 \times 11.3 \times x$

$x = 0.6$ (cm)

水：$\frac{1}{2} = \exp(-0.1 \times 1 \times x)$

$0.693 = 0.1 \times 1 \times x$

$x = 6.9$ (cm)

8.4　空気の 0.66 MeV の光子に対する質量減弱係数は 0.075 cm^2/g であるから、線減弱係数は 7.5×10^{-2} (cm^2/g) $\times 1.3 \times 10^{-3}$ (g/cm^3) $= 9.75 \times 10^{-5}$ (1/cm)

1/10 価層は、

$$\frac{1}{10} = \exp(-9.75 \times 10^{-5} \times x),\ \ln 10 = 9.75 \times 10^{-5} \times x$$

$$2.303 = 9.75 \times 10^{-5} \times x \qquad x = \frac{2.303}{9.75 \times 10^{-5}} = 2.36 \times 10^4 \text{ cm} = 236 \text{ m}$$

半価層は、

$$0.693 = 9.75 \times 10^{-5} \times x \qquad x = \frac{0.693}{9.75 \times 10^{-5}} = 7.11 \times 10^{3}\ \mathrm{cm} = 71.1\ \mathrm{m}$$

8.5 exp（− 0.01）= 0.99, exp（− 0.1）= 0.905, exp（− 1）= 0.37, exp（− 10）= 4.5 × 10^{-5}

空気：exp（− 0.1 × 0.001 × 100）= exp（− 0.01）= 0.99

雪　：exp（− 0.1 × 0.1 × 100）= exp（− 1）= 0.37

水　：exp（− 0.1 × 1 × 100）= exp（− 10）= 4.5 × 10^{-5}

雪が 1 m 積もると、その表面では、約 37% となる。

また水の層が 1 m あると、ほとんどの γ 線は遮蔽されることになる。

第9章

9.1 反対意見

・廃棄物の処分責任が国から市町村や民間に移るため責任の所在が曖昧になる。

・降雨、災害等によるセシウムの環境中への放出が懸念される。

・100 Bq/kg の基準を一気に 80 倍にしたということで納得できない。

賛成意見

・廃棄物の量を減らすことになるので、処分場候補地を受け入れ易くなる。

・早期帰還を促すことができるようになる。

・廃棄費用を大幅に圧縮することができる。

9.2 吸収係数は表から 0.03 $\mathrm{cm^2/g}$ である。

$$I = \frac{10^6}{4\pi(100)^2} = 7.96\ (\mathrm{photon/cm^2 \cdot s})$$

$$E\frac{\mu_{en}}{\rho} I = 0.66\left(\frac{\mathrm{MeV}}{\mathrm{photon}}\right) \times 0.03\left(\frac{\mathrm{cm^2}}{\mathrm{g}}\right) \times 7.96\left(\frac{\mathrm{photon}}{\mathrm{cm^2 \cdot s}}\right)$$

$$= 0.158\left(\frac{\mathrm{MeV}}{\mathrm{g \cdot s}}\right) = 0.158 \times 5.8 \times 10^{-7}\left(\frac{\mathrm{Gy}}{\mathrm{h}}\right) = 0.92 \times 10^{-7}\left(\frac{\mathrm{Gy}}{\mathrm{h}}\right)$$

$$= 0.092\ \mu\mathrm{Gy/h}$$

9.3 1 m 離れた場所では　0.096（μSv/h）

2 m 離れた場所では　0.096 / 4 = 0.024（μSv/h）

タイヤからは　4 Bq/$\mathrm{cm^2}$ × 100 = 400 Bq = 4 × 10^{-4}（MBq）

$H = 0.096 \times 4 \times 10^{-4} / (0.5)^2 = 1.53 \times 10^{-4}$（$\mu$Sv/h）

9.4 まず平面上の原点（h からの足の点）から x の距離にある、$x = x + \Delta x$ と方位角 θ〜$\theta + \Delta\theta$ で囲まれる微小部分の面積 Δs は次のように示される。

$$\Delta s = \Delta x \cdot (x \cdot \Delta\theta) \quad (x \cdot \Delta\theta \text{は周長})$$

したがって、この部分に存在するRIの総量は$\sigma\Delta s$である。：σはRIの面積密度

このΔsから対象部分（原点より高さhの点）のフラックスは

$$I = \frac{\sigma \cdot \Delta s}{4\pi r^2} \exp(-\mu \cdot r)$$

$\exp(-\mu \cdot r)$は減衰項であり、μは空気の線減弱係数である。

$r = \sqrt{x^2 + h^2}$を代入すれば、被積分関数が導出される。

積分範囲は、θが0から2πであり、xは0から∞である。

9.5 いろいろな意見があり得るが、たとえば以下のような意見があり得る。

①住民が反対している限りは管理型処分場の設置はしない方が良い。各自の廃棄物は市町村が貯蔵する指針を出して、それに沿う形で貯蔵する。また、市町村の担当者が定期的に見回りをすることで安全を担保する。ただし、本法は国による管理型処分場の設置が終わるまでの当面の手法とする。

②迷惑施設であるので、国が補償することで、管理型処分場の設置を住民に納得いただく。この際は、十分な情報開示を行う。

第10章

10.1 人体に含まれるカリウム40の質量は

$$60 \times 10^3 \times 0.2 \times 10^{-2} \times 0.012 \times 10^{-2} = 1.44 \times 10^{-2}\,\text{g}$$

$$-\frac{dN}{dt} = \frac{0.693}{t_{1/2}} N = \frac{0.693}{4.04 \times 10^{16}} \cdot \frac{1.44 \times 10^{-2}}{40} \times 6 \times 10^{23} = 3.7 \times 10^3\,[\text{Bq}]$$

10.2

$$-\frac{dN}{dt} = \frac{0.693}{t_{1/2}} N = \frac{0.693}{30 \times 365 \times 24 \times 3600} \cdot \frac{x}{137} \cdot 6.02 \times 10^{23} = 1.6 \times 10^9$$

$$x = 4.97 \times 10^{-4}\,(g)$$

$$C = \frac{4.97 \times 10^{-4}\,(g)}{1000\,(g)} = 4.97 \times 10^{-7} = 0.5\,\text{ppm}$$

10.3

$$-\frac{dN}{dt} = \frac{0.693}{t_{1/2}} N = \frac{0.693}{30 \times 365 \times 24 \times 3600} \cdot x \cdot 6.02 \times 10^{23} = 1.9 \times 10^4\,[\text{Bq}]$$

$$x = \frac{1.9 \times 10^4 \times 9.46 \times 10^8}{0.693 \times 6.02 \times 10^{23}} = 4.3 \times 10^{-11}\,(\text{mol})$$

$$137 \times 4.3 \times 10^{-11} = 5.9 \times 10^{-9}\,g = 5.9\,\text{ppb}$$

10.4

$$\lambda = \frac{0.693}{t_{1/2}} = \frac{0.693}{1.28 \times 10^9 \times 365 \times 24 \times 3600} = \frac{0.693}{4.04 \times 10^{16}} = 1.72 \times 10^{-17}$$

$$\lambda_\beta = 0.89 \times 1.72 \times 10^{-17} = 1.53 \times 10^{-17}$$

$$t_{1/2}^{\beta} = \frac{0.693}{1.53 \times 10^{-17}} = 4.53 \times 10^{16}\ (s) = \frac{4.53 \times 10^{16}}{3.15 \times 10^{7}} = 1.43 \times 10^{9}\ (y)$$

$$\lambda_{\mathrm{EC}} = 0.11 \times 1.72 \times 10^{-17} = 0.189 \times 10^{-17}$$

$$t_{1/2}^{\mathrm{EC}} = \frac{0.693}{0.189 \times 10^{-17}} = 3.67 \times 10^{17}\ (s) = \frac{3.67 \times 10^{17}}{3.15 \times 10^{7}} = 1.17 \times 10^{10}\ (y)$$

$$t_{1/2}^{\beta} = \frac{0.693}{\lambda_\beta} = \frac{0.693}{\varepsilon_\beta \cdot \lambda} = \frac{0.693}{\varepsilon_\beta \cdot \frac{0.693}{t_{1/2}}} = \frac{t_{1/2}}{\varepsilon_\beta} = \frac{1.28 \times 10^{9}}{0.89} = 1.43 \times 10^{9}\ (y)$$

第11章

11.1　β線のエネルギーは最大0.511 MeVである。分岐比の小さい方は1.173 MeV。

0.511 MeVのアルミニウム中の飛程は

$0.407 \times 0.511^{1.38} = 0.407 \times 0.394 = 0.16\ (\mathrm{g/cm^2})$

空気中：$0.16 / 1.3 \times 10^{-3} = 0.123 \times 10^{3}$ cm = 123 cm = 1.23 m

生体　：$0.16 / 1 = 0.16$ cm　（密度を水と同一とする）

11.2　①トリチウムから放出されるβ線は、最大エネルギー18.6 keVで平均エネルギー5.7 keVという低いエネルギーであるため、水中で飛程は約0.6 μmである。このため、外部被ばくの場合、ベータ線は皮膚で止まってしまい、外部被ばくは考慮する必要はない。

②基本的にトリチウムはトリチウム水（HTO）の形で生物体に取り込まれる。トリチウム水蒸気を吸入摂取した場合、肺を通し血中に取り込まれ、全身にいきわたる。経口摂取の場合は、消化器から吸収される。また、皮膚からも直接吸収される。トリチウム水の形で取り込まれることが理由である。

③トリチウム水（HTO）と有機結合型のトリチウム（OBT：organically bound tritium）の二種類がある。（範疇外となるが、OBTも2種類あり、炭素に結合したトリチウムと、酸素原子、窒素原子、硫黄に結合したトリチウムである。前者は炭素原子に共有結合しており「非交換型OBT」と呼ばれ、後者は「交換可能型OBT」と呼ばれる。後者のトリチウムはHTOと同程度の生物学的半減期を示す。）

④長い生物学的半減期をもつものはOBTで、生物学的半減期は約30〜45日である。HTOのそれは7〜18日である。

⑤生物学的効果比（RBE）は、1〜2である。

11.3　ストロンチウム90

（1）29.12年　（2）β^-崩壊　（3）0.546 MeV

イットリウム 90

（4）64 時間　（5）β^- 崩壊　（6）2.279 MeV

11.4 （1）ストロンチウム 90　29 年　50 年　18.3 年

（2）ヨウ素 131　8 日　138 日　7.56 日

（3）セシウム 137　30 年　70 日　69.6 日

Sr は体内では骨の Ca と置き換わり骨に沈着するため、体内に長く留まる。

第 12 章

12.1

$$^{238}\mathrm{U}\ :\ A_{\mathrm{U}} = N_{\mathrm{U}}\lambda_{\mathrm{U}} = \left(\frac{1}{238}\cdot 6.02\times 10^{23}\right)\cdot\left(\frac{0.693}{4.47\times 10^{9}}\right)$$

$$^{239}\mathrm{Pu}\ :\ A_{\mathrm{Pu}} = N_{\mathrm{Pu}}\lambda_{\mathrm{Pu}} = \left(\frac{1}{239}\cdot 6.02\times 10^{23}\right)\cdot\left(\frac{0.693}{2.41\times 10^{4}}\right)$$

$$\frac{A_{\mathrm{Pu}}}{A_{\mathrm{U}}} = \frac{239}{238}\cdot\frac{4.47\times 10^{9}}{2.41\times 10^{4}} = 1.86\times 10^{5}$$

12.2 ①（1）電離　（2）ブラッグ曲線　（3）原子核　（4）弾性

②飛程の終端近傍にピークを示すような曲線を描くこのピークをブラッグ・ピークと呼ぶ。エネルギー（速度）が高い場合は相互作用が小さく、遅くなるにつれて相互作用が強くなる。模式的には、クーロン相互作用の作用する時間が長くなると理解するとよい。

③$N = \dfrac{E}{W} = \dfrac{7\times 10^{6}}{35} = 2\times 10^{5}$

12.3 （1）5.6　（2）3.6　（3）3.3　（4）20

12.4

分子量	密度（g/cm^3）
空気　約 14.4（窒素 80%、酸素 20% で換算）	1.3×10^{-3}
生体のそれは水で代用して 10	1.0

$$R_2 = \frac{\rho_1}{\rho_2}\sqrt{\frac{A_2}{A_1}}\cdot R_1 = \frac{0.0013}{1}\sqrt{\frac{10}{14.4}}\cdot R_1 = 0.00108\cdot R_1$$

$$^{239}\mathrm{Pu}:R_{\mathrm{air}} = 0.318\times E^{1.5} = 0.318\cdot(5.15)^{1.5} = 3.71$$

$$R_{\mathrm{ti}} = 0.00108\times 3.71 = 0.0038\ \mathrm{cm} = 38\ \mu\mathrm{m}$$

$$^{238}\mathrm{U}\ :R_{\mathrm{air}} = 0.318\times E^{1.5} = 0.318\cdot(4.18)^{1.5} = 2.72$$

$$R_{\mathrm{ti}} = 0.00108\times 2.72 = 0.0028\ \mathrm{cm} \approx 28\ \mu\mathrm{m}$$

12.5 α線　$R = 0.56E = 0.56$ [cm]　R [cm]　E [MeV]

β線　$R = 0.542 \times 1 - 0.133 = 0.409$ [g/cm^2]

0.409 [g/cm^2] $\div$ 0.001205 [g/cm^3] $= 339$ [cm]

γ線　空気の 1 MeV の光子に対する質量減弱係数は 0.065 cm^2/g であるから、線減弱係数は 6.5×10^{-2} (cm^2/g) $\times$ 1.21×10^{-3} (g/cm^3) $= 7.86 \times 10^{-5}$ (1/cm)

$$\frac{1}{10} = \exp(-7.86 \times 10^{-5} \times x),\ \ln 10 = 7.86 \times 10^{-5} \times x$$

$$x = \frac{2.303}{7.86 \times 10^{-5}} = 2.93 \times 10^4 \text{ cm} = 293 \text{ m}$$

空気の 1 MeV の光子に対する質量減弱係数は 0.065 cm^2/g であるから
線減弱係数は 6.5×10^{-2} (cm^2/g) $\times$ 1.21×10^{-3} (g/cm^3) $= 7.86 \times 10^{-5}$ (1/cm)

第 13 章

13.1 Na：23、Cl：$37 \times 0.24 + 35 \times 0.76 = 35.5$ なので NaCl の分子量は 58.5

3 μg 中の NaCl の重量は：$3.0 \times 10^{-6} \times 0.65 / 100 = 1.95 \times 10^{-8}$

同中のモル数は：$1.95 \times 10^{-8} / 58.5 = 3.33 \times 10^{-10}$

^{23}Na の原子数は：$6.02 \times 10^{23} \times 3.33 \times 10^{-10} \times 1 = 2.00 \times 10^{14}$

^{37}Cl の原子数は：$6.02 \times 10^{23} \times 3.33 \times 10^{-10} \times 0.24 = 4.81 \times 10^{13}$

^{24}Na の Bq 数は：$A_{Na} = (3 \times 10^{13}) \times (0.53 \times 10^{-24}) \times (2.00 \times 10^{14})$
$[1 - \exp(-0.693 \times 24 \times 3600 / 15 \times 3600)]$
$= 3.18 \times 10^3 [0.632] = 2.01 \times 10^3$

^{37}Cl の Bq 数は：$A_{Cl} = (3 \times 10^{13}) \times (0.43 \times 10^{-24}) \times (4.81 \times 10^{13})$
$[1 - \exp(-0.693 \times 24 \times 3600 / 37 \times 60)]$
$= 6.20 \times 10^2 [1] = 6.20 \times 10^2$

約 2630 Bq

13.2 (1) 熱外中性子　(2) 熱中性子　(3) 熱外中性子　(4) 熱中性子　(5) 熱中性子

13.3 (1) 弾性　(2) 小さい　(3) 陽子　(4) 内部被ばく　(5) ない

13.4 (1) 水素　(2) 熱中性子　(3) (二次) γ線　(4) 鉛　(5) コンクリート

第 14 章

14.1 (1) 1 cm 個人線量当量　(2) ≧　(3) Hp(10)　(4) Hp(0.07)

(5) 1 cm 線量当量　(6) 70 μm 線量当量

14.2　**賛成**：個人線量計では数値は低くなるが、実効線量より数値が高い事が保障されている。年間許容被ばく線量は実効線量で表されているが、この数値より高い値が示される。このため、個人線量計で管理したとしても安全側になっているので問題はない。むしろ精度よく測定できるので（空間線量に滞在時間を乗ずることに比較して）、放射線管理としては望ましい。

反対：従来は空間線量を測定して滞在時間を乗じたり低減係数を乗じたりして被ばく量を計算してきた。それが正しいものとして判断してきていたため、その考えを急に変更することは違和感がある。最も問題と思われるのは、個人線量計では測定数値が低く提示されることになるのは、以前の場合よりリスクが大きくなることに他ならず、どんな場合でも安全側で管理すべきである。この観点からは反対である。

14.3　(1) 周辺線量当量 $H^*(d)$　(2) 方向性線量当量 $H'(d,\ \Omega)$　(3) 個人線量当量 $H\mathrm{p}(d)$

14.4　(1) 防護量　(2) 防護量　(3) 実用量　(4) 防護量
(5) 実用量　(6) 防護量　(7) 防護量　(8) Sv

14.5　新聞記事で示されるSvは周辺線量当量の $H^*(10)$ が示されていると思われる。このため、この値に、滞在時間を乗ずれば実効線量が求まり、記事として、たとえば「滞在時間が1時間で線量限度を超える」等の表現が出てくる。

第15章

15.1　1) β 線の飛程が長く計測機器の中で完全に静止せず、通り抜けていく。このため β 線の場合、一次電離の量が少ないことになる。一方、α 線は飛程が短く、計測機器の中ですべての運動エネルギーを一次電離に費やすことになる。この差が比例領域（電離箱領域でも）両者に差が出ることになる。

2) GM領域では、一次電離の量に依存せず、出力が発生することを意味している。一次電離でできた電子が電子なだれを起こすことは比例領域と同じである。しかし電離までいかず励起された電子も、基底状態に戻る際に、光子（紫外線等）を放出し、この光子が光電効果により光電子を発生する。この光電子が新たな電子なだれを発生させ、この領域で得られる電流値は飽和する。このため、線質によらず出力は同じ値になる。

15.2　①最初のA、B領域では流出量の方が多い。それ以降は流入量と流出量がバランスしている。この現象を荷電粒子平衡という。

②荷電粒子平衡が成立している領域（C以降）では、その領域で検出される電荷量は一定である。

③AとB

④壁の厚さは、荷電粒子（二次電子）の飛程より厚い必要がある。

15.3 （1）K_{rad} （2）W_{air} （3）gK （4）$1-g$ （5）$(1-g)/W_{\mathrm{air}}$

15.4 1）**荷電粒子平衡（二次電子平衡）** ある領域内で生じた荷電粒子が領域を抜け出る（電荷）量と外部から領域内に流入してくる（電荷）量が等しい時のことをいう。また、この荷電粒子が外部に作る電荷量と流入してくる荷電粒子によって領域内に作られる電荷量も等しくなる。

2）**ブラッグ-グレイの空洞理論** 同じ線量を当てた場合、基本ガス中の吸収線量 $D\mathrm{g}$ と、ある物質中での吸収線量 $D\mathrm{g}$ の比は、それぞれの質量阻止能（$S\mathrm{g}$、$S\mathrm{m}$）の比と等しくなる。

章末問題　解答例

第1章

（1）J/kg　（2）等価線量　（3）実効線量　（4）1　（5）4　（6）0.5
（7）「閾値が無い」という考え方　（8）2.1　（9）預託実効線量

第2章

本章の整理

（1）電離能力　（2）10　（3）34　（4）1
（5）荷電粒子　（6）電磁波　（7）非荷電粒子　（8）中性子、γ線、β線、α線
（9）LET　（10）荷電粒子　（11）二次電子　（12）RBE
（13）大きく　（14）確率　（15）γ線やX線　（16）等価線量
（17）実効線量　（18）1　（19）Sv

第3章

（1）計画被ばく　（2）緊急時被ばく　（3）現存被ばく　（4）参考レベル
（5）確率的影響　（6）等価線量　（7）実効線量　（8）しきい値
（9）確定的影響　（10）ベルゴニー・トリボンドー

第4章

（1）白血病：4〜5　（2）がん：10〜20年　（3）5×10^{-3}/Sv　（4）5×10^{-2}/Sv
（5）2　（6）2×10^{-3}/Sv　（7）1

7. **過剰相対リスク**：被ばく群と非被ばく群の死亡率の比（被ばく群の死亡率を非被ばく群の死亡率で除したもの）
   過剰絶対リスク：被ばく群と非被ばく群の死亡率の差（被ばく群の死亡率から非被ばく群の死亡率を差し引いたもの）

第5章

（1）100　（2）2〜3　（3）2〜3　（4）0.2×10^{-2}/Sv　（5）遺伝有意線量

第6章

（1）原子核崩壊図　（2）光核反応　（3）結合エネルギー　（4）制動放射
（5）制動X線　（6）核　（7）電子

第7章

1. 雲の白は、水滴の粒子によって光がミー散乱するためである。この散乱によって光がランダムに方向を変えるとともに、どの波長の光も同程度（ほとんど太陽光と同じスペクトルの散乱光として）に散乱されるので、どの波長の光も同程度に混合しており、白色に見える。
2. レイリー散乱のため、太陽光の青い光（短波長）が大気中の分子で赤色の光（長波長）より強く散乱される。このため上空のあらゆる方向からレイリー散乱で散乱され、青く見える。
3. 「レイリー散乱とトムソン散乱の特徴」

レイリー散乱
- ・光の波長よりも小さいサイズの粒子による光の散乱
- ・拘束された原子による散乱
- ・波長の短い光の方がよく散乱される
- ・干渉性散乱、弾性散乱

トムソン散乱
- ・自由電子による散乱
- ・波長（エネルギー）依存性は小さい
- ・干渉性散乱、弾性散乱

4. 「トムソン散乱とコンプトン散乱の特徴」

トムソン散乱
- ・自由電子による散乱
- ・干渉性散乱
  （散乱された電磁波は同じ波長である）
- ・光の波動性による散乱
- ・コンプトン散乱のエネルギー最小の極限

コンプトン散乱
- ・自由電子による散乱
- ・非干渉性散乱
  （散乱された電磁波は長波長となる）
- ・光の粒子の散乱

5. 「光電効果とコンプトン散乱の特徴」

光電効果
- ・光子のエネルギーの量子性を示している
- ・束縛されている電子と相互作用する
- ・入射光子は消滅する

コンプトン散乱
- ・光子に運動量があることを示す
- ・自由電子と相互作用する
- ・入射光子はエネルギーが低くなり散乱される

6. 「電子対生成が起きる入射光子のエネルギーと電子の静止質量の関係」
   電子対生成が起こるためには、最低、電子の静止質量の2倍のエネルギーをもつ必要がある。すなわち、1.02 MeV 以上の光子のエネルギーが必要である。

第8章

1.

1）**線減弱係数：**放射線束が物質に入射した際、単位長さで光子の数が減少する割合のこと。

2）**質量減弱係数**：線減弱係数を物質の密度で除した値で、物質の質によらず、光子のエネルギーにのみ依存する値である。

3）**ビルドアップ係数**：放射線束の減衰計算を行う際用いる「散乱による補正計数」である。放射線が媒質を透過するとき、任意の点でのガンマ線の全放射線量と散乱することなくその点に到達する放射線（直接線）の量の比で定義される。

4）**立体角**：空間の角度を表示する方法で、角の頂点を中心とする半径 1 の球から錐面が切り取った面積の大きさで表す。

2.

是：経済的であり汚染土壌の置き場にも困らない。さらに、短期間で除染が終了するので、帰還に要する時間も短くて済む。掘り返さない限り問題は無い。クリアランスレベル近くまで清浄な土壌で希釈し得るので問題は少ない。

非：経済的であっても、危険物が庭に埋まっていることで、安心できない。少なくとも、汚染土壌は国が責任をもって、中間貯蔵施設、最終処分場まで管理する責任がある。

第 9 章

（1）線吸収係数　（2）質量吸収係数　（3）吸収係数　（4）減弱係数
（5）吸収係数　（6）質量吸収係数　（7）エネルギー　（8）フルエンス
（9）フラックス　（10）二乗　（11）フラックス

第 10 章

（1）崩壊定数　（2）半減期　（3）0.693、ln2　（4）短い
（5）10　（6）永続　（7）過渡　（8）分岐比

第 11 章

1.

（1）β^- 崩壊（陰電子崩壊）　（2）β^+ 崩壊（陽電子崩壊）　（3）軌道電子
（4）原子核　（5）電子捕獲　（6）β^+ 崩壊
（7）1.02 MeV　（8）特性 X 線　（9）オージェ電子
（10）同重体

2.

①**内部被ばく**：^{90}Sr は β^- 崩壊するが、その娘核種である ^{90}Y も β^- 崩壊する。このため ^{90}Sr からは β 線しか放出されず、その最大飛程は ^{90}Y からのもので 2 cm 程度である。これが理由で、内部被ばくした場合体外から WBC で計測することは不可能である。

②**^{90}Sr の検出**：^{90}Sr は β^- 崩壊するが、その娘核種である ^{90}Y も β^- 崩壊する。放出される β 線は連続スペクトルをもっているので、^{90}Sr からのみの β 線を区別して検出す

ることは不可能である。このためまず、^{90}Srのみにし、放射平衡を待って、あらためて^{90}Yを分離し、この放射能を測定して^{90}Srからのβ線の定量をするのである。

第12章

（1）内部被ばく　（2）放射線　（3）吸入摂取　（4）Pu
（5）高い　（6）ガイガー・ヌッタル　（7）比電離　（8）ブラッグ曲線
（9）相対阻止能　（10）1000　（11）反比例

第13章

（1）90-100　（2）135-145　（3）6-7　（4）2-3　（5）94　（6）β
（7）γ　（8）水素　（9）水素　（10）陽子　（11）減速　（12）水

第14章

（1）実効線量　（2）防護量　（3）等価線量　（4）実用量
（5）周辺線量当量　（6）方向性線量当量　（7）$H^*(d)$　（8）1 cm線量当量
（9）$H^*(0.07)$　（10）ベータ線　（11）低エネルギーX線
（12）個人線量当量　（13）1 cm線量当量　（14）70 μm実効線量当量

第15章

1. 図15-2およびその説明を参照
2. 表15-3を参照
3. 荷電粒子平衡が成り立ち、$g \sim 0$の場合
本文では照射線量を媒介として定式化しているが、$g = 0$であれば$K_{\mathrm{air}} = K_{\mathrm{ab}}$である。
4. 荷電粒子平衡が成立している場合、流出した二次電子が電離箱外部で空気を電離した電荷量は、流入してくる二次電子が電離箱内部で空気を電離する電荷量と同じと見なせる。このため、荷電粒子平衡が成立していれば、抜け出した二次電子が電離箱外部で電離する電荷はカウントしなくてよい。
5. 流出二次電子と流入二次電子が等しくない場合、その差分のエネルギーが、注目している空間の吸収線量を増減させることになるが、カーマは流入二次電子には関係ない。このため、荷電粒子平衡が成立していれば吸収線量とカーマは一致するが、そうでない場合は一致しない。

索　引

か 行

さ　行

た 行

な 行

は 行

ま　行

や　行

ら　行

西嶋 茂宏（にしじま・しげひろ）
福井工業大学原子力応用工学科　教授。大阪大学名誉教授。
博士（工学）。専門は、福島汚染土壌の減容化、磁場を使った環境保全・資源回収・低炭素化技術の研究。
1978 年　大阪大学大学院工学研究科 原子力工学専攻　修士課程修了
1982 年　大阪大学大学院工学研究科 原子力工学専攻　博士課程修了
1982 年　大阪大学産業科学研究所 放射線応用加工部門　助手
1993 年　大阪大学産業科学研究所 エネルギー材料研究分野　助教授
2001 年　大阪大学大学院工学研究科 原子力工学専攻*　教授
2005 年　大阪大学大学院工学研究科 環境・エネルギー工学専攻　教授
2017 年より現職。
（*2005 年より名称変更）
受賞歴に、第 16 回リサイクル技術開発本多賞、第 50 回環境工学研究フォーラム環境技術・プロジェクト賞、第 20 回「超伝導科学技術賞特別賞」などがある。
趣味はテニス、社交ダンス、フルート。

放射線の生体影響と物理
―原発事故後の周辺住環境問題を考える―

2019 年 3 月 30 日　初版第 1 刷発行

著　者　西嶋 茂宏

発行所　大阪大学出版会
代表者　三成 賢次

〒565-0871　大阪府吹田市山田丘 2-7
大阪大学ウエストフロント
TEL 06-6877-1614
FAX 06-6877-1617
URL：http://www.osaka-up.or.jp

カバーデザイン　荒西 玲子
印刷・製本　尼崎印刷株式会社

Printed in Japan

ISBN 978-4-87259-683-0 C3042